Klaus Michael Meyer-Abich
Bertram Schefold

Die Grenzen der Atomwirtschaft

Die Sozialverträglichkeit von Energiesystemen

Herausgegeben von Klaus Michael Meyer-Abich,
Bertram Schefold und Carl Friedrich von Weizsäcker

Band 1
Klaus Michael Meyer-Abich/Bertram Schefold
Wie möchten wir in Zukunft leben
Der »harte« und der »sanfte« Weg

Band 2
Rolf Peter Sieferle
Der unterirdische Wald
Energiekrise und Industrielle Revolution

Band 3
Alexander Roßnagel
Bedroht die Kernenergie unsere Freiheit
Das künftige Sicherungssystem kerntechnischer Anlagen

Band 4
Alexander Roßnagel
Radioaktiver Zerfall der Grundrechte?
Zur Verfassungsverträglichkeit der Kernenergie

Band 5
Rolf Peter Sieferle
Fortschrittsfeinde?
Opposition gegen Technik und Industrie
von der Romantik bis zur Gegenwart

Band 6
Rolf Bauerschmidt
Kernenergie oder Sonnenenergie

Band 7
In Vorbereitung

Band 8
Klaus Michael Meyer-Abich/Bertram Schefold
Die Grenzen der Atomwirtschaft
Die Zukunft von Energie, Wirtschaft und Gesellschaft

Verlag C.H. Beck München

Klaus Michael Meyer-Abich
Bertram Schefold

Die Grenzen der Atomwirtschaft

Die Zukunft von Energie, Wirtschaft und Gesellschaft

Vorwort
Nach der Katastrophe von Tschernobyl

Einleitung von
Carl Friedrich von Weizsäcker

Mit einer Stellungnahme der
Studiengruppe der Vereinigung Deutscher Wissenschaftler

Verlag C.H. Beck München

Mit 4 Abbildungen und 10 Tabellen

Eine Publikation
der Vereinigung Deutscher Wissenschaftler (VDW)

Die Untersuchung wurde auf Wunsch und mit finanzieller Unterstützung des Bundesministers für Forschung und Technologie an den Universitäten Essen und Frankfurt a. M. durchgeführt. Sie gibt nicht die Meinung des Bundesministers für Forschung und Technologie wieder.

CIP-Kurztitelaufnahme der Deutschen Bibliothek

Die Sozialverträglichkeit von Energiesystemen:
[e. Publ. d. Vereinigung Dt. Wissenschaftler (VDW) / hrsg. von Klaus Michael Meyer-Abich ... – München: Beck
NE: Meyer-Abich, Klaus Michael [Hrsg.]; Vereinigung Deutscher Wissenschaftler
Bd. 8. Meyer-Abich, Klaus Michael: Die Grenzen der Atomwirtschaft. – 1986
Meyer-Abich, Klaus Michael:
Die Grenzen der Atomwirtschaft: d. Zukunft von Energie, Wirtschaft u. Gesellschaft / Klaus Michael Meyer-Abich; Bertram Schefold. Vorwort: »Nach der Katastrophe von Tschernobyl“. Einl. von Carl Friedrich von Weizsäcker. Mit e. Stellungnahme d. Studiengruppe d. Vereinigung Dt. Wissenschaftler. – 2., erw. Aufl. München: Beck, 1986.
(Die Sozialverträglichkeit von Energiesystemen; Bd. 8)
ISBN 3-406-31317-5

ISBN 3 406 31317 5

2., erweiterte Auflage, 1986
Einbandentwurf von Bruno Schachtner, Dachau
Umschlagbild: Jürgen Waller, Der Wanderer über dem Nebelmeer (1983).
Mit freundlicher Genehmigung von Jürgen Waller und der
Staatlichen Kunsthalle Berlin.

Satz: Fotosatz Otto Gutfreund, Darmstadt
Druck und Bindung: May & Co, Darmstadt
Printed in Germany

Nach der Katastrophe von Tschernobyl
Vorwort zur zweiten Auflage

Die erste Auflage dieses Buchs erschien knapp drei Wochen vor der Katastrophe von Tschernobyl. Inzwischen ist nun erstmalig ein wirklich großer Unfall in einem Atomkraftwerk passiert, wenn auch noch lange nicht der größtmögliche. Es gibt bereits zig Tote, Hunderte von Strahlenkranken, über hunderttausend Evakuierte und Tausende von Quadratkilometern radioaktiv verseuchten Bodens. Die freigewordene Radioaktivität hat sich über Millionen von Quadratkilometern ausgebreitet. Auch Deutschland ist betroffen, allerdings nur relativ geringfügig – verglichen mit dem Unheil, das entstanden wäre, wenn es einen entsprechenden Unfall hierzulande gegeben hätte.

An den wissenschaftlichen und technischen Tatsachen hat sich durch den Unfall von Tschernobyl in der UdSSR ebenso wenig geändert wie 1979 durch den von Harrisburg (Three Mile Island) in den USA, der um ein Haar etwa ebenso katastrophal geendet hätte. Neu aber war, daß Millionen von Menschen sich nun auf einmal fragen mußten, ob sie noch frisches Gemüse essen und frische Milch trinken dürften, oder ob es wohl regnen würde und sie die Kinder deshalb lieber nicht zur Schule schicken sollten. Dies zu erleben hat der Allgemeinheit die Gefährlichkeit der Atomenergie eindringlicher denn je seit dem Einsatz der ersten Atombombe vor Augen geführt. Verändert also ist die politische Situation. Die Bereitschaft, in der zivilen Technik die Gefahren der Atomenergie zu akzeptieren, ist so gering geworden, daß sich nun vor allem diejenigen rechtfertigen müssen, die auch jetzt noch für diese Technik eintreten, und weniger die Kritiker. Das Ende der Akzeptanz ist absehbar geworden.

Die Atomenergie ist damit aber noch nicht aus der Welt. Ein Unfall wie der in Tschernobyl – oder größer – würde in den westlichen Ländern wahrscheinlich dazu führen, daß alle oder fast alle Atomkraftwerke in kürzester Frist außer Betrieb gesetzt werden müßten, was eine große wirtschaftliche Belastung wäre. Gibt es eine Chance, aus der Atomenergie nun einen zügigen, aber doch noch geordneten Rückzug anzutreten?

Es gibt sie. Der Ausstieg aus der Atomenergie ist möglich. Eines der wichtigsten Ergebnisse unseres Forschungsprojekts ist, daß die Bundesrepublik energiepolitisch in einer Verzweigungssituation steht und daß es einen volkswirtschaftlich mindestens gleichwertigen Ersatz für die Atomenergie gibt: die Energiequelle Energieeinsparung (der Ersatz von Energie durch Investitionen und technisches Wissen bei gleichem Nutzen) und die Nutzung der Sonnenenergie. Die Einzelheiten der alternativen Energiesysteme sind im Kapitel 3.2 dieses Buchs und detailliert von Rolf Bauerschmidt im Band 6 unserer (neben dem Titelblatt aufgeführten) Schriftenreihe dargestellt. Die volkswirtschaftliche Analyse in den Kapiteln 6 und 7 des vorliegenden Buchs ergibt, daß der Sonnen- und Sparweg volkswirtschaftlich sogar günstiger als der der Atomenergienutzung ist. Insbesondere wären Konsumeinschränkungen zwar vernünftig, auch auf dem Sonnenweg jedoch nicht erforderlich. Nun soll niemand mehr behaupten, Atomkraftwerke seien unausweichlich.

Für den Ausstieg aus der Atomenergienutzung, und das ist die zentrale Botschaft dieses Buchs, bestehen jetzt sogar noch die relativ günstigsten Voraussetzungen. Denn bisher hat die Plutoniumwirtschaft nicht begonnen. Vom Brüter ist in Kalkar erst eine (bei der Fertigstellung bereits veraltete) Demonstrationsanlage gebaut, jedoch noch nicht in Betrieb genommen, und der Bau der Wiederaufarbeitungsanlage (in Wackersdorf) hat kaum begonnen. Noch vielfach größere Gefahren, als sie jetzt schon bestehen, kämen auf uns zu, wenn erst einmal Hunderte von Tonnen Plutonium Jahr für Jahr technisch und sozial sicher gehandhabt werden sollten. So wie sich in der autogerechten Stadt alles nach dem Auto richtet, wäre die atomenergiegerechte Gesellschaft so zu organisieren, daß dabei möglichst keine Fehler gemacht würden. Die Folgen könnten gar zu schlimm sein. Näheres ist in den Kapiteln 4 und 5 dieses Buchs sowie in den beiden Büchern von Alexander Roßnagel (Bände 3 und 4 der Schriftenreihe) nachzulesen.

Die wichtigste Konsequenz aus dem Unglück von Tschernobyl ist nach den Ergebnissen unseres Forschungsprojekts, so wie wir sie bewerten, daß die Nutzung der Atomenergie nicht auch noch über die Leichtwasserreaktoren hinausgehen darf. Die Atomenergie ist die gefährlichste Technik, welche die Menschheit je zivil zu nutzen versucht hat, und die Plutoniumwirtschaft wäre noch weitaus gefährlicher als alles Bisherige. Unser Leben den Erfordernissen der Atomenergienutzung anzupassen, ist noch viel weniger wünschenswert als die autogerechte Stadt. Das Ziel muß sein, die Technik nach den menschlichen Bedürfnissen zu entwikkeln und nicht umgekehrt uns einem bestimmten Stand der Technik anzupassen. Die humanen Grenzen des technisch Machbaren sind erreicht. Es geht darum, wie wir in Zukunft leben möchten, und Technologien sollen so sein, daß wir mit ihnen besser leben als ohne sie. Durch den

Unfall von Tschernobyl verbindet sich mit dieser Einsicht ein Erleben, das ihr politisch zusätzliche Kraft gibt. Auch Angst ist dort, wo es wirklich etwas zu fürchten gibt, eine sehr gesunde Reaktion. Es kann sogar lebensgefährlich sein, im richtigen Moment keine Angst zu haben.

Wo die Grenzen der Atomwirtschaft sichtbar werden, sind zugleich die Grenzen des blinden Vertrauens in die jeweiligen Fachleute erreicht. Es gibt keine Experten dafür, wie wir in Zukunft leben möchten. Zwar können, wie unser Forschungsprojekt zeigt, auch die Sozialwissenschaften einen wesentlichen Beitrag dazu leisten, daß es in der Öffentlichkeit zu einer möglichst fundierten Entscheidung kommt, und dieser Beitrag sollte in Zukunft (z. B. bei der Biotechnologie) nicht erst so spät erfolgen wie bei der Atomenergie. Die politische Bewertung jedoch können auch wir der Öffentlichkeit nicht abnehmen.

Die Energiedebatte der 70er und 80er Jahre war bereits, weit über den energiepolitischen Anlaß hinaus, eine Art Schule der Nation in der kritischen Bewertung technischer Neuerungen daraufhin, wieweit sie auch gesellschaftliche Fortschritte sind. Nach dieser Einübung ist die politische Urteilskraft der Öffentlichkeit weiter entwickelt, als manche Politiker es bisher gemerkt haben. Zu sagen, daß ein Unfall wie der in Tschernobyl bei uns auszuschließen sei, wie mehrere Bundesminister erklärt haben, ist jedenfalls nicht nur überheblich, vermessen und wissenschaftlich falsch, sondern auch eine grobe Unterschätzung der in der Technologiepolitik inzwischen erreichten demokratischen Kompetenz.

Wie es mit der Atomenergie weitergehen soll, stellt sowohl die Wissenschaftler als auch die Politiker und die Öffentlichkeit insgesamt vor eine Bewährungsprobe, wie wir in der Demokratie mit dem Wissen umgehen. Wir möchten durch unser Buch dazu beitragen, daß diese Probe bestanden wird.

Hamburg und Frankfurt a. M.
im Mai 1986

Klaus Michael Meyer-Abich
Bertram Schefold

Inhalt

Einleitung von Carl Friedrich von Weizsäcker

Dieses Buch legt das Ergebnis einer Studie vor, die von einer größeren Gruppe von Wissenschaftlern in etwa fünfjähriger Arbeit durchgeführt worden ist, im Auftrag des Bundesministers für Forschung und Technologie und getragen von der Vereinigung Deutscher Wissenschaftler (VDW). Unter der umfassenden Fragestellung der Sozialverträglichkeit verschiedener Energiesysteme stellt sie die energiepolitische Entscheidung dar, vor der wir in den kommenden Jahren stehen. Der Verfasser dieses Vorworts war an der Entstehung des Projekts beteiligt, konnte aber seine Durchführung nicht aktiv, sondern nur als Gesprächspartner verfolgen. Es sei ihm daher erlaubt, von der aktuellen Fragestellung mehrere Schritte zurückzutreten in die Distanz des Betrachters, die vielleicht eine historische Einordnung der Entscheidung gestattet.

Die Entscheidung, vor der wir stehen, ist in diesem Bericht beschrieben als die Wahl zwischen zwei langfristigen energiepolitischen Pfaden, für die Untersuchung stilisiert als zwei »Referenzfälle« K und S. Hier steht K für Kernenergie, S für Sonnenenergie und Sparen. Die Erkenntnis, daß eine solche Entscheidung noch vor uns liegt, verdanken wir der energiepolitischen Debatte, die um 1975 aufgeflammt ist. Die Debatte war ihrerseits ausgelöst durch den Durchbruch der Kernenergie zur wirtschaftlichen Nutzbarkeit in den späteren sechziger Jahren. Die friedliche Nutzung der Kernenergie ist eine der beiden technischen Folgen der Hahnschen Entdeckung der Uranspaltung; die andere ist die Atombombe. Hahns Entdeckung, die ohne jede technische Absicht gemacht worden ist, war eine Folge der Entwicklung der Atomphysik seit dem Beginn unseres Jahrhunderts. Die Atomphysik ist ein konsequenter Schritt auf dem Wege der neuzeitlichen Naturwissenschaft; von Galilei führt somit ein gerader Weg zur Atomenergie. Die Naturwissenschaft der Neuzeit hat das mathematische und empirische Denken und das technische Können der antiken griechischen Kultur radikal fortgebildet. Die griechische Kultur ist die abendländische Variante der rund 6000 Jahre alten Stadtkultur. Die städtische und imperiale Hochkultur entstand als der wohl wichtigste Schritt in der menschlichen Geschichte, als der Übergang von kleinen, personal verbundenen sozialen Gruppen in die große Gesellschaft, in der die menschlichen Beziehungen zwangsläufig objektiviert werden, in der also Herrschaft, Recht, Technik, Geld, abstraktes Wissen, politische Machtkämpfe und ihr Austrag im Krieg entstehen. Der Mensch schließlich ist das letzte uns heute bekannte Kind der Evolution des Lebens, die seit mehr als einer Milliarde von Jahren auf der Erde fortschreitet.

Wozu der nicht endende Rückblick in die Geschichte? Um zu sagen: Unser aktuelles Problem, das konkrete, sachverständige Entscheidung verlangt, ist eine heutige Variante eines sehr alten historischen Vorgangs; es ist nicht die Folge irgendeiner speziellen, vielleicht einmal fehlerhaft getroffenen Weichenstellung. Die Frage nach der Sozialverträglichkeit eines Energiesystems heißt: Kann die moderne Gesellschaft die Rückwirkungen dieses Energiesystems auf ihr Leben ertragen? Also, wenn wir die Schritte zurück noch einmal mustern: Kann unsere Kultur die Folgen der Wissenschaft ertragen? Kann die Menschheit die Folgen der Hochkultur ertragen? Kann das irdische Leben die Folgen der menschlichen Aktivität ertragen? Die Antwort des Gutachtens auf die heute aktuelle Frage ist, so wie die Grundhaltung, der das Gutachten entstammt, kritisch optimistisch. Rückwirkungen menschlicher Entscheidungen können ertragen werden, aber gefordert ist, sie rechtzeitig zu bedenken. Die Entscheidung zwischen energiepolitischen Pfaden muß bewußt getroffen werden, und dazu muß sie gut überlegt sein.

Es sei erlaubt, den geschichtlichen Weg zu dieser Entscheidung noch einmal in wenigen Schritten, nunmehr in seiner zeitlichen Abfolge zu betrachten. Wir können die Vorgeschichte nicht mehr ändern, aber wir können aus ihr lernen.

Geschichte vollzieht sich in Abfolgen von Ebenen und Krisen. Das ist so schon in der Evolution des organischen Lebens. Als eine »Ebene« könnte man z.B. die jahrmillionenlange Stabilität einer pflanzlichen oder tierischen Spezies bezeichnen, als »Krise« die Durchsetzung einer neuen, mutierten Art, die oft mit dem Untergang alter Arten einhergeht, oft aber auch die Herausforderung zu erfolgreicher verbesserter Anpassung der Art an die Lebensbedingungen bedeutet. Das Wort »Krisis« stammt aus der antiken Medizin. Wörtlich bedeutet es »Unterscheidung«. Medizinisch bedeutet es die Phase einer Krankheit, in welcher der Arzt unterscheiden kann, ob die Krankheit zur Gesundung oder zum Tode führt. Der Arzt aber kann nicht nur einen Hergang beurteilen; er kann und soll handeln, kann den Ausgang der Krise beeinflussen.

Die menschliche Hochkultur ist gleichsam ihrer geschichtlichen Natur nach kritisch. Ihre Geschichte ist die ständige Erzeugung von Krisen, die manchmal bewältigt werden, manchmal nicht. Das menschliche Bewußtsein schafft neue Situationen, deren Rückwirkungen auf das eigene Leben es vorweg nicht überblickt; die produktive Krise ist die, in der es diese Folgen verstehen lernt. Die Chronisten der alten Kulturen, etwa der ägyptischen oder der chinesischen, berichten von guten Herrschern, stabilen Dynastien, bösen Herrschern, schwachen Herrschern, Jahrhunderten der Wirren und einem Neubeginn. Uns Heutigen liegt der Gedanke nahe, daß die moralisierende Beschreibung der Chronisten, die nicht falsch ist, doch einen strukturellen Hintergrund des Geschehens übersieht, den kluge Zeitgenossen, wie etwa Joseph in Ägypten, schon verstanden hatten. Einen guten Herrscher nennt man den, der seine Untertanen in freundlicher Gerechtigkeit zu befriedigen versteht. Freundliche Regierung setzt einen Spielraum für Kompromisse voraus, und den Spielraum hat vermutlich in der Hochkultur meist ein sanftes Wirtschaftswachstum gewährt. Jede technische Kulturstufe hat aber die ihr eigenen Grenzen möglichen Wachstums; jenseits des Niltals ist die Wüste. Nähert man sich den Wachstumsgrenzen, so muß man kompromißlos zu regieren lernen; böse Herrscher heißen dann die, die das können, schwache Herrscher die, die es nicht können.

Die neuzeitliche Naturwissenschaft und Technik hat den Spielraum des Wirtschaftswachstums außerordentlich erweitert. Sie hat damit naturgemäß auch die Krisenerzeugung durch die Kultur beschleunigt. Heutige technische Planung ist, unter Strafe der möglichen Katastrophen, genötigt, drei Stufen der Voraussicht anzustreben. Die erste Stufe betrifft die geplanten direkten Effekte, im Falle der Energiepolitik die Schätzung der künftigen Nachfrage und die Mittel ihrer Befriedigung. Die zweite Stufe betrifft die Rückwirkungen der Technik auf Wirtschaft, Politik und Natur: Wirtschaftswachstum, Arbeitsmarkt; Kriegsverhütung; Rettung der Umwelt. Diese Stufe hat man erst in den letzten Jahrzehnten bewußter zu erwägen begonnen; wir leben heute im politischen Streit über sie. Die dritte Stufe ist die Rückwirkung von Wirtschaft und Politik auf die Kultur selbst: die Prägung der Verhaltensweisen, ihre Vereinbarkeit oder Unvereinbarkeit mit den Aufgaben, die sich die Kultur selbst stellt. Diese Stufe wird im vorliegenden Bericht betreten, anschließend an viele Debatten des letzten Jahrzehnts, die einer nüchternen Aufarbeitung bedürfen. Es sei erlaubt, diese Fragen in einigen persönlichen Erinnerungen zu illustrieren.

Wahrscheinlich war es die schrecklichste Stunde im Leben von Otto Hahn, als er, in ehrenvoller, aber strikter englischer Haft, die Nachricht von der Bombe auf Hiroshima erhielt. Der Wissenschaftler wäre kein moralischer Mensch, den nicht in einer solchen Stunde das Entsetzen über die eigene Mitschuld überfiele, auch wenn sie völlig unbeabsichtigt war. Die höhere moralische Reifung beginnt damit, daß wir uns auch für die ungewollten Folgen unserer Handlungen verantwortlich wissen. Nichts kann in der Welt gebessert werden, solange dieses Gewissen nicht erweckt ist. Für Hahn war es später immerhin ein Trost, daß die Uranspaltung das Energieproblem der Menschheit zu lösen versprach: eine praktisch unerschöpfliche und, im Unterschied zu fossilen Brennstoffen, völlig umweltfreundliche Energiequelle. Ich glaube, wir Atomphysiker haben anfangs alle so gedacht. Meinen eigenen späteren Einsatz in der Energiepolitik könnte ich ohne diesen Ausgangspunkt nicht verständlich machen.

Seit den frühen fünfziger Jahren lernten wir verstehen, daß das Problem komplizierter ist. Ich hebe jetzt drei Aspekte heraus: die Begrenztheit auch der Uranvorräte, die radioaktiven Rückstände, die Proliferation der Kernwaffen.

Die Uranvorräte sind nicht unbegrenzt. Wenn man nur das erreichbare Uran 235 verbrennt, wird Uran nicht nennenswert weiter reichen als die Kohle. Kernenergie als über viele Jahrhunderte ausreichende Energieform erfordert den Brüter. Die Sozialverträglichkeit der Brütertechnik ist dann das Problem.

Die Dimension des Problems der Reaktorsicherheit und der Entsorgung ist nicht zuerst von den Kernenergiekritikern, sondern von den Sicherheitsfachleuten der Kerntechnik Schritt für Schritt aufgedeckt worden. Die Anerkennung dieses Verdienstes überhebt uns aber nicht der Erkenntnis, daß einige Grundfragen ungelöst sind. Die Kernenergiedebatte hat sich hier in ihren Anfängen zum Teil an den harmloseren Problemen festgebissen. In einer stabilen, friedlichen Gesellschaft sollten die rein technischen Probleme der Sicherheit und Entsorgung wohl durchgehend lösbar sein. Wieder erweist sich die »Sozialverträglichkeit« im umfassenden Sinne als die entscheidende Frage. Wie muß der Umgang mit Plutonium in einer Gesellschaft gesichert sein, in der es Terrorismus gibt? Hat man jemals ernstlich den Schutz der Kernenergieanlagen gegen Kriegseinwirkung durchdacht? Und wer ist leichtfertig genug, zu glauben, dort, wo ein Reaktor, eine Wiederaufarbeitungsanlage oder eine Endlagerung steht, werde nie mehr ein Krieg stattfinden?

Die Gefahr der Proliferation der Kernwaffen war das spezielle Motiv der Göttinger Erklärung von 1957, an der sich Hahn mit vollem Herzen beteiligte. Den größten Teil der Unterzeichner der Erklärung bildete der Arbeitskreis Kernphysik der Deutschen Atomkommission, also gerade ein für Beratung in Fragen der Kernenergie zuständiges und der friedlichen Nutzung dieser Energie bereitwillig verpflichtetes Gremium. Wir deutschen Atomwissenschaftler wollten jedoch davor warnen, daß mehr und mehr Nationalstaaten eigene Atomwaffen erwerben; wie konnten wir das den Anderen sagen, wenn wir es nicht zuerst unserer eigenen Nation gesagt hatten?

Man kann die Folgerung aus den drei Aspekten allgemein aussprechen: Die weltweite Durchsetzung der Kernenergie fordert als Konsequenz eine weltweite radikale Veränderung der politischen Struktur aller heutigen Kulturen. Sie fordert die Überwindung der wenigstens seit dem Beginn der Hochkulturen bestehenden politischen Institution des Kriegs. In den meisten heutigen prognostischen Szenarien taucht diese Forderung leider nicht explizit auf. Sie wird auf dem Wege der psychischen Verdrängung berücksichtigt: die Szenarien vergessen schlicht, daß es in den kommenden fünfzig oder hundert Jahren bei Fortdauer der heutigen politischen Struktur selbstverständlich Kriege geben wird.

Wie die Institution des Kriegs zu überwinden wäre, ist nicht Gegenstand der hier vorgelegten Studie. Es gibt aber einen Zusammenhang zwischen Sozialverträglichkeit und Friedensschaffung, zwischen Wirtschaftsstil und politischem Stil. Man kann den kulturellen Hintergrund dieses Zusammenhangs am Unterschied zwischen den zwei Modellen K und S ablesen. Der Kernenergiepfad bedeutet Konzentration der Energiegewinnung, der Sonnen- und Sparpfad bedeutet Dezentralisierung. Energie ist eine Form von Macht, zunächst Verfügungsmacht über Naturprozesse. Die Spannung zwischen Konzentration und Verteilung der Macht ist der menschlichen Kultur, zumal der Hochkultur, von Anfang an eingebaut. Ohne Machtkonzentration wäre es zu Städten oder gar Flußtalkultivierungen und Imperien nie gekommen. Die sakrale Weihe des Königtums drückt die funktionale Notwendigkeit der Machtkonzentration symbolisch aus. Aber in der Stadt entsteht auch intellektuelle Kommunikation. Die griechische Kultur ist in ihrer großen Zeit eine Kultur freier Stadtbürger. Schon eine Aristokratie dezentralisiert die Macht, noch mehr das kühne Experiment der Demokratie. Und die Symbolik der Hochreligionen – selbst Gegenbewegungen gegen die hochkulturelle Machtkonkurrenz – nimmt, wenigstens im Prinzip, irdischen Herrschern die göttliche Würde, die, so im Christentum, nur dem Vater aller Menschen im Himmel zusteht; sie macht uns Menschen gleich vor Gott. Es ist vielleicht nicht nur europäischer Hochmut, wenn man meint, daß die politisch dezentralisierten Kulturen kulturell besonders fruchtbar gewesen sind, so die griechische Städtevielfalt, die europäische Mehrzahl von Nationen.

So gibt es auch zwei Modellgedanken für die Schaffung des unerläßlichen Weltfriedens. Funktionale Konzentration führt, konsequent gedacht, zum Weltstaat, der aber nach historischen Parallelen fast nur auf dem Weg über einen letzten großen Krieg erreichbar scheint. Das andere

Modell ist die Ausdehnung der Demokratie auf alle Völker und die Abschaffung der partikularen Souveränitäten; hier bleibt dunkel, wie die notwendige verbindliche Rechtsordnung und die organisatorische Regelung gemeinsamer Interessen zu erreichen ist, die innerhalb der nationalen Einheit eben der Staat wahrnimmt. Vermutlich ist im politischen Raum schon die scharfe Entgegensetzung beider Denkmodelle ein Fehler. Konzentration der unerläßlichen Ordnung und Verfügungsgewalt und entschlossene Dezentralisation der Meinungsbildung und der regional und lokal durchführbaren Entscheidungen müssen vermutlich Hand in Hand gehen.

Kehren wir zur Energiepolitik zurück, so finden wir heute eine nach und nach eingespielte Symbiose zwischen Kernenergie, fossilen Brennstoffen und im Markt entstandener Einsparungstendenz schon als Realität vor. Der Schlußabschnitt »Mittelfristige Perspektiven« der Studie geht von dieser Realität aus. Die Studie hat aber sicher recht, daß wir grundsätzlich vor einem Verzweigungspunkt möglicher Fortentwicklungen stehen, an dem bewußte politische Entscheidungen notwendig sind. Die Verfasser geben, bei aller Behutsamkeit des Für und Wider, ihre eigene Stellungnahme klar zu erkennen. Ich möchte dieses Vorwort schließen mit einer ausdrücklichen und zitierbaren Korrektur meiner älteren Äußerungen zu diesen Entscheidungen.*)

Meiner wissenschaftlichen Herkunft nach war ich bis zum Anfang der siebziger Jahre ein spontaner Befürworter der Kernenergie. Freilich hatte ich schon um 1968 schlaflose Nächte wegen des Schutzes kerntechnischer Anlagen im Falle eines Kriegs. Im Winter 1974–75 habe ich als Berater des Bundesministers für Forschung und Technologie auf die unausweichlich kommende öffentliche Kernenergiedebatte hingewiesen. Die Form, in der die öffentliche Kritik an der Kernenergie dann ausgesprochen wurde, empfand ich freilich als sachlich viel zu undifferenziert. Ich bedurfte einer psychologischen Überlegung, um mir die Leidenschaft der Kernenergiegegner begreiflich zu machen. Ich sah in ihr gleichsam das Traumsymbol der tief verdrängten Angst vor dem Atomkrieg. Ich hätte vorgezogen, man hätte nicht das Symbol, sondern die Sache selbst, d.h.

*) 1. Acht Prognosen (1968), in »Die Kunst der Prognose«;
2. Entwicklung und Deckung unseres Energiebedarfs (1975), in »Wege in der Gefahr« (1976);
3. Kernenergie (1978), in »Deutlichkeit« (1979);
4. Die offene Zukunft der Kernenergie (1979), in »Diagnosen zur Aktualität« (1979).

Die Texte 1., 2. und 4. sind abgedruckt in »Der bedrohte Friede«, München, Hanser 1981.

die Kriegsgefahr zum Thema gemacht; das geschah aber erst 1980. Ich sah, und sehe auch heute, die physische Gefahr der Kernenergie nur im Zusammenhang mit Gewaltakten, zumal mit Krieg. In meinen Äußerungen aus den siebziger Jahren habe ich stets eine technische Sicherung gegen diese Gefahren als unerläßlich gefordert. Bei der damals vorherrschenden und heute schon wieder um sich greifenden Verdrängung der Kriegsgefahr blieben diese Forderungen weitgehend wirkungslos. Die Hoffnung, daß sie noch erfüllt werden, habe ich inzwischen aufgegeben.

Unterdessen hat, wenn ich richtig sehe, die Technik der Solarenergie Fortschritte gemacht, die sie als hauptsächliche Energiequelle des kommenden Jahrhunderts möglich erscheinen lassen. Der Pfad S dieser Studie ist dann, technisch gesehen, keine Träumerei; und sozial ist er vorzuziehen. Ich sage ausdrücklich, daß dieses technische Urteil jenseits meiner Fachkompetenz liegt; ich muß mich hier auf die Meinung von Sachverständigen stützen. Unter dieser Voraussetzung trete ich nunmehr entschieden für Sonnenenergie als hauptsächliche Energiequelle, unterstützt durch technisch ermöglichte Energieeinsparung, und gegen die Entscheidung für Kernenergie als Hauptenergiequelle ein; ebensowenig kann ich die fossilen Brennstoffe für die längere Zukunft als vertretbare Hauptenergiequelle ansehen. Ich kann und will nicht ausschließen, daß in einer ferneren Zukunft die Kernenergie der Menschheit noch wichtige Dienste leisten wird. Aber das würde voraussetzen, daß zuvor der Weltfriede politisch und kulturell, d.h. im Verhalten der Menschen, gesichert wäre. Wann das geschehen wird, weiß heute wohl niemand.

Starnberg, 30.11.1985 C. F. v. Weizsäcker

1. Neue Ziele der Industriellen Wirtschaft

Technische Neuerungen verändern die Lebensbedingungen der Industriegesellschaft. Mit der Einführung neuer Techniken werden deshalb immer auch Lebensfragen beantwortet, wie wir in Zukunft leben möchten. Diese Fragen aber werden durch den technischen Fortschritt nicht immer so entschieden, wie wir es wünschenswert fänden, wenn wir nachträglich noch die Wahl hätten.

Da sind einmal die waffentechnischen Entwicklungen, von denen jeder technische Fortschritt begleitet zu sein scheint. Dieselbe Mikroelektronik z.B., welche die Produktivität der Wirtschaft erhöht, vergrößert die Effizienz der militärischen Systeme. Manchmal, wie im Fall der Atomtechnik, handelt es sich auch um primär militärtechnische Fortschritte, denen dann erst nachträglich ziviltechnische Errungenschaften an die Seite gestellt werden.

Zum andern hält auch die friedlich gemeinte Technik nicht mehr so recht, was man sich einst von ihr versprochen hat. Wissenschaft und Technik haben zwar die bereits von Malthus wahrgenommene Grenze des Wachstums weit hinausgeschoben, aber keineswegs aufgehoben. Jedenfalls dient der technische Fortschritt von heute in zunehmendem Maß dazu, die unerwünschten Folgen des technischen Fortschritts von gestern wieder auszugleichen. Immer fraglicher wird außerdem, wieweit die übrigen Errungenschaften der technischen Erfindungskunst noch den menschlichen Bedürfnissen entsprechen.

Kritik bedeutet dem ursprünglichen Wortsinn nach, daß Unterscheidungen gemacht werden, die bisher vernachlässigt worden sind. Eine in diesem Sinn kritische oder differenziertere Einstellung gegenüber technischen Entwicklungen hat die bundesrepublikanische Öffentlichkeit vor allem in der Auseinandersetzung über die Zukunft der Atomenergienutzung gewonnen. Tatsächlich ist die Atomenergie nicht nur durch die waffentechnische Entwicklung zum maßgeblichen Bestimmungsfaktor der internationalen Politik geworden, sondern hat sich obendrein innenpolitisch zum Paradigma für ein Mißverhältnis von Staat und Gesellschaft entwickelt.

Die Atomenergiekontroverse war zwar in vieler Hinsicht unfruchtbar und für alle Beteiligten – auf beiden Seiten – belastend, hat aber doch auch Lernprozesse für die politische Kultur der Industriegesellschaft ausgelöst. In dieser Hinsicht war vor allem die Arbeit der Enquête-Kommission »Zukünftige Kernenergiepolitik« des 8. Deutschen Bundestags unter dem Vorsitz von R. Ueberhorst von wegweisender Bedeutung. Unsere Überlegungen zur Sozialverträglichkeit von Energiesystemen beruhen auf den Ergebnissen, zu denen die Kommission gekommen ist, und führen zu wirtschaftspolitischen Konsequenzen, die über den energiepolitischen Ausgangspunkt hinausweisen.

Drei Schritte sind es, in denen sich nach dem technikkritischen Umschwung des öffentlichen Bewußtseins aus der Energiedebatte weiterreichende Folgerungen für die Zukunft der Industriellen Wirtschaft ergeben.

(1) Neue Kriterien zur Bewertung von Energiesystemen

Die Enquête-Kommission selbst hat sich zu Beginn ihres Arbeitsprozesses auf einen Satz von vier Kriterien geeinigt, nach denen beurteilt werden soll, wieweit der gesellschaftliche Nutzen eines Energiesystems den dafür erforderlichen gesellschaftlichen Aufwand wert ist. Es sind dies die Kriterien (1980, 12f):
- Wirtschaftlichkeit,
- Internationale Verträglichkeit,
- Umweltverträglichkeit und
- Sozialverträglichkeit.

Wirtschaftlichkeit ist hier so zu verstehen, daß das Energiesystem den langfristigen Interessen der Volkswirtschaft entspricht. Dabei geht es nicht nur um eine kostengünstige Versorgung. Dieser Gesichtspunkt kann sogar hinter denen der Flexibilität, Bedarfsgerechtigkeit, wünschenswerten Strukturwandlungen etc. zurücktreten. *Internationale Verträglichkeit* soll dann am ehesten gewährleistet sein, wenn das Energiesystem dazu beiträgt, die internationalen Spannungen abzubauen, also z.B. aus konfliktträchtigen Abhängigkeiten wie der von der OPEC herausführt und entwicklungspolitisch positiv zu bewerten ist. Analog dazu soll das Kriterium der *Umweltverträglichkeit* dafür sorgen, daß von mehreren zur Wahl stehenden Möglichkeiten derjenigen der Vorzug gegeben wird, welche die Umweltbelastung möglichst verringert.

Bereits die drei erstgenannten Kriterien reichen weit über die zuvor allein maßgeblichen Gesichtspunkte der Kostengünstigkeit und Versorgungssicherheit hinaus. Die Kernenergiedebatte und die Ölkrise haben dazu geführt, daß das Energiesystem den früheren Schein der unpolitischen Infrastruktur verloren hat. So war es etwa um die Mitte der 70er Jahre einer breiteren Öffentlichkeit klar, daß Energiesysteme nicht nur mehr oder weniger wirtschaftlich sind, sondern auch in der Beurteilung der Gefahr internationaler Konflikte eine Rolle spielen können und in der Regel Umweltbelastungen verursachen. Hinzu kam dann in der zweiten Hälfte der 70er Jahre noch die Einsicht, daß Energiesysteme auch mehr oder weniger sozialverträglich sind.

Der Begriff *»Sozialverträglichkeit«* stammt von Meyer-Abich (1976) und ist analog zu dem der Umweltverträglichkeit gebildet. Im Sinn der Unterscheidung von Natur und Gesellschaft war damit zunächst die gesellschaftspolitische Tragweite einer technologiepolitischen Entscheidung generell gemeint. In einem spezifischeren Verständnis soll unter der Sozialverträglichkeit dann die *Verträglichkeit mit der gesellschaftlichen Ordnung und Entwicklung* verstanden werden (Meyer-Abich 1979, 39). Dabei werden also die gegebene Ordnung und faktische oder denkbare Entwicklungen als diejenigen Bedingungen bestimmt, unter denen die gesellschaftlichen Voraussetzungen und Folgen eines technischen Systems zu beurteilen sind.

Statt der gesamtgesellschaftlichen Ordnung und Entwicklung könnte das Kriterium der Sozialverträglichkeit auch auf Regionen oder Gruppen bezogen werden. Dadurch wären Zielkonflikte zwischen Teilen und dem Ganzen der Industriegesellschaft einzubeziehen. Im Rahmen der vorliegenden Untersuchung werden jedoch im wesentlichen nur gesamtgesellschaftliche Ordnungen und Entwicklungen berücksichtigt.

Von Sozialverträglichkeit ist mittlerweile in den verschiedensten Zusammenhängen die Rede. Dabei hat dieses Kriterium zumindest insoweit allgemeine Anerkennung gefunden, als für mancherlei Rechtfertigungen gern auch ihre Sozialverträglichkeit in Anspruch genommen wird. Auf diese Weise entsteht allerdings ein Eindruck mangelnder inhaltlicher Bestimmtheit, dem nur durch die gegenteilige Evidenz abgeholfen werden kann, so wie es im folgenden geschieht. Dabei ist zu berücksichtigen, daß einem so komplexen Problem wie dem der Sozialverträglichkeit nur ein gleichermaßen komplexes Kriterium gerecht werden kann.

Die Enquête-Kommission des Deutschen Bundestags hat sich auf die vier Kriterien einstimmig geeinigt. Ein Konsens über die in einem Entscheidungsverfahren erforderlichen Schritte ist generell eine Voraussetzung dafür, daß Mehrheitsentscheidungen für Minderheiten akzeptabel werden. Der Konsens der Kommission demonstriert, daß die vier Kriterien diese Bedingung auch in einem Feld extrem kontroverser Meinungen erfüllen können.

(2) *Verallgemeinerung der Kriterien auf die technologische Entwicklung insgesamt*

Es liegt auf der Hand, daß die vier genannten Kriterien nicht nur zur Bewertung von Energietechniken geeignet sind. Auch daran zeigt sich, daß die Energiedebatte paradigmatisch ist und somit wegweisend für die industriewirtschaftliche Zukunft insgesamt. Es ist nunmehr an der Zeit, aus der zunächst in Energiefragen geführten Auseinandersetzung Konsequenzen für die weitere Zukunft der Industriegesellschaft zu ziehen.

Biotechnologische Entwicklungen z.B. sind ebenso wie Energiesysteme daraufhin zu bewerten, welche längerfristige Bedeutung sie für die Wirtschaftskraft unseres Landes haben, ob von ihnen Einflüsse auf die internationalen Beziehungen ausgehen (z.B. im Außenhandel oder in der Waffentechnik), ob sie die Umweltzerstörung vermindern können oder ob zu befürchten ist, daß sie die gesellschaftliche Ordnung und Entwicklung durcheinanderbringen (z.B. durch Möglichkeiten der genetischen Manipulation, deren Mißbrauch zu unterlassen unsere gesellschaftliche Charakterfestigkeit nicht ausreichen würde).

Auf den ersten Blick mögen die vier Kriterien restriktiv wirken. Tatsächlich sollte, wenn diesen Kriterien allgemein Raum gegeben würde, nicht mehr alles getan werden dürfen, was technisch möglich ist. Es trifft auch zu, daß das Konzept der Sozialverträglichkeit ursprünglich eher die Verminderung der (gesellschaftlichen) Kosten als die Erhöhung des Nutzens betrifft. Sozialverträglich ist, was unsere individuelle und gesellschaftliche Charakterfestigkeit nicht überfordert, und die Verhütung von Schäden ist zunächst noch kein Nutzen. Unseres Erachtens sind die vier Kriterien letztlich aber doch in erster Linie Wegweiser für eine industriewirtschaftliche Entwicklung, in welcher der erwirtschaftete Nutzen den tatsächlichen Bedürfnissen dient und seinen gesellschaftlichen Aufwand wert ist. Ausdrücklich positive Zielsetzungen sind die im Kapitel 7.2 entwickelten Wirtschaftsstile, im Amerikanischen z.B. auch die Charaktere 'benign' und 'soft'. Das angestrebte Ziel von dem, was nicht sein soll, her einzugrenzen, hat den Vorteil, daß die verschiedenen Gesichtspunkte deutlicher unterscheidbar bleiben (z.B. Sozial- und Umweltverträglichkeit).

Gäbe es keine im weiten Sinn wirtschaftlichen, international verträglichen, umweltverträglichen und sozialverträglichen Technologien, so wäre die industriegesellschaftliche Entwicklung in eine Sackgasse geraten. Dies aber braucht unseres Erachtens nicht der Fall zu sein. Den Eindruck, die Ziele würden durch die vier Kriterien zu hoch gesteckt, versuchen allenfalls diejenigen immer wieder zu erwecken, deren Phantasie nicht ausreicht, um sich industriewirtschaftliche Entwicklungen vorzustellen, welche den vier Kriterien genügen, oder die durch solche Entwicklungen ihre eigenen Interessen gefährdet sehen.

Die Energiedebatte hat auch bereits den Blick in die Richtung gelenkt, in der am ehesten Technologien zu finden sein werden, die politisch und gesellschaftlich akzeptabel sind. Unseres Erachtens wird es in Zukunft darauf ankommen, sich in der technischen Entwicklung mehr an der Natur zu orientieren, wie sie gerade mit wenig Energie viel Leben schafft. Sowohl die Mikroelektronik als auch die biotechnologische Entwicklung bieten für solche Prozesse offenbar weitreichende Chancen. Ein Mangel an Phantasie zur Nutzung dieser Chancen sollte nicht mehr dadurch kaschiert werden dürfen, daß man den Kritikern eines differenzierteren Fortschrittsglaubens eine generelle Technikfeindschaft unterstellt.

(3) Neue Bedingungen der Wirtschaftlichkeit

Die Entwicklung der Industriegesellschaft hat zu einem Primat der ökonomischen Rationalität gegenüber den kulturellen Lebensgrundlagen und der Erhaltung traditioneller Lebensformen geführt. Technische Erfindungen haben u.a. auch die Ausbeutung von Menschen durch Menschen in einer historisch neuen Form ermöglicht. Ein anderes Beispiel ist die Umweltzerstörung. Nach der abendländischen kulturellen Tradition darf und soll der Mensch zwar Herrschaft in der Natur ausüben, jedoch nur so, daß er sich dafür vor dem Schöpfer oder im Interesse des Ganzen verantworten kann.

Der Staat der Industriegesellschaft begegnet der Umweltzerstörung und Ausbeutung der natürlichen Mitwelt wie der von Menschen durch Menschen auf dem Gesetzes- und Verordnungsweg. Aus dem Ausgleich von Sozialstaats- und Leistungsprinzip ist zuvor bereits die Soziale Marktwirtschaft entstanden, die inzwischen viel zu sehr auf staatliche Regularien angewiesen ist, um noch als Marktwirtschaft im ursprünglichen Sinn gelten zu können. In diesem Zusammenhang erhalten die vier Kriterien ihre eigentliche Bedeutung.

Tatsächlich hat sich in der Energiewirtschaft seit dem Anfang der 70er Jahre im Kleinen ein Prozeß abgespielt, der die Entwicklung des Verständnisses, was wirtschaftlich vernünftig ist, nachvollzieht und dafür nun sogar wegweisend wird. Noch vor zehn Jahren nämlich galt z.B. in der Elektrizitätswirtschaft das aus einzelwirtschaftlicher Sicht jeweils billigste Verfahren in der Regel damit bereits als das wirtschaftlichste.

Mit der Ölkrise gewann das Verständnis von Wirtschaftlichkeit im

Energiebereich alsbald nationale und internationale Dimensionen. Darüber hinaus mußte man hier nun auch sehr schnell lernen, womit sich die Wirtschaftswissenschaft bis heute schwertut, daß nämlich Wirtschaftsprozesse nicht auf Kosten der natürlichen und sozialen Lebensbedingungen gehen dürfen.

Was einmal kulturelle Grenzen waren, muß künftig in die Wirtschaftsdynamik internalisiert werden. In der Nationalökonomie war es Karl William Kapp, der durch sein bahnbrechendes Buch über die Volkswirtschaftlichen Kosten der Privatwirtschaft (1950/1958) einen neuen Horizont abgesteckt hat, relativ zu dem sich bemißt, was wirtschaftlich ist und was nicht. Nach dem Kappschen Programm erweist sich das Kriterium der Umweltverträglichkeit als eine Erweiterung dessen der Wirtschaftlichkeit. Wenn die Wirtschaft eine so dominierende Rolle spielt, wie es heute der Fall ist, muß sie eben auch alle die Gesichtspunkte berücksichtigen, unter denen der Wirtschaftsprozeß das Interesse des Ganzen tangiert, und in gewissen Grenzen sogar kulturelle Ziele internalisieren.

Ein weiterer Schritt auf diesem Weg ist die Einbeziehung des Kriteriums der Sozialverträglichkeit in das wirtschaftliche Denken. Die Wirtschaft soll weder auf der Ausbeutung von Menschen noch der natürlichen Mitwelt beruhen und soll nicht der gesellschaftlichen Ordnung und der Entwicklung entgegenlaufen, die politisch gewollt werden. Daß die industrielle Wirtschaft auch sozialverträglich sein soll, ist die neueste und einstweilen letzte Erweiterung des Sinns der Wirtschaftlichkeit auf einem Weg, dessen vorangegangene Schritte die Berücksichtigung der Umweltverträglichkeit und der sozialen Gerechtigkeit waren.

Die Soziale Marktwirtschaft ist von Müller-Armack nicht als ein Wandel des Wirtschafts*systems* sondern als einer des Wirtschafts*stils* begriffen worden. Tatsächlich handelt es sich um eine nähere Bestimmung von Marktwirtschaft, und dasselbe gilt für eine zukünftige Wirtschaft, in deren Zielvorgabe die Umwelt- wie die Sozialverträglichkeit integriert sein werden. Es geht um eine Wirtschaft, die sich »von der Gegenwart durch mehr als eine Reform, aber durch weniger als eine Revolution (nämlich des Systems) unterscheidet« (Schefold 1981, 118; vgl. Kap. 7.2). Unsere Untersuchung läuft in diesem Sinn auf das Ziel eines Stilwandels der Sozialen Marktwirtschaft hinaus.

2. Gesellschaftliche Auswirkungen technologischer Entwicklungen in der Industriegesellschaft

2.1 Historischer Rückblick

Daß die Wirtschaft und die Kultur einer Epoche – zumindest aus heutiger Sicht – in wesentlichen Zügen durch die darin verfügbaren Technologien geprägt werden, veranschaulicht bereits die Benennung ganzer Zeitalter nach den ihnen verfügbaren Materialien, also z.B. der Bronzezeit oder der Eisenzeit. So war auch die Proklamation des Atomzeitalters nach dem II. Weltkrieg wohl ein Ausdruck der Erwartung, daß die Nutzung von Atomenergie zu den Lebensbedingungen der Zukunft gehören und daß diese ein Ausdruck des damit erreichten Stands der Technik sein würden.

Gerade Energiesysteme sind auch schon in frühester Zeit als ein Ausdruck weitreichender zivilisatorischer Bestimmungen empfunden worden. Cottrell hat diesem Zusammenhang 1955 ein wegweisendes Buch gewidmet. Nicht von ungefähr wird die moderne Technik als prometheisch, also nach der Errungenschaft des Feuers – d.h. der Energie – benannt. Der Mythos, daß Prometheus den Göttern das Feuer gestohlen habe und dafür bestraft worden sei, bringt die Befürchtung zum Ausdruck, daß der rechte Umgang mit Energie die Menschheit überfordern könnte, aber auch die Hoffnung, daß uns mit der Energie etwas Göttliches zuteil werde.

Bereits diese Ambivalenz deutet darauf hin, daß es über die technischen Fähigkeiten zur Deckung von Bedürfnissen hinaus politischer Fähigkeiten zur gesellschaftlichen Ordnung und Entwicklung bedarf. Das spezifisch moderne Problem ist dann, daß zur *Veränderung* der technischen Fähigkeiten (›Technischer Fortschritt‹) immer auch entsprechende Veränderungen der politischen Fähigkeiten zur gesellschaftlichen Ordnung und Entwicklung gehören, damit Menschen mit einer neuen Technik besser leben als ohne sie, daß aber die politischen Veränderungen unabhängig von den technischen gesondert bewertet werden müssen. Dies zu tun, ist die Aufgabe der Sozialverträglichkeitsanalyse.

Technische Innovationen verändern die Möglichkeiten des Austrags der jeweils bestehenden internationalen, gesellschaftlichen oder persönlichen Konflikte so, wie wenn während eines Spiels unversehens neue Züge erlaubt werden. Eine solche Veränderung begünstigt oder benachteiligt, nachdem bereits ein bestimmter Stand des Spiels erreicht ist, die beteiligten Spieler in der Regel nicht gleichmäßig, so daß der Spielverlauf durch die neuen Möglichkeiten zugunsten einer Seite beeinflußt wird. Die jeweils begünstigte Seite wird zum Einsatz der neuen Mittel auch dann neigen, wenn dies nicht zur Regel werden dürfte, dem aber noch keine Regel entgegensteht.

Die Veränderung der Chancen des Konfliktaustrags ist bei waffentechnischen Erfindungen besonders augenfällig. Die Japaner haben daraus einmal die Konsequenz gezogen, eine neue Waffenart (die Feuerwaffen) nicht einzuführen, weil sie – in der Sprechweise der vorliegenden Untersuchung – nicht sozialverträglich war (Perrin 1982).

Die Macht, die wir uns gegenüber der natürlichen Mitwelt durch Wissenschaft und Technik aneignen, kommt gleichermaßen innerhalb der jeweils gegebenen gesellschaftlichen Ordnung und Entwicklung zum Tragen. Dies wird im allgemeinen dazu führen, daß die Ordnung den neuen Gegebenheiten angepaßt und die Entwicklung anders verlaufen wird, als es sonst der Fall gewesen wäre. Die Veränderungen von der vorangegangenen Situation her zu bewerten, solange es noch Gestaltungsmöglichkeiten gibt, ist die Aufgabe der Sozialverträglichkeitsanalyse. Sozialverträglichkeit umfaßt als Verträglichkeit mit der gesellschaftlichen Ordnung und Entwicklung den Gesamtkomplex der politischen Tragweite wissenschaftlich-technischer Errungenschaften. Insbesondere betrifft die Frage nach der Sozialverträglichkeit sowohl die gesellschaftlichen Voraussetzungen für die Einführung bestimmter Innovationen als auch die späteren Folgen. Unsere historische Beurteilung beruht im folgenden auf der Analyse von Sieferle (1984).

(1) Hoffnungen auf die Industrialisierung und das Energiesystem

Vor aller Problematisierung der Sozialverträglichkeit industrieller Entwicklungen standen Hoffnungen, daß die Industrialisierung die allgemeinen Lebensbedingungen verbessern und durch die Entlastung von Mühsal und Armut einer freieren Gesellschaft Raum geben werde. Hoffnungen dieser Art waren es, unter denen »der Techniker, der Erfinder, der Forscher, der wagemutige Unternehmer... die Heroen eines bürgerlichen Zeitalters« (Sieferle 1984, 146) wurden. Durch die im 17. und 18. Jahrhundert erfolgte Entwicklung von Naturwissenschaft und Technik schien die Menschheit ihrer Erfüllung um 1800 bereits erheblich näher gerückt zu sein als zu Beginn der Neuzeit.

Geht man den Argumenten auf den Grund, die zugunsten der Atomenergie geltend gemacht werden, so erweisen sich die damaligen Motive heute noch als unverändert wirksam. Wenn nur genügend Energie zur Verfügung stünde, ließen sich die in den Umweltproblemen und in der Verknappung von Rohstoffen sichtbar gewordenen Grenzen des Wachstums ja prinzipiell überwinden. Zumindest technisch wäre es möglich, durch den Einsatz hinreichender Energiemengen von der schmutzigen Einwegwirtschaft, wie wir sie heute noch im wesentlichen vorfinden, zu einer sauberen Kreislaufwirtschaft überzugehen.

Innerhalb der Industrieländer versprach die Atomenergie außerdem »die Ewigkeit der industriellen Produktionsweise. Ihre soziale Schranke... war überwunden worden. Die Soziale Marktwirtschaft des Wirtschaftswunders demonstrierte, daß Kapitalismus durchaus mit einer positiven Integration der Arbeiterklasse vereinbar ist. Die Kernenergie sollte nun auch die Naturschranke beseitigen« (Sieferle 1984, 245f).

Die Erwartung, daß Energiesysteme die bewegende Kraft des Wachstums und des Technischen Fortschritts sein würden, hat seit Anbeginn der Industrialisierung sowohl relativ naive Glückserwartungen als auch weiterblickende politische Hoffnungen auf sich gezogen. Wurde die Atomenergie nach dem II. Weltkrieg zum Symbol des Eintritts in ein neues Zeitalter, so hatte diese Rolle in der ersten Hälfte des 19. Jahrhunderts zunächst die Eisenbahn als sichtbarer Ausdruck der Elemente des neuen Zeitalters: der Maschinen, des Eisens und der Kohle.

Goethe z.B., der im ›Wilhelm Meister‹ durchaus ein Gefühl für das Beängstigende des sich wie ein Gewitter heranwälzenden Maschinenwesens hatte (HA VIII. 429, 337), erklärte gegenüber Eckermann ganz unbefangen: »Mir ist nicht bange, daß Deutschland nicht eins werde, unsere guten Chausseen und künftigen Eisenbahnen werden schon das Ihrige tun« (23.X.1828). Wie Energie über die physische Entlastung hinaus auch politisch befreiend wirken kann, zeigte sich überdies daran, daß das Eisenbahnwesen z.B. die Zensurbehörden mit Sorge erfüllte. Sowie sich ein regelmäßiger und starker Verkehr zwischen den verschiedenen deutschen Ländern entwickelte, war nämlich die Verbreitung neuer Gedanken kaum noch aufzuhalten.

Auf das Vorbild der Eisenbahn pflegen sich auch die Atomenergiefreunde bis heute gern zu berufen. Vor allem der Widerstand, den es aus lächerlichen Gründen gegen das Eisenbahnsystem gegeben habe, wird gern in eine Parallele zu dem gegen die Atomkraftwerke gesetzt, um auch diesen in den Verdacht der Lächerlichkeit zu bringen. Sieferle (1984, Kapitel 7) hat dazu dreierlei gezeigt: (1) Es hat kaum Widerstand gegen die Eisenbahnen gegeben. (2) Soweit es ihn gab, beruhte er auf der

Verletzung privatwirtschaftlicher Interessen. (3) Die Lächerlichkeiten sind anscheinend von den Apologeten der Industrialisierung erfunden und den Eisenbahngegnern unterstellt worden, um sie zu diskreditieren und um nach dem politischen Syllogismus anderweitig berechtigten Angriffen auszuweichen. (Der politische Syllogismus ist nach C.F. von Weizsäcker die Argumentationsform: ›Mein Gegner hat unrecht, also habe ich recht‹. Dieser Schluß ist zwar logisch nicht zulässig, in der Politik jedoch gang und gäbe.)

Der eingangs beschriebene Effekt, daß eine Änderung der Spielregeln während des Spiels in der Regel nicht allen Beteiligten in gleicher Weise zugute kommt, ist von frühen Vertretern der Industrialisierung durchaus gesehen worden. Von der Etablierung eines Systems der freien Marktwirtschaft und der gewerblich-industriellen Entwicklung versprach man sich ja gerade, daß der Adel geschwächt und der politische Umgang der Völker verfeinert würde, so daß ein friedlicher Austausch an die Stelle von Kriegen und ein Wettbewerb der Talente an die Stelle des Auslebens zügelloser Leidenschaften treten würde (Hirschmann 1980). Das Programm des industriellen Fortschritts war daher zugleich ein politisches und soziales Programm, das zu Lasten der Privilegien des Adels verwirklicht werden sollte. Es zeigte sich jedoch bald, daß die Industrialisierung unbeabsichtigte negative Folgewirkungen auf andere Bevölkerungsschichten hatte, die aus ihren gewohnten sozialen Einbettungen gerissen wurden. Die Soziale Frage des 19. Jahrhunderts wurde dadurch zur ersten Probe auf die Sozialverträglichkeit der industriekapitalistischen Entwicklung. Soweit Lösungen gefunden wurden, entwickelte sich der Wirtschaftsstil vom Liberalismus zum Sozialstaat.

(2) Soziale Unverträglichkeiten der Industrialisierung durch die Änderung der Spielregeln

Daß das Gute an der Industrialisierung nicht allen gleichermaßen zugute kommt, merkten bei der Einführung der Eisenbahn zunächst diejenigen, die vom bisherigen Verkehrssystem lebten, also z.B. die Eigentümer von Landstraßen und Kanälen, die Spediteure und die Gastwirte, die in ihrem Einkommen von den Fuhrleuten abhängig waren. Eine andere Gruppe von nachteilig Betroffenen bildeten diejenigen Grundeigentümer, deren Besitz durch Eisenbahnlinien entwertet wurde. Am Rand sei auch erwähnt, daß das Eisenbahnfahren eine soziale Nivellierung mit sich brachte, wie sie denen nicht gefallen konnte, die es gewohnt waren, schneller als andere ans Ziel gebracht zu werden, und sich nun damit abfinden mußten, es in den höheren Klassen allenfalls bequemer als andere haben zu können. Dieses Motiv war später der Einführung des Automobils sehr förderlich. Hinzu kamen die Bildung von Ballungszentren und der Bedeutungsverlust der kleineren Städte.

Wurden schon diese Veränderungen keineswegs als belanglos empfunden, so bestand doch eine allgemeine Bereitschaft, sie dem Fortschritt zuliebe in Kauf zu nehmen. Die Vorteile der Industrialisierung schienen ihre Nachteile letztlich doch bei weitem zu überwiegen. Diese Einschätzung war allerdings dort nicht mehr zu erwarten, wo die Industrialisierung die Existenz bedrohte. Selbst der Luddistische »Maschinensturm« in England (1811–16) und der Schlesische Weberaufstand (1844) aber waren eigentlich Arbeitskämpfe. Sie richteten sich nicht gegen die Maschinen oder gegen die Industrialisierung schlechthin, sondern man wollte trotz der Maschinen eine angemessene Bezahlung und erträgliche Arbeitsbedigungen behalten.

Es ging im wesentlichen nicht um das System der industriellen Wirtschaft, sondern um ihren Stil. Die neue Technik wäre von den Arbeitern wohl akzeptiert worden, wenn mit ihr im Stil der früheren Zeit gewirtschaftet worden wäre. Das Interesse der Unternehmer war freilich gerade, aus den neuen technischen Möglichkeiten auf Kosten der Beschäftigten einen Gewinn zu ziehen. Die dadurch ermöglichten neuen Züge kamen eindeutig der Unternehmerseite zugute. Bereits Adam Smith hatte erkannt, daß der Arbeiter durch die Arbeitsteilung im Fabriksystem »becomes as stupid and ignorant as it is possible for a human creature to become« (Smith 1776/1976, 782). Er sah darin einen zwar erheblichen, aber wohl doch heilbaren Schönheitsfehler seines selbstregulierenden Wirtschaftssystems.

Zu Beginn des 19. Jahrhunderts wurden allerdings auch zunehmend Stimmen laut, die mit der Industrialisierung »Verluste für den Staat und für das Leben« (Luden 1811, 220) befürchteten. Im Vordergrund der Sorge stand zunächst der »Pauperismus«, also das Elend der von der Industrialisierung aus ihren überkommenen sozialen Bindungen herausgelösten Industriearbeiter. Die neue marktwirtschaftliche, auf der Gewerbefreiheit beruhende gewerbliche Entwicklung drohte, das soziale Gefüge weitgehend zu erschüttern und zu unerwünschten politischen Resultaten, zu Revolution, Bürgerkrieg und Despotie zu führen.

Die Umwälzung aller Lebensverhältnisse durch die Industrialisierung wurde zunächst ausschließlich unter Gesichtspunkten der Auswirkungen auf Staat und Gesellschaft wahrgenommen. Für staatliche Beamte, denen an der Aufrechterhaltung der Ordnung und der geltenden Rechtsverhältnisse lag, bedeutete die Gewerbefreiheit und der mit ihr einhergehende Aufstieg des industriellen Bürgertums, daß das Regieren nicht leichter wurde. Die staatliche Sozialpolitik hatte die Auswirkungen abzufangen, die das unkontrollierte Verfolgen industrieller Eigeninteressen hatte.

Die Soziale Frage, die Entstehung eines entwurzelten, außerständischen und allen Wechselfällen von Konjunktur und Beschäftigung ausgelieferten Proletariats sowie die Verarmung der kleinbürgerlichen Gewerbetreibenden, entwickelte sich im 19. Jahrhundert zum großen Skandal des Industriesystems und des Liberalismus. Anstelle des versprochenen Wohlstands brachte die Freiheit bzw. das, was die Unternehmer darunter verstanden, nun das Massenelend in den Städten. Offenbar war hier die unternehmerische Freiheit zur bloßen Autonomie heruntergekommen: dazu, daß einige auf Kosten anderer und des Ganzen taten, was ihnen gerade so paßte und wovon sie sich einen Vorteil versprachen.

Die Industrialisierung hätte im 19. Jahrhundert wohl zu größeren sozialen Unruhen geführt, die unter Umständen den Prozeß der wirtschaftlichen Entwicklung selbst blockiert hätten, wenn nicht politische Lösungen zur Milderung der Sozialen Frage gefunden worden wären. Ansätze einer staatlichen Sozialpolitik führten gemeinsam mit den durch die Arbeiterbewegung in Gestalt wachsender Reallöhne erzielten wirtschaftlichen Erfolgen schließlich zu einigermaßen stabilen Verhältnissen. Der soziale Frieden durch die Beteiligung der Arbeiter an dem neuen gesellschaftlichen Reichtum wurde jedoch weitgehend auf Kosten des Friedens mit der Natur gefunden. Die Entwicklung der Produktivkräfte, die Steigerung des Massenwohlstands durch Erhöhung der Produktion und der Ausbau des Industriesystems – das waren die *gemeinsamen* Ziele der industriellen Klassen, relativ zu denen die Erhaltung des nicht produzierten Reichtums der Gesellschaft vernachlässigt wurde.

Diese Entwicklung ist in Deutschland auch durch den Marxismus ermöglicht worden. Durch ihn nämlich wurden viele soziale Kritiker des Industriekapitalismus mit dem Industriesystem versöhnt und dazu bewogen, um des mit diesem System verbundenen Wohlstandsversprechens willen den Kapitalismus – vorübergehend, wie es damals hieß – in Kauf zu nehmen (Sieferle 1984, 136ff). So also kam es zu der unheiligen Allianz zwischen Arbeit und Kapital auf Kosten der Natur, in der die Unternehmer und die Gewerkschaften besonders nach dem II. Weltkrieg zusammengehalten haben. Das Arrangement der entgegengesetzten Einzelinteressen von Kapital und Arbeit innerhalb des Industriesystems führte dazu, daß diejenigen, welche den Industrialismus auch noch unter anderen als sozialen Gesichtspunkten politisch bewertet wissen wollten, fortan die Marxisten und die Sozialdemokraten gemeinsam mit den Kapitalisten gegen sich hatten und damit politisch auf verlorenem Posten standen.

(3) Verluste für das Leben

Natur und Gesellschaft waren durch die Industrialisierung von Anfang an gleichermaßen gefährdet. Wurde im politischen Raum zunächst nur die Gefährdung von Staat und Gesellschaft durch die soziale Umwälzung gesehen, so gab es im kulturellen Bewußtsein durchaus auch Ansätze zu einer Kritik des veränderten Umgangs mit der Natur. Gesehen wurde vor allem der Verlust an Poesie. Die Entzauberung von Landschaft und Regionalkultur durch die kapitalistische Rationalisierung konnte dadurch oft schon antizipiert werden, bevor sie wirklich aktuell wurde.

Bei den Umweltzerstörungen durch die industrielle Wirtschaft im 19. Jahrhundert handelte es sich zunächst noch um regionale oder punktuelle Probleme, und Widerstände galten nicht der Industrialisierung überhaupt, sondern der Verlagerung von Kosten auf Dritte. Zunehmend entwickelte sich jedoch auch ein Gefühl dafür, daß mit der industriellen Produktionsweise und der rationellen Landwirtschaft eine universelle Umwälzung aller Lebensverhältnisse begonnen hatte. Aus vielen punktuellen Veränderungen ergab sich schließlich ein neues kulturelles und ästhetisches Muster, das den Untergang der vertrauten, heimatlichen Lebenswelt mit sich brachte.

Soweit diese Veränderungen wahrgenommen wurden, geschah es unter dem Gesichtspunkt der Veränderung und Zerstörung der Heimat. Die Idee der Heimat umfaßt eine Landschaft und ihre Bewohner und ist dem heutigen Bewußtsein durch den Gegensatz von Natur und Gesellschaft fremd geworden. Da aber gerade dieser Gegensatz den blinden Fleck ergibt, in dem die Umweltprobleme mittlerweile viel zu lange außer acht gelassen worden sind, birgt der Heimatgedanke auch eine Chance, Natur und Gesellschaft wieder ganzheitlich wahrzunehmen. Dazu ist es bisher allerdings leider nicht gekommen, sondern die notwendige Industriekritik erfolgte bis in die 1970er Jahre hinein von verschiedenen und einander wechselseitig nur wenig Verständnis entgegenbringenden Seiten.

Sieferle unterscheidet für die Wende vom 19. zum 20. Jahrhundert idealtypisch zwischen zwei Richtungen der Industriekritik: den »progressiven Gesellschaftskritikern« und den »neoromantischen Zivilisationskritikern«. Die Progressiven reagierten sensibel auf Unterprivilegiertheit, soziale Ungleichheit und politische Repression, hatten aber kaum Gefühl für die Zerstörungskraft des Industriesystems hinsichtlich der traditionellen Kultur und der als Heimat erfahrenen Natur. Die Neoromantiker wiederum reagierten sensibel auf die Zerstörung der Landschaft und der Regionalkultur sowie auf die Geschmacklosigkeiten der aufkommenden Massenproduktion, überließen aber das soziale Gewissen weitgehend den Progressiven. Sie schätzten die materiellen Vorteile, welche die Industrialisierung den Beschäftigten gegenüber dem Landleben zunehmend brachte, gering ein und bemaßen das Lebensglück nach anderen Dimensionen.

Die Trennung der beiden Lager hat dazu geführt, daß
- die Sozialdemokratie große sozialpolitische Erfolge erzielt und das Industriesystem wesentlich mitgeprägt, die Umweltprobleme aber erst in den 1970er Jahren entdeckt hat;
- die Natur und Heimatschützer im konservativen Lager fast ohne Einfluß blieben.

Das Industriesystem hat also davon profitiert, daß zwei komplementäre, eigentlich zusammengehörige und einander keineswegs ausschließende Kritiken der Industrialisierung politisch in entgegengesetzten Lagern standen. Dadurch, daß sie einander gegenseitig blockierten, war es möglich, länger als ein Jahrhundert auf Kosten des Ganzen zu wirtschaften. Es hat allerdings den Anschein, als sei dieser Gegensatz historisch allmählich überholt. So wenig heute noch ein sozial unaufgeklärter Heimatschutz vorstellbar ist, dürfte auch die Soziale Frage – vor allem angesichts der Gleichrangigkeit beider Probleme in der Dritten Welt – in Zukunft nicht mehr unabhängig vom Verhältnis zur Natur gesehen werden. Sehr deutlich hieß es dazu 1985 in einer Rede des DGB-Vorsitzenden Ernst Breit, der Umweltschutz gehe »allenfalls dann zu Lasten von Arbeitsplätzen, wenn sich durch unterlassenen Umweltschutz ein Konflikt auf die Alternative zuspitzt, einen Betrieb sofort zu schließen oder ihn – der Arbeitsplätze wegen – weiter produzieren zu lassen. ... Nur umweltgerechte Arbeitsplätze sind auch sichere Arbeitsplätze.«

(4) Wo stehen wir heute?

»Verwandelt ward die Zeit, und wir mit ihr«, schrieb Emanuel Geibel in seinem Gedicht über die Eisenbahn. Wir stehen heute nicht mehr vor der Wahl, die Industrialisierung zu wollen oder nicht zu wollen. Jedoch gibt es für die weitere industrielle Entwicklung verschiedene Möglichkeiten, die von uns anhand zweier energiepolitischer Wege paradigmatisch auf ihre Sozialverträglichkeit hin untersucht worden sind. Welchem der beiden Wege der Vorzug zu geben ist, hängt auch davon ab, wie wir unseren heutigen Standort in der Geschichte der Industrialisierung verstehen.

Der historische Rückblick dieses Kapitels läßt sich dahingehend zusammenfassen, daß

– die Menschheit in der Neuzeit ihr Verhältnis zur natürlichen Mitwelt bzw. ihr handlungsleitendes Menschen- und Naturbild neu bestimmt hat, und zwar als ein Bemächtigungsverhältnis ohne höhere Verantwortung (vgl. Meyer-Abich 1984);
– im Rahmen dieses neuen Naturverhältnisses Wissenschaft und Technik sowie ihre industrielle Anwendung entstanden sind;
– das industriewirtschaftliche Handeln bisheriger Art zunächst Folgen für die gesellschaftliche Ordnung und Entwicklung, alsbald aber auch für die natürliche Mitwelt gehabt hat, so daß Probleme der Sozial- und Umweltverträglichkeit entstanden sind;
– politische Konsequenzen bisher nur hinsichtlich der Folgen gezogen worden sind, nicht in bezug auf die Beweggründe des Handelns, und auch dies bis in die 1970er Jahre hinein im wesentlichen nur hinsichtlich der einen Hälfte der Folgen, nämlich derjenigen für die Gesellschaft, wohingegen die Umweltverträglichkeit erst in den letzten Jahren als ein politisches Problem wahrgenommen worden ist;
– die politischen Konsequenzen hinsichtlich der gesellschaftlichen Folgen sich auf die Beteiligung am industriellen Reichtum beschränkten, während die kulturelle Tragweite der Entwicklung bisher vernachlässigt wird;
– das Industriesystem davon profitiert hat, daß die Kritik seiner Sozialverträglichkeit und die seiner Umweltverträglichkeit aus politisch entgegengesetzten Lagern erfolgt ist und sich dadurch selbst blockiert hat.

Ist dies der heutige Standort der Industriegesellschaft, so sind für die Zukunft im wesentlichen zweierlei Fortsetzungen der bisherigen Entwicklung denkbar:

(1) In Zukunft kommt es darauf an, nicht nur die Folgen des industriewirtschaftlichen Handelns in dieser oder jener Richtung zu begrenzen, sondern anders zu handeln, nämlich einem neuen Verhältnis zur Natur gemäß. Das bedeutet eine Änderung einzelner Wertvorstellungen und Institutionen.

(2) Nachdem es in der Vergangenheit gelungen ist, durch geeignete Institutionen die Folgen des industriewirtschaftlichen Handelns herkömmlicher Art für die gesellschaftliche Ordnung und Entwicklung auf ein erträgliches Maß zu begrenzen, und nachdem das Wertesystem der Gesellschaft daran angepaßt zu sein scheint, gilt es, dasselbe mit denselben Mitteln nun auch für die Umweltverträglichkeit und für die neueren Probleme der Sozialverträglichkeit zu leisten.

Wir werden diese beiden Möglichkeiten im folgenden für den Bereich der Energiepolitik konkretisieren. Wir verstehen die Atomenergie als das sozusagen letzte Aufgebot, um im Sinn der Alternative (2) die bisherige

Art der Industrialisierung durchzuhalten, sehen vor allem in der Allmachtsphantasie der Brütertechnik aber auch die Gefahr einer ›Endlösung‹ für den Naturzusammenhang des menschlichen Lebens. Unsere Sympathie gilt der Alternative (1). Einen solchen Weg der Erneuerung zu weisen, ist jedoch ein so viel höherer Anspruch als im bisherigen Geist durchzuhalten und lediglich die Folgen zu begrenzen, daß wir uns hier auf einige erste Schritte beschränken und weitere Schritte offen lassen müssen.

Für den Weg (1) spricht, daß es gute Gründe dafür gibt, das in der neuzeitlichen Tradition entwickelte Menschen- und Naturbild heute für falsch zu halten. Nach einem dazu alternativen Menschenbild ist die Menschheit keine geschlossene Gesellschaft, sondern nur in der natürlichen Gemeinschaft mit anderen sie selber (Meyer-Abich 1984). In einem neuen Verhältnis des Menschen zur Natur könnte die Sozialverträglichkeit technischer Entwicklungen in eins damit gewährleistet werden, daß die industrielle Wirtschaftsordnung in Einklang mit der Naturordnung gebracht wird. Die gesellschaftlichen Probleme und die Umweltprobleme unabhängig voneinander und nur von den Folgen her lösen zu wollen, wäre danach eine Anpassung an Fehlentwicklungen, ohne an die eigentlichen Ursachen heranzukommen.

2.2 Zur Methode der Sozialverträglichkeitsanalyse

Die Energiefrage hat sich in der öffentlichen Diskussion allmählich darauf zugespitzt, mit welchen Energiesystemen – und sonstigen technischen Anlagen – wir in Zukunft lieber leben möchten als ohne sie. Insbesondere sind gegen die Atomenergienutzung Bedenken geltend gemacht worden, daß damit auf längere Sicht eine der freiheitlichen Gesellschaftsordnung abträgliche Verstärkung obrigkeitlicher Strukturen bis hin zum »Atomstaat« verbunden sein könnte (Jungk 1977). Inzwischen heißt es auch in der entgegengesetzten Richtung, das Leben mit den Alternativen werde ebenfalls keine reine Freude sein, und insbesondere die von den Kritikern des Atomenergiesystems favorisierte Nutzung der Energiequelle Energieeinsparung werde einen dirigistischen »Kalorienstaat« (Häfele 1980, 79) hervorbringen, in dem z.B. Blockwarte darauf achthaben, daß nur ja niemand zuviel heizt. Das in beiden Fällen angesprochene Problem ist dasselbe, aber »daß Technik sogar politisch nicht neutral sein muß, dämmert uns erst seit einem Jahrzehnt« (Eppler 1981, 37). Für die daraufhin zu berücksichtigenden Gesichtspunkte hat sich in den letzten Jahren das Kriterium der ›Sozialverträglichkeit‹ durchgesetzt und auch bereits Eingang in den Kriterienkatalog der Enquête-Kommission (1980) gefunden (vgl. Kap. (1)).

(1) Ursprung und Einordnung des Kriteriums der Sozialverträglichkeit

Das Kriterium der Sozialverträglichkeit geht zurück auf Weinbergs (1972) Frage, wieweit wir bei der Einführung der Atomenergie voraussetzen dürfen, daß das für den Umgang damit erforderliche Wissen und die gebotene Sorgfalt auf Jahrhunderte oder gar Jahrtausende hinaus gewährleistet sein werden und wieweit die Atomenergie eine besondere Langlebigkeit auch der sozialen und politischen Institutionen erfordert. Wären uns tausend Jahre Frieden und Fortdauer der Nachkriegsidylle vergönnt, so wäre die Sozialverträglichkeit des zukünftigen Energiesystems viel weniger problematisch, als wenn wir mit der Wiederkehr historisch gewohnterer Verhältnisse rechnen müßten. Nicht einmal beim Fortbestand dieser Idylle aber wüßten wir, ob es auch nur in 100 Jahren noch sachkundige und vertrauenswürdige Fachleute gibt, in deren Hände wir ein Atomenergiesystem getrost legen möchten, oder ob unsere Nachfahren sich dann auf die ›Harrisburger‹ verlassen müßten.

›Sozialverträglichkeit‹ heißt Verträglichkeit mit der gesellschaftlichen Ordnung und Entwicklung. Wie das der Umweltverträglichkeit ist auch dieses Kriterium eine Ergänzung der Wirtschaftlichkeitsforderung (Kapitel 1), weil diese sich im herkömmlichen Verständnis als nicht hinreichend dafür erwiesen hat, daß der mit technischen Systemen erzielte Nutzen den damit verbundenen Aufwand wirklich wert ist (Kapp 1950). Wirtschaftlichkeit wiederum ist eine Erweiterung der bloßen Kostenminimierung im monetären Sinn. Die Kriterien der Wirtschaftlichkeit, Umweltverträglichkeit und Sozialverträglichkeit werden bei technologischen Entscheidungen von internationaler Tragweite durch das der internationalen Verträglichkeit ergänzt (so z.B. bei Energiesystemen und waffentechnischen Entwicklungen).

Analog zur wirtschaftlichen Beurteilung technischer Systeme durch eine Gegenüberstellung von Aufwand und Ertrag sind auch die weiterreichenden gesellschaftlichen Voraussetzungen und Folgen technischer Systeme – Beeinträchtigungen bzw. Verbesserungen der gesellschaftlichen Verhältnisse – unter Kosten-Nutzen-Gesichtspunkten zu bewerten. Dabei werden Quantifizierungen in der Regel nicht oder nur unvollständig möglich sein, weil soziale Beziehungen nur sehr beschränkt durch meßbare soziale Indikatoren beschrieben werden können – zumindest nach dem bisherigen Stand der dahingehenden Bemühungen in den Sozialwissenschaften. Jedoch sind auch ›nur qualitative‹ Antworten auf die richtigen Fragen immer noch ungleich nützlicher als quantifizierte Antworten auf die falschen oder auf uninteressante Fragen, so sehr diese dem verbreiteten Aberglauben an die Aussagekraft der rationalen Zahlen entgegenkommen. Ohnehin ergibt sich durch die Mehrzahl der Kriterien ein mehrdimensionaler Indikator, so daß der mit einem technischen System verbundene gesellschaftliche Aufwand nur dann schlicht größer (oder kleiner) ist als der für ein anderes System, wenn das eine System nach *allen* Kriterien aufwendiger (oder weniger aufwendig) ist als das andere.

In der empirischen Sozialforschung wird bisweilen die Auffassung vertreten, daß man als Wissenschaftler für Bewertungen nicht zuständig sei und deshalb nur Meinungsforschung betreiben könne, eingeschlossen freilich empirische Erhebungen über die Bewertung von Sachverhalten durch Bevölkerungsgruppen. In dieser Einschätzung der wissenschaftlichen Möglichkeiten wird jedoch aus der Tugend, nicht persönliche Meinungen als wissenschaftliche Ergebnisse ausgeben zu wollen, eine zu weitgehende Beschränkung abgeleitet und ein wesentlicher Beitrag der Wissenschaft zur politischen Meinungsbildung außer acht gelassen. Das Vorbild für die Möglichkeit weitergehender Aussagen ist wiederum das Kriterium der Wirtschaftlichkeit, insoweit dort nicht nur nach der ›wirtschaftlichen *Akzeptanz*‹ von Maßnahmen, sondern nach der Konsistenz mit vorgängig festgelegten Oberzielen (Wachstum, Vollbeschäftigung etc.), also nach der *Akzeptabilität* gefragt wird.

In demselben Sinn ist auch die Sozialverträglichkeit technischer Systeme ein Relationsbegriff in bezug auf anderweitig Erwünschtes oder nicht Erwünschtes.

(2) Der Implikationskatalog – Akzeptanz und Akzeptabilität

Man wird also nicht feststellen können, daß ein technisches System schlechthin sozialverträglich *sei* oder *nicht* sei. Über die bloße Meinungsforschung hinaus aber kann immerhin ermittelt werden, das System sei mit *dieser* Ordnung und Entwicklung so und so weit verträglich, mit *jener* hingegen nicht. Wer also eine bestimmte politische oder wirtschaftliche Entwicklung wünscht oder nicht wünscht, erfährt aus der Sozialverträglichkeitsprüfung, welche technologiepolitische Entscheidung mit der gewünschten Entwicklung konsistent oder nicht konsistent wäre. Dabei kann zur Sozialverträglichkeit eines technischen Systems auch die Unverträglichkeit mit unerwünschten Ordnungen und Entwicklungen festgestellt werden.

Das Ergebnis einer Sozialverträglichkeitsprüfung z. B. von Energiesystemen wird mithin ein *Implikationskatalog*, d.h. eine Reihe von Wenn/dann-Aussagen der Form sein: Wenn die Entwicklung (a) angestrebt wird (oder wenn damit gerechnet werden muß), dann verträgt sich damit am besten das Energiesystem E_a, und wenn die Entwicklung (b) angestrebt wird (oder wenn damit gerechnet werden muß), dann verträgt sich damit am besten das Energiesystem E_b. Ob jedoch (a) oder (b) angestrebt werden, ist eine Frage der politischen Willensbildung und kann kein Gegenstand einer ›wissenschaftlichen‹ Empfehlung sein – ausgenommen wiederum im Sinn der Konsistenz mit übergeordneten Zielen.

Unter Sozialwissenschaftlern herrscht heutzutage vielfach die Tendenz, sich zwar mit politischen Kontroversen, nicht aber mit den Gegenständen dieser Kontroversen zu beschäftigen. Dadurch wird z.B. die Atomenergie als Gegenstand der Wissenschaft den Natur- und Ingenieurwissenschaften überlassen. Demgegenüber gehört es zur Sozialverträglichkeitsanalyse, das jeweilige technische System selbst zum Gegenstand einer sozialwissenschaftlichen Untersuchung zu machen. Das Ergebnis handelt dann freilich nicht von der »Akzeptanz«, sondern von der *Akzeptabilität* des Systems unter den gegenwärtigen Entscheidungsbedingungen und relativ zu exogenen Wertsetzungen. Die Aussageform des Implikationskatalogs gewährleistet, daß hier nicht Wissenschaftler anderen Leuten vorzuschreiben versuchen, was für sie akzeptabel sei.

Auch die öffentliche Diskussion handelt davon, ob K oder S *akzeptabel* sind. Das jeweilige Ergebnis ist dann erst die Akzeptanz im empirischen Meinungsfeld. Durch die Analyse der Akzeptabilität leistet unser Forschungsprojekt in wissenschaftlicher Bescheidenheit einen Beitrag zur öffentlichen Diskussion. Demgegenüber müssen sich die Akzeptanzforscher jederzeit den Verdacht gefallen lassen, sich über die öffentliche, demokratisch-diskursive Auseinandersetzung erheben und auf sie nicht durch inhaltliche Beiträge zur Sache, sondern vom Ergebnis, der Akzeptanz, her Einfluß nehmen zu wollen.

Ein großer Vorteil des Implikationskatalogs ist, daß Zielkonflikte – mit denen ja in der Regel gerechnet werden muß – dadurch klar herausgearbeitet werden können. Als ein Nebenprodukt der Konsistenzprüfung kann sich sogar ergeben, daß Zielkonflikte deutlich werden, die bisher nicht hinreichend beachtet worden sind, so wie die meisten Menschen in ihren Zielvorstellungen nicht frei von Widersprüchen sind.

(3) Die zu berücksichtigenden Ziele

Sozialverträglichkeit im Sinn der Konsistenz mit Zielen kann
– entweder hinsichtlich der unmittelbaren gesellschaftlichen Voraussetzungen und Folgen des fraglichen technischen Systems
– oder hinsichtlich seiner mittelbaren Vereinbarkeit mit allgemeinen gesellschaftlichen Entwicklungsmustern
bestehen. Im ersten Fall geht es darum, ob Ziele des politischen Handelns durch die Einführung des Systems direkt tangiert werden. Z.B. sind die längerfristigen energiepolitischen Optionen der Bundesrepublik nicht neutral in bezug auf das Ziel der Verteidigungsfähigkeit des Landes, und auch für das Ziel des nicht zerstörerischen Austrags innenpolitischer Konflikte (etwa in der Auseinandersetzung mit Terroristen) macht es einen Unterschied, für welches Energiesystem wir uns entscheiden. Demgegenüber gibt es jedoch außerdem gesellschaftliche Ziele, die durch eine energiepolitische Entscheidung gar nicht direkt tangiert werden und dennoch kraft gemeinsamer Oberziele mit einer bestimmten Energiepolitik mehr oder weniger konsistent sein können. Z.B. haben weniger konsumorientierte Lebensformen und Naturheilkunde vordergründig nichts mit Atomkraftwerken zu tun, und dennoch finden sich auf der Sonnenseite ungleich mehr Freunde derart ›alternativer‹ Orientierungen als auf der der Atomenergiefreunde.

Die Möglichkeit der ›indirekten Konsistenz‹ (oder Inkonsistenz) z.B. eines Energiesystems mit Handlungszielen, die dadurch gar nicht unmittelbar tangiert werden, beruht darauf, daß die für die Beurteilung der Sozialverträglichkeit einschlägigen Bedürfnisse und Ziele in der Regel nicht nur für die energiepolitischen Entscheidungen, sondern gleichermaßen in vielerlei sonstigen industriegesellschaftlichen Alternativen ausschlaggebend sind.

(4) Die analytische Fortsetzung

Zur Beurteilung der Sozialverträglichkeit von Energiesystemen sind deshalb auch andere industriegesellschaftliche Entwicklungsalternativen unter denselben Gesichtspunkten zu beurteilen wie die energiepolitischen Optionen, so daß diese in die generellen Entwicklungsperspektiven unserer Gesellschaft integriert werden. Damit wird der Untersuchungsrahmen in dem Sinn erweitert, daß er nicht mehr auf Energiesysteme mit ihren unmittelbaren Voraussetzungen und Folgen beschränkt ist. Fraglich ist hier z.B. die Kompatibilität von Energiesystemen mit postmateriellen Werten (Inglehart 1977) und mit dem Wandel der Einstellungen zu

Wissenschaft und Technik in der Öffentlichkeit (vgl. die EG-Umfrage 1979). In diese Kategorie gehört auch die Frage nach der Tragweite einer energiepolitischen Entscheidung für die gesellschaftliche Entwicklung, wie sie etwa in der Alternative zwischen dem ›harten‹ und dem ›sanften‹ Weg beschrieben wird.

In der Funktionentheorie ist es unter bestimmten Voraussetzungen möglich, eine Funktion über den Wertebereich, auf dem sie ursprünglich definiert ist, hinaus ›analytisch fortzusetzen‹. Die Sozialverträglichkeit eines technischens Systems als indirekte Konsistenz oder Inkonsistenz mit Oberzielen zu untersuchen, läuft in diesem Bild darauf hinaus, sozusagen durch die *analytische Fortsetzung* der energiepolitischen Alternative über den Energiebereich hinaus die Kompatibilität energiepolitischer Entscheidungen mit dieser oder jener allgemeinen gesellschaftlichen Entwicklung festzustellen. Das Verfahren ist so ähnlich, wie wenn in der Paläontologie ganze Tiere aus einzelnen Gliedmaßen rekonstruiert werden.

Entwicklungen generell durch Ziele zu beschreiben, mit denen die Entscheidung für ein technisches System direkt oder indirekt konsistent sein kann, setzt voraus, daß ›Ziele‹ nicht in jedem Fall bewußt angestrebt werden, sondern auch die immanenten Ziele von Entwicklungen sein können, die kein Subjekt haben oder deren Subjekt wir nicht kennen. Ein Ziel ist dann generell das, woraufhin etwas zu wollen oder nicht zu wollen beurteilt wird. Um einen möglichst homogenen Implikationskatalog zu gewinnen, läßt sich auch die gesellschaftliche *Ordnung*, mit der ein technisches System sozialverträglich sein soll, in Gestalt von Zielen beschreiben, denjenigen nämlich, unter denen sie so wünschenswert ist, wie sie ist.

(5) Die gesellschaftliche Konstruktion

Ein technisches System im Hinblick auf die verschiedenen Gruppen von Zielen zu beurteilen, wird nun freilich erst dadurch möglich, daß es überhaupt in gesellschaftlichen Kategorien beschrieben wird, denn aus einer rein ingenieursmäßigen Konstruktion kann man noch lange nicht entnehmen, welches die sozialen Charaktere des betreffenden Systems sein würden, wenn es in eine gesellschaftliche Ordnung und Entwicklung eingebettet wäre, wenn also Menschen in einer bestimmten historischen Situation und politischen Verfassung damit lebten. Die herkömmlichen Orientierungsdaten der Energiepolitik sind ebenfalls ungeeignet, um Energiesysteme auf ihre Sozialverträglichkeit hin zu beurteilen.

Das Beispiel der Umweltpolitik zeigt, daß auch umweltpolitische

Gesichtspunkte erst geltend gemacht werden konnten, nachdem die Umweltbeeinflussung durch Wirtschaft und Konsum näher untersucht war. In ähnlicher Weise sind sowohl die technischen Komponenten des gesamten Energiesystems (von der Primärenergie bis hin zur Gewährleistung eines Nutzens) als auch die aggregierten Daten der Energiestatistik zunächst auf die damit verbundenen sozialen Voraussetzungen und Folgen hin zu disaggregieren bzw. zu konkretisieren.

Neben den Implikationskatalog und die analytische Fortsetzung tritt deshalb als drittes methodisches Prinzip der Sozialverträglichkeitsprüfung das der *gesellschaftlichen Konstruktion*.

Während sich die Akzeptanzforschung empirisch auf mehr oder weniger gründliche Meinungsumfragen und -erhebungen beschränken kann, ist also die Akzeptabilitätsforschung auf konstruktive Erfahrungen der gesellschaftlichen Wirklichkeit technischer Innovationen angewiesen. Um Konstruktionen handelt es sich dabei insoweit, als *zukünftige* Erfahrungen Gegenstand der Untersuchung sind. Diese Erfahrungen gesellschaftlich zu konstruieren, ist ein sozialwissenschaftliches Analogon zum naturwissenschaftlichen (Gedanken)Experiment, das ja auch eine Art der konstruktiven Erfahrung ist.

Im nächsten Kapitel wird zunächst die historische Entwicklung des Energiesystems beschrieben. Im Anschluß daran werden zwei für die künftige Entwicklung paradigmatische Alternativen auf der Basis einerseits von Atomenergie, andererseits von Sonnenenergie vorgestellt. Die gesellschaftliche Konstruktion dieser Alternativen zur Ermittlung ihrer gesellschaftlichen Implikationen für den künftigen Wirtschaftsstil und die Lebensbedingungen ist das Thema der dann folgenden Kapitel.

3. Die Entwicklung des Energiesystems

3.1 Historischer Rückblick

Die Sozialverträglichkeit von Energiesystemen ist insofern eine Zukunftsfrage, als künftige Energiesysteme im Horizont gesellschaftlicher Normen und Zustände bewertet werden sollen. Um künftige Verhältnisse von der Gegenwart aus vorstellbar zu machen, muß zunächst diese selbst richtig verstanden werden. Ein Beitrag dazu ist die Vergegenwärtigung ihrer Geschichte. Von der Vergangenheit auszugehen läßt insbesondere die Bildung der Trends, die von der Gegenwart in die Zukunft reichen, besser verstehen.

Für den Historiker stellen sich in diesem Zusammenhang die folgenden Fragen:

- Wie hat sich das Energiesystem entwickelt und welches waren die Gründe dafür?
- In welche gesellschaftlichen Organisationsformen war der Gebrauch von Energie eingebettet?

Zur Beantwortung stützen wir uns auf die Monographie von Sieferle (1982).

In der bisherigen Geschichte der Menschheit lassen sich drei Energiesysteme unterscheiden: das unmodellierte Solarenergiesystem von Jäger- und Sammlergesellschaften, das modellierte Solarenergiesystem von Agrargesellschaften und das fossile Energiesystem der Industriegesellschaften. Dazwischen fanden Umwälzungen von so weitreichender Bedeutung statt, daß sie von den Historikern als ›Revolutionen‹ eingestuft werden. Es handelt sich dabei um die Neolithische Revolution, d.h. um den Übergang zum Ackerbau, und um die Industrielle Revolution.

(1) Das unmodellierte Solarenergiesystem primitiver Gesellschaften

Dieses Energiesystem unterscheidet sich nicht prinzipiell von der Form der Energienutzung, wie sie in natürlichen Ökosystemen stattfindet. Jäger- und Sammlergesellschaften versuchten, ihren Nahrungsbedarf in erster Linie durch die Jagd zu decken, doch ist anzunehmen, daß sie kalorisch vor allem von pflanzlicher Nahrung lebten. Wie alle Lebewesen mußten sie darauf achten, daß der Energieaufwand zur Nahrungsbeschaffung minimiert wurde, d.h. daß bei der Nahrungssuche der mechanische Aufwand in einem möglichst günstigen Verhältnis zum Ertrag stand. Je besser hier der energetische Wirkungsgrad war, desto mehr Individuen konnten bei einer bestimmten Ressourcenausstattung auf einem Territorium leben.

Das entscheidende Problem für Jäger- und Sammlergesellschaften war, die Bevölkerungsgröße unterhalb des theoretisch möglichen Maximums, das vom Nahrungsangebot gesetzt wurde, zu regulieren. Dies geschah in erster Linie durch soziale Mechanismen (z.B. Heiratsregeln, verlängerte Stillzeiten). Zur Ausbildung von Intelligenz, Sprache und Differenzierung des Sozialverhaltens sind viele Erklärungsgründe vorgebracht worden. Die Freude an kultureller Gestaltung mag ebensoalt sein wie das instrumentale Handeln. Jedenfalls unterschied sich der Mensch von anderen Arten durch die Fähigkeit zur beschleunigten Anpassung seines Verhaltens an verschiedene Umwelten und ihre Nutzungsmöglichkeiten.

Jäger und Sammler verfügten neben ihrer Muskelkraft, die Nahrung in mechanische Energie verwandelt, über das Feuer. Energetisch war dies ein wichtiger Unterschied zu den Raubtieren. Das Feuer gestattete es ihnen, Lebensräume zu erobern, denen sie organisch eigentlich nicht angepaßt waren. Umgehängte Felle und Feuerstätten erzeugten gewissermaßen ein künstliches Klima. Darüber hinaus vergrößerte das Feuer den Nahrungsspielraum, da bestimmte Pflanzen nur nach einem Erhitzen vom Menschen genießbar sind. Regelrecht kochen konnten die Jägernomaden jedoch noch nicht.

Die Vielfalt der kulturellen Entwicklungen, der Reichtum der Vorstellungswelt und die entfalteten sittlichen Systeme von Jäger und Sammlergesellschaften kontrastieren mit der Einfachheit ihrer materiellen Basis.

(2) *Das modellierte Solarenergiesystem von Agrargesellschaften*

Der Übergang zum Ackerbau, die sogenannte Neolithische Revolution, begann vor ungefähr 10000 Jahren mit einem starken Bevölkerungswachstum. Dabei können idealtypisch vier Stufen unterschieden werden:

1. Übergang zur *reproduktiven Nutzung* der Beutepflanzen und Tiere, d.h. Schonung von Muttertieren; Erntewirtschaft ohne Zerstörung fruchttragender Pflanzen; behutsamer und schonender Umgang mit natürlichen Ressourcen.

2. *Monopolisierung* bestimmter Beutepflanzen und Tiere, d.h. Ausschaltung von Nahrungskonkurrenten durch Jäten, Schädlingsbekämpfung und Schutz der Haustiere vor Räubern.

3. *Konzentration von Arten,* die dem Menschen nützlich sind, durch die Anlage von Feldern und die Sammlung von Herden.

4. *Modellierung von Arten und Ökosystemen* zunächst durch Züchtung bestimmter bevorzugter Merkmale bei Pflanzen und Tieren und danach durch Veränderung der Umweltbedingungen wie z.B. der Bewässerung, so daß Pflanzen an Standorten wachsen können, die ihnen von Natur aus verschlossen wären.

Ackerbau bedeutete also nicht nur, daß in die natürliche Vielfalt eines Biotops zugunsten einiger weniger Pflanzen und Tiere eingegriffen wurde, sondern daß man diese durch Züchtung selbst veränderte. Die vorindustrielle Landwirtschaft war in diesem Sinn ein System zur Sammlung und Speicherung von Sonnenenergie für menschliche Zwecke. Nutzpflanzen und -tiere waren lebendige Wandler von Sonnenenergie, die der Mensch pflegte und wirtschaftlich nutzte. Zweck der Landwirtschaft war im energetischen Sinn, mehr chemische Energie in Form von Biomasse zu gewinnen, als dazu durch Arbeit verausgabt wurde.

Die wichtigste Quelle mechanischer Energie war in Agrargesellschaften die Muskelkraft des Menschen selbst; doch wurden bekanntlich auch Tiere eingesetzt. Arbeitstiere konkurrierten allerdings mit den Menschen um Nahrungsmittel und landwirtschaftliche Fläche, so daß dies nur in beschränktem Umfang möglich war.

Das sich in den Hochkulturen entwickelnde Gewerbe und der aufkommende Handel nutzten zwei weitere Energiequellen: Wind- und Wasserkraft. Zwar standen diese Kräfte nur lokal und zeitlich begrenzt zur Verfügung, doch war ihr Vorhandensein in der Regel die Voraussetzung für die vorindustriellen Gewerbezentren. Dabei hatten die Flüsse als Antriebsquelle für Wasserräder und als Transportmittel bzw. -wege eine zweifache Bedeutung. Für größere Entfernungen wurden Segelschiffe verwendet, die also die Kraft des Winds ausnutzten. Windmühlen wurden erst sehr viel später eingesetzt und erlangten vor allem in küstennahen Gebieten Bedeutung, weil dort wegen des geringen Gefälles nur wenig Wasserkraft vorhanden ist, der Wind jedoch oft recht kräftig und relativ gleichmäßig weht.

Der wichtigste Energieträger vorindustrieller Gesellschaften war jedoch das Holz. Es diente insbesondere zum Heizen und Kochen, wurde darüber hinaus aber auch als universeller Rohstoff für Bauten, Fahrzeuge, Behälter und vieles mehr verwendet. Das Energiesystem beruhte zu dieser Zeit somit vollständig auf der direkten und indirekten Nutzung von Sonnenenergie, wobei die verschiedenen natürlichen Energieformen sich gegenseitig ergänzten. Energie war zwar weder kostenlos noch unbegrenzt zu haben, doch richtete sich ihre Nutzung und die Einrichtung von Gewerben nach dem vorhandenen Angebot, so daß es kaum zu Engpässen kam.

Das Holz der Wälder ist freilich nur insoweit dauernd verfügbar, wie nicht mehr Holz eingeschlagen wird als jeweils nachwächst. Wird mehr verbraucht, so werden die Wälder selbst angegriffen. Während zu Beginn der landwirtschaftlichen Produktionsweise nur ein Bruchteil der nachwachsenden Biomasse beansprucht wurde, nahm der Bedarf im Lauf der Zeit durch dreierlei Einflüsse zu:

– Die landwirtschaftliche Fläche mußte auf Kosten des Walds immer mehr vergrößert werden, um die wachsende Bevölkerung ernähren zu können.
– Die zunehmende Zahl von Menschen benötigte entsprechend mehr Holz zum Kochen und Heizen.
– Der vorindustrielle Holzverbrauch erhöhte sich durch neue Gewerbe, vor allem zur Erzeugung von Eisen und zur Glasherstellung.

Diese Schere zwischen abnehmendem Angebot und stark steigendem Bedarf an Holz machte sich wiederholt geltend. In Deutschland wurde sie im 18. Jahrhundert in Form eines zunächst regional bedeutsamen Holzmangels bemerkbar. Weitblickende Verwaltungsbeamte und Kameralisten lenkten die Aufmerksamkeit auf die Holzfrage und suchten nach einem Ausweg. Die Lösungsstrategien, die schließlich entwickelt wurden, gingen zunächst ebenfalls durchweg von staatlichen Organen aus. Dabei lassen sich drei Strategien unterscheiden:

1. Einsparung von Holz: Hier handelte es sich einmal um den Versuch, den Verbrauch von Holz durch Verbote zu verringern; zugleich wurden jedoch auch allerlei »Holzsparkünste« entwickelt, die es ermöglichen sollten, den gleichen Nutzen mit geringerem Holzeinsatz zu erzielen. Auch die Entwicklung dieser Einspartechniken wurde als eine Aufgabe des Staats angesehen.

2. Funktionelle Trennung von Land- und Forstwirtschaft: Ein zweiter Ausweg bestand darin, das Angebot an Holz zu vergrößern. Wenn es gelang, den Holzertrag der Wälder zu steigern, war es dazu nicht unbedingt erforderlich, die Waldflächen zu vermehren. Drei Wege wurden eingeschlagen:

– Ablösung der bäuerlichen Nutzungsrechte im Wald, also Verbot des wilden Holzsammelns, des Vieheintriebs in die Wälder und der Entnahme von Dünger.
– Entwicklung landwirtschaftlicher Produktionsmethoden, die einen Verzicht auf die Waldnutzung erlaubten, also Einführung der Stallfütterung, neuer Formen der Düngung, der Fruchtfolge und der Feldbearbeitung (Kerridge 1967; Henning 1978).

– Entwicklung des rationalen Forstwesens und der Forstwissenschaft mit dem Ziel, einen nachhaltigen, wiederkehrenden Maximalertrag zu erreichen.

3. Substitution von Holz, vor allem durch Kohle: Die Suche nach einem Ersatz für Holz war für die Zeitgenossen zunächst ebenfalls nichts anderes als eine weitere Methode der Holzeinsparung.

(3) Das fossile Energiesystem von Industriegesellschaften

Die Substitution von Holz durch Kohle war in Deutschland ein Ausweg aus dem Holzmangel des 18. Jahrhunderts. Freilich ist der Gebrauch von Kohle an sich wesentlich älteren Ursprungs. Kohle wurde schon in der Römerzeit genutzt, auch im Mittelalter und im alten China. Der Ursprung des modernen Kohlebergbaus liegt jedoch in England, wo seit dem 16. Jahrhundert in wachsendem Umfang Kohle verbraucht wurde, und zwar nicht nur in unmittelbarer Nähe der Lagerstätten, sondern auch weit davon entfernt (Nef 1932). Die Insellage bzw. die leichte Erreichbarkeit der wichtigsten Bevölkerungszentren auf dem Seeweg begünstigte den Verbrauch von Kohle, weil sie in Schiffen ohne große Schwierigkeiten über weite Entfernungen transportiert werden konnte.

Mit der verstärkten Nutzung von Kohle begann eine Epoche des relativen Energieüberflusses, die eine nie geahnte Reichtumsvermehrung und eine gewaltige Zunahme der Bevölkerung ermöglichte. England wurde dadurch im 17. Jahrhundert zum bedeutendsten Exportland der Agrarprodukte Getreide und Wolle, während seine Wälder im Vergleich zu den Ländern auf dem Kontinent verschwindend klein waren. Das war nur auf der Grundlage der Steinkohle möglich. Über die Substitution von Holz durch Kohle wurde hier eine entsprechende Bodenfläche für alternative Nutzungsformen frei, was einen höheren Produktions- und Versorgungsstandard erlaubte. Bereits um 1800 war der Energieinhalt der in Großbritannien geförderten Kohle so groß, daß er dem nachhaltigen Holzertrag einer Fläche der Größe von ganz England und Wales entsprach. Daraus wird deutlich, daß beim damaligen Stand der Technik eine vergleichbare industrielle Entwicklung allein auf der Basis inländisch erneuerbarer Energiequellen nicht möglich gewesen wäre.

Es wäre sicher übertrieben, wollte man die Nutzung fossiler Energieträger zur ausschlaggebenden Ursache der industriellen Revolution erheben; eine wesentliche Voraussetzung für die einsetzende Umwälzung war sie aber in jedem Fall. Der Prozeß, der schließlich zum modernen Industriesystem führte, kann ohnehin nicht monokausal erklärt werden. Vielmehr handelte es sich um ein Zusammentreffen einer Reihe von

Einzelfaktoren, die jeweils isoliert auch in anderen Agrargesellschaften aufgetreten sein mögen, deren Syndrom jedoch in Europa eine Lawine in Gang setzte, die sich schließlich selbst verstärkte und einen völlig neuen Weg bahnte.

Die Industrielle Revolution war auch unter Gesichtspunkten der Energieversorgung ein fundamentaler Einschnitt in der Geschichte der Menschheit. Man ging nämlich zum ersten Mal dazu über, Energieträger zu nutzen, die nach menschlichen Zeitmaßstäben nicht erneuert werden können. Wir verbrauchen gegenwärtig pro Jahr soviel fossile Energieträger, wie in einem Zeitraum von mehreren hunderttausend Jahren gespeichert worden sind. Die Menschen leben im Industriesystem daher energetisch nicht vom Einkommen der Biosphäre, sondern verbrauchen einen nur einmal vorhandenen Vorrat.

Unter Energiegesichtspunkten läßt sich das bisherige fossile und industrielle Zeitalter in zwei Phasen einteilen:

a) Industrielle Zentralität auf der Basis von Kohle und Dampfmaschinen

Vor der industriellen Revolution war die Eisenproduktion an einem Standort auf etwa 2000 Tonnen pro Jahr beschränkt. Dies lag insbesondere an den Schwierigkeiten, die dafür erforderliche Holzkohle über größere Entfernungen zu transportieren, und an der Größe des dafür notwendigen Versorgungsgebiets. Um die Eisenproduktion nennenswert steigern und konzentrieren zu können, mußte die Verhüttung unabhängig von der Holzkohle gemacht werden. Die »große Industrie« des 19. Jahrhunderts beruhte deshalb auf der Einführung der Dampfmaschine und der Nutzung der damals reichlich verfügbaren Kohle.

Die Kohle wurde zunächst lokal in der Nähe der Kohlegruben als Brennstoff für gewerbliche Zwecke genutzt. Vor allem in Betrieben mit hohem Energieaufwand wie z.B. Salinen, Kalk- und Ziegelbrennereien sowie insbesondere in Schmieden wurde die Befeuerung zunehmend auf Stein- oder teilweise auch Braunkohle umgestellt. Den Durchbruch zum industriellen Zeitalter brachte jedoch erst die Umstellung der Eisenverhüttung auf Kohlebasis sowie die entscheidende technische Verbesserung der Dampfmaschine durch James Watt in der zweiten Hälfte des 18. Jahrhunderts. Die mit Kohle betriebene Dampfmaschine wurde bald danach zum universellen Kraftzentrum für Industrieanlagen. Sie ermöglichte eine von den natürlichen Wasserläufen unabhängige Standortwahl sowie – wegen ihrer hohen Leistung – eine stärkere Konzentration der Produktion.

Kohle, Eisen und die Dampfmaschine – das sind auch die Bestandteile der Eisenbahn, die zum tragenden Vehikel der Industrialisierung wurde.

Gegenüber der herkömmlichen Beförderung von Gütern und Personen auf dem Landweg, aber auch gegenüber der Binnenschiffahrt auf Flüssen und Kanälen, bot sie eine enorme Erleichterung und Beschleunigung des Transports. Sie verkürzte die Zirkulationszeiten des Kapitals, vergrößerte die Märkte und Rohstoffgebiete und erleichterte damit die industrielle Massenproduktion sowie die flächenübergreifende Versorgung. Indem sie Menschen und Güter mobil machte, erschloß sie die traditionellen Gesellschaften für das Industriesystem. Die Eisenbahn begünstigte nicht nur die Bildung von Gewerbezentren, die durch sie verbunden wurden, sondern auch die Verdichtung städtischer Räume.

b) Industrielle Dezentralität auf der Basis von Elektrizität, Öl und Verbrennungsmotoren

Zwei weitere Entwicklungen auf dem Energiesektor brachen die Zentralisierungstendenz auf und führten wiederum zu einer fundamentalen Umgestaltung der Industrieländer: die Elektrizität und der Verbrennungsmotor. Die Erfindung des Dynamos machte die Nutzung der Wasserkraft erneut aktuell, diesmal jedoch nicht mehr durch lokale Mühlwerke, sondern über ein flächendeckendes Verteilungssystem für Elektrizität. Der Elektromotor schloß den Handwerksbetrieb an die Industrialisierung an. Auch in der Industrie selbst verschwanden die zentralen Dampfmaschinen, vor allem aber die Transmissionen. Der Trend zum Großbetrieb hatte scheinbar seine energie-technische Zwangsläufigkeit verloren. Die Elektrifizierung ländlicher Räume machte eine dezentrale Gewerbeentwicklung möglich. In den Städten begann man, elektrische Kleinbahnen einzurichten. Dies setzte eine Entwicklung in Gang, die zur völligen Umstrukturierung der Siedlungen führte. Damit war die Möglichkeit für ein preisgünstiges innerstädtisches Verkehrssystem geschaffen. Auch Vororte konnten an das städtische Netz angeschlossen werden. Das Resultat war die Trennung von Wohn- und Gewerbebezirken.

Die Entwicklung des Verbrennungsmotors führte schließlich zum Aufschwung der Mineralölwirtschaft und letztlich zur Massenmotorisierung. Bei ausgebautem Straßennetz ist praktisch jeder Punkt im Land beliebig erreichbar. Das flache Land hat gegenüber der Stadt kaum noch technisch begründete Standortnachteile für Gewerbebetriebe. Das Industriesystem dezentralisierte sich wieder. Gegenüber der vorindustriellen Dezentralität des solaren Energiesystems sind Elektrizitäts- und Mineralölwirtschaft allerdings selbst notwendig hochorganisierte Systeme; die Elektrizität wegen ihrer Leitungsgebundenheit und der Kraftwerke, die Mineralölwirtschaft wegen der aufwendigen Raffinierungs- und Verteilungssysteme. Die technische Umwelt des Industriesystems der zweiten Phase ist zu einer Apparatur geworden, von der jeder abhängt und die keine Räume ausläßt, wie es sie in der ersten, zentralisierten Phase noch gab.

(4) Die Bedeutung der Energie für die gesellschaftliche Entwicklung

In den Agrargesellschaften wird der Energieeinsatz durch den Flächenbedarf sowie durch die Arbeit des Fällens und Heranschaffens von Holz restringiert. Man war gezwungen, den Energieaufwand zu minimieren und sich auf die natürlichen Quellen einzurichten. Auch das zentralisierte fossile Energiesystem auf der Basis von Kohle war noch von Knappheit gekennzeichnet, da die Kohle in Handarbeit umständlich aus der Erde gewonnen werden mußte. Freilich erlaubte die Kohlewirtschaft im Vergleich zum Solarenergiesystem bereits eine Überflußgesellschaft, die z. B. viele Tonnen Eisen auf der Bahn bewegte, um nur wenige Menschen zu transportieren. Doch setzte der wirkliche Überfluß erst durch die Nutzung von Erdöl ein. Der geringe Aufwand bei der Ölgewinnung führte dazu, daß Energie seit der Mitte des 20. Jahrhunderts fast umsonst zu haben war.

Die beträchtlichen Veränderungen, die das Industriesystem im 20. Jahrhundert zustande gebracht hat, beruhten zum großen Teil auf billiger Energie. Wie wir heute wissen, gibt es positive wie negative Folgen. Zunächst einmal kam es in den Industrieländern zu einer ungeheuren Vermehrung des Reichtums. Die Mechanisierung und die Verwendung von Kunstdünger brachten in der Landwirtschaft eine enorme Steigerung der Erträge, so daß eine immer größer werdende Zahl von Menschen immer reichhaltiger ernährt werden konnte. Durch die Massenmotorisierung erhöhte sich die Mobilität. Eine Vielzahl elektrischer Maschinen und Geräte erleichterte die Arbeit und erhöhte den persönlichen Komfort.

Der Überfluß hatte in der nun einsetzenden Verschwendung jedoch auch Kehrseiten. Die bauliche und verkehrstechnische Infrastruktur wurde ohne Rücksicht auf natürliche Gegebenheiten aufgebaut und gewaltig erweitert. Insbesondere das immer engmaschigere Netz von Straßen und Autobahnen sowie die energetisch immer aufwendigeren Gebäude führten zu einer ungeheuren Zunahme des Verbrauchs an nichterneuerbaren Energieträgern, die wiederum die Abhängigkeit von Energieimporten und die Belastungen der Umwelt drastisch erhöhte. Die Städte wurden immer unbewohnbarer, was eine regelrechte Stadtflucht auslöste und die Landschaftszersiedlung förderte. Zweihundert Jahre der Nutzung fossiler Energie haben die Welt total umgestaltet.

Die historische Betrachtung der industriellen Entwicklung zeigt, daß die Energienutzung ein zentraler Faktor der Gestaltung der gesellschaftlichen Wirklichkeit ist. Zwar wäre es übertrieben, das Energiesystem als die bewirkende Ursache gesellschaftlicher Prozesse zu bestimmen, doch ist es ein konstitutives Element, das die Spielräume definiert, die der materielle Lebensprozeß menschlicher Gesellschaften gewinnt. Den Spielräumen wiederum müssen die Spielregeln angemessen sein. Deshalb stellt sich heute die Frage, wie sich unser Energiesystem in Zukunft weiterentwickeln könnte und mit welchen gesellschaftlichen Konsequenzen dabei zu rechnen wäre. Wir beantworten zunächst die erstere Frage. Dies geschieht auf der Grundlage der Untersuchungen von Bauerschmidt (1985).

3.2 Die künftige Entwicklung des Energiesystems

Betrachtet man die Geschichte der Energietechnik im engeren Sinn, ist festzustellen, daß die Entwicklung geprägt war durch

- den Einsatz immer konzentrierterer Energieformen (Holz, Kohle, Erdöl, Erdgas),
- die Nutzung immer höherwertigerer Energieformen (Holz, Holzkohle, Kohle, Heizöl, Kraftstoffe, elektrischer Strom) und
- die Erzeugung in immer größeren Einheiten (Feuerstelle, Meiler, Brikettfabrik, Raffinerie, Kraftwerk)

(Bauerschmidt 1979, 60). Die Entwicklung der Atomenergie war eine folgerichtige Weiterführung dieser Tendenzen: Der Kernbrennstoff ist noch konzentrierter als Erdöl und Erdgas, der daraus erzeugte Strom ist die höchstwertige Nutzenergie und die Größe der Atomkraftwerke übersteigt erneut die der bisherigen Anlagen.

Mit dieser Entwicklung sind aber auch Probleme entstanden, und es fragt sich nun, ob der bisherigen Entwicklungslogik noch weiter gefolgt werden sollte. Zunehmende Zentralisierung und Monopolisierung der Energiemärkte, wachsende Abhängigkeit von unsicheren Rohstoffimporten und eine inzwischen als untragbar erkannte Belastung der Umwelt sind nur die offensichtlichsten der negativen Begleiterscheinungen. Für die Zukunft besteht die Gefahr, daß sich diese Tendenzen noch verschlimmern und weitere negative Folgen hinzukommen. Die Warnungen reichen von der vollständigen Abhängigkeit von leitungsgebundenen Energieträgern und stark ansteigenden volkswirtschaftlichen Kosten bis hin zur Gefahr eines »Atomstaats«.

Natürlich können Energietechnologien und Energiesysteme nur einen, oftmals verborgenen, Beitrag zur Gestaltung unserer Wirtschaft und unseres Lebens leisten, aber gesellschaftliche Veränderungen haben immer Kristallisationspunkte, von denen aus sich Neues entfaltet. Wenn das Energiesystem ein solcher Punkt ist – und darüber sind die verschiedenen Lager der jeweiligen Befürworter, Kritiker oder Gegner bestimmter Technologien oder Energiestrategien bei allen sonstigen Gegensätzen weitgehend einig –, dann darf die Entwicklung unseres Energiesystems nicht einer immanenten Entwicklungslogik aufgrund realer oder vermeintlicher Sachzwänge überlassen bleiben, sondern muß politisch gestaltet und gesteuert werden (Ueberhorst 1980, 1982).

Deshalb begann man vor einigen Jahren, über Alternativen zur Atomenergie nachzudenken. Verschiedene Studien zeigten, daß es auch andere Energiewege geben könnte als den Ausbau des Versorgungssystems durch die Atomenergie (Lovins 1978, Leach et al. 1979 sowie Krause et al. 1980). Für die Bundesrepublik wurde das Spektrum der möglichen Ausgestaltung von Energiesystemen besonders augenfällig in den vier energiepolitischen Pfaden der Enquête-Kommission dargestellt. Bei annähernd gleichen Voraussetzungen – hoher Steigerung des privaten Komforts und weiterem Wachstum der Wirtschaft – werden die Bedingungen unterschiedlicher Energiepfade mit und ohne Atomenergie detailliert beschrieben. Falls diese Bedingungen erfüllt werden können und diese Wege reale Möglichkeiten sind, befinden wir uns in einer historischen Verzweigungssituation.

(1) Eine Verzweigungssituation

Eine Verzweigungssituation liegt dann vor, wenn mehrere Wege gleichermaßen möglich sind, wenn es also nicht mehr nur ›einfach‹ so weitergehen kann wie bisher, sondern im wörtlichen Sinn eine ›Krise‹ eingetreten ist und eine Entscheidung fallen muß. Möglich sind die verschiedenen Wege nur dann, wenn sie eine Reihe von Bedingungen gemeinsam erfüllen. Im Wegegleichnis gesprochen: Auf einer Wanderung besteht nur dann eine echte Wahl zwischen verschiedenen Wegen, wenn diese
- von einem Punkt des bisherigen Wegs ausgehen,
- unter den gegebenen Voraussetzungen überhaupt gangbar sind,
- zu verschiedenen Zielen führen, die unter bestimmten Gesichtspunkten gleichermaßen in Frage kommen.

Wir betrachten die Realität einer solchen Verzweigungssituation für die Energiepolitik dann als gewährleistet, wenn die verschiedenen Energiesysteme
- technisch möglich sind, also dem Stand der Technik entweder bereits entsprechen (z.B. Leichtwasserreaktoren, Wärmeschutz) oder voraus-

sichtlich in absehbarer Zeit entsprechen werden (z.B. Brutreaktoren, Photozellen);
- nicht nur einige Teilbereiche optimieren und in anderen versagen;
- gesamtwirtschaftlich vertretbar sind und insbesondere die Wirtschaftskraft insgesamt stärken, nicht aber primär den rückläufigen Wirtschaftsbereichen dienen.

Zur politischen Bewertung ist es außerdem erforderlich, die grundsätzlichen Alternativen einander so gegenüberzustellen, wie sie sich in der politischen Diskussion bereits herausgebildet haben und wie sie von den jeweiligen Befürwortern unterstützt werden.

Um eine Verzweigungssituation erkennen zu können, empfiehlt sich ein systemanalytisches Vorgehen mit einem den Zeitkonstanten des Energiesystems entsprechenden Zeithorizont. Kürzerfristig angelegte Prozesse verstellen dagegen den Blick auf die langfristigen Handlungsmöglichkeiten. Sie beruhen zumeist auf nur vermeintlichen Sachzwängen und verleiten zu einem pseudo-pragmatischen Durchwursteln, das kurzfristige Vorteile bietet, langfristig jedoch in eine ausweglose Situation führt. Ein Beispiel hierfür ist die Umweltpolitik der hohen Schornsteine, die für die drastische Verschlechterung der Umweltsituation mit verantwortlich ist.

(2) Die Referenzfälle Kernenergie (K) und Sonnenenergie/ Energieeinsparung (S)

Als grundsätzliche Alternativen der langfristigen Entwicklung unseres Energiesystems lassen sich nach Bauerschmidt (1985) zwei Wege angeben:

Der eine Weg beruht auf dem weiteren Ausbau der Atomenergienutzung. In einer Eingangsphase bedeutet dies den weiteren Einsatz der heute schon gebräuchlichen Leichtwasserreaktoren. Auf längere Sicht aber kann die Nutzung der Atomenergie nur durch die ›fortgeschrittenen Reaktorlinien‹ (Brüter, Hochtemperaturreaktoren) eine energiepolitische Option sein. Dazu wiederum bedarf es einer Technik der Gewinnung und Aufbereitung von Kernbrennstoffen sowie der Wiederaufarbeitung und Endlagerung von radioaktiven Abfallstoffen. Dieser ›*Fall K*‹ läßt sich als eine versorgungsorientierte Energiestrategie kennzeichnen. K steht für die verschiedenen Arten der Atom- bzw. *K*ernenergie.

Der Ausdruck Kernenergie ist unter Gesichtspunkten der Öffentlichkeitsarbeit und unter der Voraussetzung eingeführt worden, daß es mit der friedlichen Nutzung keine denen der militärischen Nutzung entsprechenden Probleme geben werde. Unsere Untersuchung zeigt, daß dies ein Irrtum war, denn die Atomenergie entwickelt sich nun auch noch zum Paradigma für eine technologisch bedingte Gefährdung der inneren Ordnung, nachdem die internationale Kriegsgefahr durch die Atomwaffen bereits ein nie gekanntes Maß erreicht hat. Wir sprechen deshalb zum Ende unserer Untersuchung wieder von Atomenergie statt von Kernenergie (anders als bei der anfänglichen Benennung des Falls K).

Der andere Weg beruht auf der Nutzung der Energiequelle Energieeinsparung und der Sonnenenergie. Auf Atomenergie kann hier nach einer Übergangszeit verzichtet werden. Unter Sonnenenergie ist ebenfalls ein Spektrum verschiedener Technologien zu verstehen, insbesondere die passive Nutzung durch architektonische Maßnahmen, die aktive Nutzung zur dezentralen Wärmegewinnung (Solarkollektoren, Wärmepumpen) und die aktive Nutzung zur Gewinnung von Energieträgern. Hinzu kommen Einspartechnologien im engeren Sinn der rationellen Energieverwendung, die also nicht bereits auf der Nutzung von Sonnenenergie beruhen. Dieser *›Fall S‹* kann als einsparorientierte Energiestrategie charakterisiert werden. S steht für die *S*onne und für das *S*paren.

Auf beiden Wegen müssen noch für eine jahrzehntelange Übergangszeit fossile Energieträger eingesetzt werden. Dies ist nötig, um die allmähliche Anpassung der Energieversorger und der Verbraucher zu ermöglichen und ist trotz der begrenzten Energievorräte auf der Erde möglich, sofern der Verbrauch fossiler Energieträger dabei eine insgesamt abnehmende Tendenz haben würde. An der Abhängigkeit vom Verbrauch fossiler Energieträger ist kurz- und mittelfristig nichts zu ändern.

Die historische Grundlage und der konzeptionelle Rahmen der Referenzfälle K und S sind die Pfade 2 und 3 der Enquête-Kommission »Zukünftige Kernenergiepolitik« des Deutschen Bundestags (vgl. Meyer-Abich/Schefold 1981, 79ff.). Beide Pfade sind gemäßigte Repräsentanten einer mehr versorgungsorientierten bzw. mehr einsparorientierten Entwicklung des Energiesystems. Zugleich stehen sie unter annähernd gleichen Voraussetzungen in bezug auf die wesentlichen Rahmenbedingungen, was für die Vergleichbarkeit von Vorteil ist. Typischer im Sinn eines scharfen Kontrasts wäre die Wahl der Energiepfade 1 und 4 gewesen, die durch einen extremen Ausbau der Atomenergie (Pfad 1) bzw. durch extreme Energieeinsparungen und die maximale Nutzung erneuerbarer Energiequellen (Pfad 4) gekennzeichnet sind. Diese beiden Pfade hatten jedoch den entscheidenden Nachteil, innerhalb des vorgesehenen Zeitraums als nicht durchsetzbar zu erscheinen.

Daß wir die Enquête-Pfade 2 und 3 nicht direkt als Referenzfälle für die Sozialverträglichkeitsanalyse übernehmen konnten, lag daran, daß

– von 1978 bis 1982 durch unerwartet hohe Einsparungen eine bemerkenswerte Veränderung der Ausgangsdaten eingetreten war;
– der Pfad 2, weil der Ölkrise kurz- und mittelfristig mit Atomenergie kaum zu begegnen ist, wesentlich höhere Einsparungen und größere Mengen an regenerativen Energieträgern vorsah, als sie auf längere Sicht zu einem Atomenergiesystem – das doch gerade dem Traum der Energieschwemme nachhängt – passen;
– die Konstruktion der Pfade 2 und 3 zwar die Realität der Verzweigungssituation, langfristig mit oder ohne Atomenergie auskommen zu können, nach Meinung der Kommission belegte, in der öffentlichen Diskussion aber nicht entsprechend gewürdigt wurde. Tatsächlich handelte es sich um Entwürfe, deren Ausführbarkeit wir nun bestätigen und zeigen, die aber doch noch der Konkretisierung bedurften. Dementsprechend sind unsere Fälle K und S nun erheblich detaillierter und damit vorstellbarer als die Pfade 2 und 3. Naturgemäß führte die Weiterentwicklung auch sonst zu einer Reihe von Änderungen.

Diese Unterschiede lassen jedoch die Gemeinsamkeit der Grundalternative unberührt. Die Botschaft lautet unverändert, daß heute keine energiepolitische Prognose angebracht ist, da sie nur über die Verzweigungssituation hinwegtäuschen könnte. Es gibt nicht einen sondern mehrere mögliche Wege, und eine Prognose könnte sich allenfalls darauf beziehen, für welchen von ihnen oder für welche Kombination die politische Entscheidung fallen wird.

Zur Konstruktion der beiden Referenzfälle wurde das von der Enquête-Kommission verwendete Energiemodell auf K und S hin weiterentwickelt. Das Modell besteht aus einem Bedarfsteil und einem Versorgungsteil. Im Ersteren wird zunächst ein »virtueller Bedarf« (Luhmann) ermittelt, so wie er sich für die angenommene Wirtschafts- und Konsumentwicklung ohne Energieeinsparungen ergeben würde. Unterschiede zwischen K und S beruhen hier nur auf verschiedenen Entwicklungen der Wirtschafts- und Verkehrsstruktur. Danach werden für die beiden Referenzfälle verschiedene Einsparpotentiale zugrundegelegt. Im Versorgungsteil wird berechnet, wie die jenseits der Einsparungen noch benötigten Energieträger im Endverbrauch (Fernwärme, Brennstoffe, Kraftstoffe, Elektrizität und Energierohstoffe für den nicht-energetischen Verbrauch, z.B. in der Petrochemie) am besten bereitgestellt werden können, wenn die jeweiligen Vorgaben für K und S beachtet werden.

(3) Vorgaben für die Berechnungen

Es gibt zahlreiche Faktoren, welche die künftige Entwicklung des Energiesystems beeinflussen. Für die Berechnung der Referenzfälle lassen sich allerdings nur diejenigen von ihnen berücksichtigen, die quantifiziert und unter zeitlichen Annahmen über ihre mögliche Entwicklung in Modellvorgaben umgesetzt werden können. Nicht alle denkbaren Einflüsse sind in dieser Weise einzubeziehen. Explizit berücksichtigt wurden folgende Faktoren:
- die gesamtwirtschaftliche Entwicklung;
- der Strukturwandel der Wirtschaft;
- das Komfortniveau der privaten Verbraucher;
- das Ausmaß an Energieeinsparungen;
- die Wärmeversorgungssysteme;
- die verfügbaren Energierohstoffe;
- die Technologien zur Umwandlung von Primär- in Sekundärenergie.

Andere Faktoren können zusätzlich berücksichtigt werden. So wird von uns z.B. eine abnehmende Wohnbevölkerung in der Bundesrepublik Deutschland und ein real steigendes Energiepreisniveau unterstellt. Diese Faktoren gehen jedoch nirgends in die Rechengänge ein. Sie sind nur notwendig bei der Interpretation und Bewertung der Annahmen und der Ergebnisse, z.B. durch die Ausweisung von pro-Kopf-Werten.

Die Vorgaben der energiewirtschaftlichen Entwicklung der Referenzfälle K und S entsprechen im wesentlichen denen der Pfade 2 und 3 der Enquête-Kommission.

Neu sind folgende Annahmen:
- Die *Anfangswerte* der Berechnungen auf der Basis der Daten von 1982 mit einigen Folgeänderungen.

Im Fall K:
- daß hier längerfristig nicht mit starken Anstrengungen zum Energiesparen gerechnet werden kann;
- daß die erneuerbaren Energiequellen nicht über das gegenwärtige Maß hinaus genutzt werden, weil hier ein deutlicher Kostenvorteil der Atomenergie gegenüber den regenerativen Systemen zu unterstellen ist;
- daß die Umgebungsenergie nur mit elektrisch betriebenen Wärmepumpen (also nicht mit Gas-Wärmepumpen) genutzt wird, weil dies mit Strom aus Atomenergie möglich ist und fossile Energieträger dann für andere Zwecke reserviert bleiben können.

Im Fall S:
- daß nach 2000 keine Ausweitung der Grundstoffindustrie mehr erfolgt;

Tabelle 1: Vorgaben für die beiden Referenzfälle K und S (nach Bauerschmidt 1985, 114).

Gemeinsame Annahmen		
1. Wirtschaftswachstum	1982–2000: 2,3 % p. a. 2000–2030: 1,1 % p. a.	
2. Bevölkerungsentwicklung	2000: 57 Mio Personen 2030: 50 Mio Personen	
3. Komfortniveau privater Haushalte 2030 im Verhältnis zu 1982	Beheizte Wohnfläche: 1,4 Warmwasserverbrauch: 1,7 Elektrogeräte: 3,0	
Unterschiedliche Annahmen	*Referenzfall K*	*Referenzfall S*
4. Strukturwandel Wachstum der Bereiche:		
– Grundstoffindustrie	BSP/2	BSP/2 bis 2000 Null nach 2000
– Übrige Industrie	wie BSP	wie BSP
– Dienstleistungen	BSP + 10 %	BSP + 10 % bis 2000 BSP + 15 % nach 2000
5. Verkehrsbereich		
– Individualverkehr	Faktor 1,25 bis 2030	keine Steigerung
– Öffentlicher Personenverkehr	Wachstum wie BSP	Faktor 2,8 bis 2030
– Güterverkehr	Wachstum wie BSP	Wachstum wie BSP
6. Deckung des Energiebedarfs		
– Fossile Energieträger	gleicher Sockel:	
2000	– 105 Mio t SKE	Steinkohle
	– 40 Mio t SKE	Braunkohle
	– 110 Mio t SKE	Erdöl
	– 80 Mio t SKE	Erdgas
2030	– 120 Mio t SKE	Steinkohle
	– 40 Mio t SKE	Braunkohle
	– 80 Mio t SKE	Erdöl
	– 50 Mio t SKE	Erdgas
– Erneuerbare Energiequellen	nur Wasserkraft und Umgebungsenergie	starke Verwendung aller Arten
– Atomenergie	starke Verwendung nach 2000, etwa 40 GWe bis 2000	keine Verwendung nach 2000

– die Aufteilung des Personenverkehrs auf private Pkw und den öffentlichen Personenverkehr zugunsten des letzteren, weil hier eine stärkere Verlagerung zu den öffentlichen Verkehrsmitteln zu erwarten sein dürfte.

Gleiche und verschiedene Vorgaben für die beiden Referenzfälle sind umseitig in der Tabelle 1 zusammengefaßt. Alle Annahmen sind so gewählt, daß in K und S zwar die Art, nicht aber das allgemeine Niveau des Wohlstands verschieden ist. Darüber hinaus gibt es vor allem unter denen, die den Weg S favorisieren, eine wohlbegründete Tendenz, weniger konsumorientiert zu leben und ein solches Leben sogar reicher zu finden. Soweit dieses Bedürfnis um sich greift, werden in S noch weniger Energie und Rohstoffe gebraucht, als wir einstweilen sicherheitshalber angenommen haben.

Zwei Annahmen bedürfen noch einer kurzen Begründung. (1) Daß wir im Fall S keine Steigerung des Individualverkehrs, wohl aber der Benutzung öffentlicher Verkehrsmittel annehmen, entspricht unserer Einschätzung der Verhaltenstendenz derer, die sich für den S-Weg engagieren. (2) Die Annahme von maximal 40 GWe elektrischer Leistung aus Atomenergie bis zur Jahrhundertwende beruht darauf, daß unseres Erachtens selbst eine klare Entscheidung für den K-Weg schon aus Gründen der Bedarfsentwicklung zu keinen größeren – und wahrscheinlich eher zu niedrigeren – Kapazitäten führen würde. Mitte 1984 waren ca. 16 GWe elektrischer Leistung aus Atomenergie (Leichtwasserreaktoren) in Betrieb und 11 GWe im Bau.

(4) Ergebnisse

Die wichtigsten Ergebnisse der Berechnungen sind in Abbildung 1 zusammengefaßt. Darin sind für die Jahre 1982, 2000 und 2030 die Zusammensetzung des Primärenergieeinsatzes nach dem Bedarf an Energieträgern, dem nichtenergetischen Verbrauch und den Umwandlungsverlusten sowie der künftige Beitrag der Umweltenergie und der Energieeinsparungen wiedergegeben.

Man erkennt deutlich, wie die beiden Wege allmählich – vor 2000 nur geringfügig, danach stärker – auseinanderlaufen, wobei im Fall S am unteren Ende der Beitrag der Energiequelle Energieeinsparung und der erneuerbaren Energiequellen zunimmt, während im Fall K am oberen Ende – aufgrund des schlechten Wirkungsgrads der Elektrizitätserzeugung – immer mehr Umwandlungsverluste zu Buch schlagen.

Charakteristisch für den *Fall K* ist demnach ein weiter steigender Primärenergieeinsatz. Vor allem nach dem Jahr 2000 erfolgt wegen der hohen Umwandlungsverluste eine starke Zunahme.

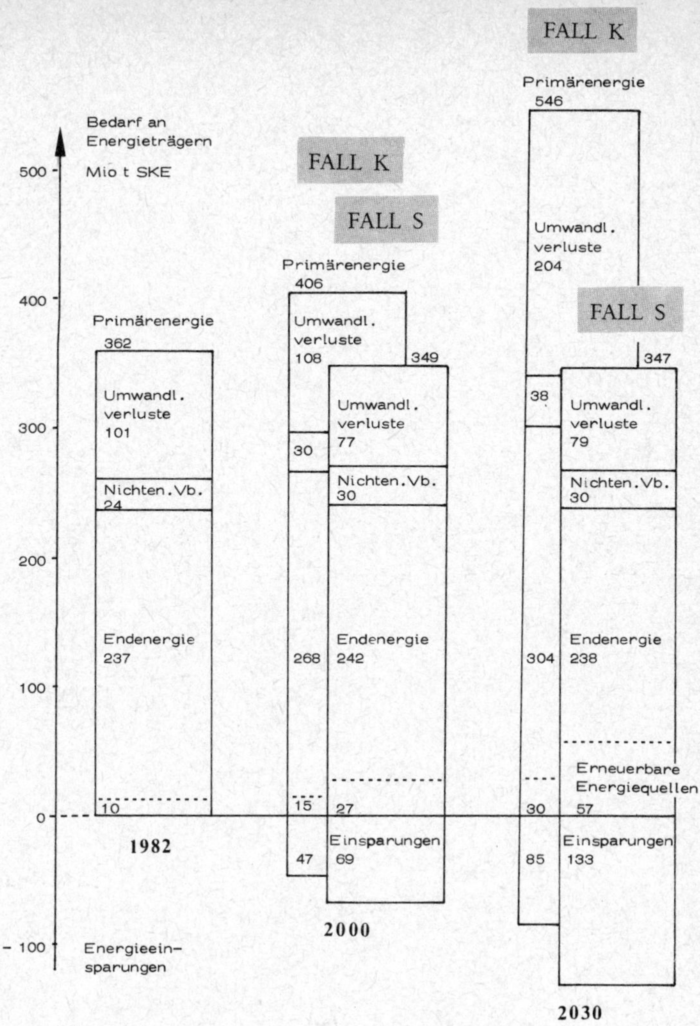

Abbildung 1: Überblick über die Entwicklung der Referenzfälle K und S in Mio t SKE (nach Bauerschmidt 1985, 117).

Charakteristisch für den *Fall S* ist demgegenüber ein leicht rückläufiger Primärenergieeinsatz. Dabei führt die zunehmende Nutzung erneuerbarer Energiequellen zu einem deutlich verringerten Bedarf an nichterneuerbaren Energieträgern.

Für die Zukunft ist zur Charakterisierung der Energiesysteme neben dem Bedarf an Energieträgern auch der Beitrag der Energieeinsparungen als virtueller Energiequelle zur Bereitstellung der Energiedienstleistungen von Bedeutung (Tabelle 2). Ein energiebezogener Bedarf ist nämlich in weitem Umfang sowohl durch den Einsatz von Energie als auch durch Energieeinsparungsmaßnahmen zu decken. In einem Raum nicht zu frieren, kann gleichermaßen durch schlecht isolierte Wände und viel Heizenergie wie durch gut isolierte Wände und wenig Heizenergie gewährleistet werden, und die geschicktere Konstruktion eines Motors kann den Treibstoffverbrauch reduzieren. In diesen Fällen wird Energie durch Kapital (Investitionen) und technisches Wissen ersetzt. Energie durch Kapital, Technisches Wissen sowie ggf. auch durch Arbeit ersetzt, ist also funktional (nicht physikalisch) eine Energiequelle, die »Energiequelle Energieeinsparung« (Meyer-Abich 1979).

Faßt man die Energieeinsparung als zusätzliche Energiequelle auf, so ergibt die Summe der beiden Beiträge einen *›virtuellen Energiebedarf‹* (Luhmann), der als Maß für die erbrachten Energiedienstleistungen angesehen werden kann. Dieser virtuelle Energiebedarf nimmt in beiden Fällen *annähernd gleich* stark zu, so daß die Energiedienstleistungen – zur Deckung des eigentlichen Bedarfs – in K und S etwa das gleiche Niveau erreichen. Der höhere Beitrag der Energieeinsparungen im Fall S führt dazu, daß der Einsatz an Endenergieträgern etwa auf dem heutigen Stand bleibt, während er im Fall K wegen der geringeren Einsparungen weiter ansteigt.

Die *Unterschiede* im Primärenergieeinsatz werden deshalb nur zum Teil durch die unterschiedliche Höhe des Bedarfs an Endenergieträgern verursacht; sie rühren hauptsächlich von den hohen *Verlusten im Energieumwandlungsbereich* im Fall K her, die eine Folge des hohen Stromanteils und der Nutzung der Kohle in veredelter Form sind. Im Fall S gehen die Umwandlungsverluste hingegen sogar zurück, weil der Strombedarf kaum steigt, wobei Strom vermehrt in Kopplung mit Fernwärme erzeugt wird, und weil infolge des insgesamt niedrigeren Energiebedarfsniveaus energieaufwendige Veredelungsprozesse nicht erforderlich sind.

Man hätte erwarten können, daß der Anteil der erneuerbaren Energiequellen im Fall S innerhalb von 50 Jahren nicht nur auf 16% (57 von 347 MiotSKE) steigen würde. Auch wenn hier noch einige Prozente für die passive Sonnenenergienutzung hinzugerechnet werden, bleibt der Anteil für ein Sonnenenergieszenario relativ gering. Der Grund dafür ist, daß im Fall S insgesamt nicht mehr Energie gebraucht wird, solange in beiden Fällen gleich viel fossile Energieträger eingesetzt werden. An dieser Annahme wiederum haben wir festgehalten, damit sich aus der Bewertung der fossilen Energieträger keine Unterschiede für die komparative Bewertung von Atomenergie und Sonnenenergie bzw. Einsparungsmög-

Tabelle 2: Energieeinsparpotentiale nach Bedarfsarten und Verwendungsbereichen der Energie in % gegenüber der Nutzungsstruktur von 1982. EZFH = Ein- und Zweifamilienhäuser. MFH = Mehrfamilienhäuser (nach Bauerschmidt 1985, 94).

Energieeinsparpotential 1982–2030 in %	*Haushalte*				*Kleinverbrauch*		*Industrie*		*Verkehr*	
	Fall K		Fall S		K	S	K	S	K	S
	EZFH	MFH	EZFH	MFH						
Raumheizung										
– architektonische Maßnahmen	30	15	58	38	15	38	11	32		
– heizungstechnische Maßnahmen	7	7	9	10	7	10	4	6		
– Veränderung der Beheizungsstruktur	5	5	1	2	5	2	–	–		
Raumwärme gesamt	42	27	68	50	27	50	15	38		
Prozeßwärme	14	12	16	16	10	7	15	31		
Beleuchtung und stationäre Antriebe	15	15	38	38	15	28	15	31		
Verkehr										
– PKW									37	47
– LKW									23	28
– Sonstige									23	28

lichkeiten ergeben. Der Einsatz regenerativer Energiequellen könnte sonst im Jahr 2030 durchaus etwas höher sein, als von uns im Fall S angenommen. Im übrigen beträgt der Primärenergieanteil der Atomenergie im Fall K für das Jahr 2030 225 von 546 MiotSKE = 41 %, der der erneuerbaren Energiequellen mitsamt der Energiequelle Energieeinsparung im Fall S hingegen 190 von 347 MiotSKE = 55 %.

Für die einzelnen *Energieträger* im Endenergiebereich ergibt sich aus Tabelle 3: Im Fall S wird die Energienachfrage durch Einsparungen soweit reduziert, daß der Brennstoffbedarf deutlich und der Kraftstoffbedarf immerhin auch geringfügig abnimmt, ohne dafür den Einsatz anderer Energieträger wesentlich erhöhen zu müssen. Demgegenüber wird im Fall K bei einem annähernd gleichen Bedarf an Brennstoffen und einer leichten Zunahme des Kraftstoffbedarfs die Steigerung der Energiedienstleistungen im wesentlichen durch zusätzlichen elektrischen Strom ermöglicht. Die auch hier, vor allem bis zur Jahrhundertwende, vorgesehenen Einsparungen begrenzen lediglich die Bedarfszunahme.

Tabelle 3: Der Endenergiebedarf nach Verwendungsbereichen und Anwendungsarten sowie nach Energieträgern und Arten von Energieeinsparungen für 1982 und 2030 in den Fällen K und S (Werte in Mio t SKE). (Nach Bauerschmidt 1985, 124–126)

Endenergiebedarf 1982	*Industrie*	*Verkehr*	*Kleinverbr.*	*Haushalt*	*Gesamt*	davon für		
						Raum-wärme	*Prozeß-wärme*	*Licht/ Kraft*
Fernwärme	1,20	0,00	2,20	2,20	5,60	4,80	0,80	–
Brennstoffe	61,50	0,00	25,70	46,90	134,10	65,70	68,40	–
Kraftstoffe	0,00	54,50	4,60	0,00	59,10	–	–	59,10
Elektr. Strom	17,60	1,30	8,50	10,90	38,30	4,10	12,90	21,30
Endenergiebedarf	80,30	55,80	41,00	60,00	237,10			
davon für								
Raumwärme	9,00	–	20,40	45,20		74,60		
Prozeßwärme	60,30	–	10,90	10,90			82,10	
Licht und Kraft	11,00	55,80	9,70	3,90				80,40

Endenergiebedarf 2030 – Fall K –	*Industrie*	*Verkehr*	*Kleinverbr.*	*Haushalt*	*Gesamt*	davon für		
						Raum-wärme	*Prozeß-wärme*	*Licht/ Kraft*
Virtueller Bedarf	134,52	86,98	73.88	93.51	388,89	103,09	142,78	143,02
Architekton. Maßnahmen	1,27	0,00	4,28	15,17	20,72	20,72	–	–
Wirkungsgradverbesserungen	17,38	26,19	5,88	7,89	57,34	7,30	15,44	34,60
Strukturelle Effekte	0,00	0,00	3,02	4,28	7,30	4,64	2,66	–
Energieeinsparungen	18,65	26,19	13,18	27,34	85,36	32,66	18,10	34,60
Fernwärme	1,91	0,00	7,55	7,19	16,65	12,18	4,47	–
Brennstoffe	84,21	0,00	22,57	28,28	135,06	39,22	95,84	–
Kraftstoffe	0,00	58,69	8,60	0,00	67,29	–	–	67,29
Elektr. Strom	29,75	2,10	18,51	23,76	74,12	11,33	21,66	49,73
Umgebungsenergie	0,00	0,00	3,47	6,94	10,41	7,70	2,71	–
Endenergiebedarf	115,87	60,79	60,70	66,17	303,53			
davon für								
Raumwärme	9,56	–	20,81	40,06		70,43		
Prozeßwärme	86,76	–	21,75	16,17			124,68	
Licht und Kraft	19,55	60,79	18,14	9,94				108,42

Endenergiebedarf 2030 – Fall S –	*Industrie*	*Verkehr*	*Kleinverbr.*	*Haushalt*	*Gesamt*	davon für		
						Raum-wärme	*Prozeß-wärme*	*Licht/ Kraft*
Virtueller Bedarf	120,69	81,92	75,08	93,51	371,20	103,09	129,59	138,52
Architekton. Maßnahmen	3,56	0,00	10,97	31,57	46,10	46,10	–	–
Wirkungsgradverbesserungen	32,15	29,74	10,07	12,72	84,68	9,21	28,02	47,45
Strukturelle Effekte	0,00	0,00	1,36	1,43	2,79	1,64	1,15	–
Energieeinsparungen	35,71	29,74	22,40	45,72	133,57	56,95	29,17	47,45
Fernwärme	1,87	0,00	7,63	6,37	15,87	10,37	5,50	–
Brennstoffe	58,98	0,00	24,87	20,33	104,18	26,29	77,89	–
Kraftstoffe	0,00	49,93	7,46	0,00	57,39	–	–	57,39
Elektr. Strom	24,13	2,25	8,27	10,80	45,45	0,97	10,79	33,68
Umgebungsenergie	0,00	0,00	4,45	10,29	14,75	8,51	6,23	–
Endenergiebedarf	84,98	52,18	52,68	47,79	237,63			
davon für								
Raumwärme	6,93	–	14,15	25,07		46,14		
Prozeßwärme	62,19	–	22,80	15,43			100,42	
Licht und Kraft	15,86	52,18	15,73	7,30				91,07

Im Fall K nimmt die Energienachfrage noch in allen *Verwendungsbereichen* zu, besonders ausgeprägt im Kleinverbrauch und in der Industrie. Im Fall S geht die Nachfrage des Haushalts- und des Verkehrsbereichs zurück; im Kleinverbrauch und in der Industrie ist auch hier noch eine leichte Zunahme zu verzeichnen. Hinsichtlich der verschiedenen *Anwendungsarten* der Energie ergeben sich sehr unterschiedliche Entwicklungen. Der Raumwärmebedarf geht in beiden Fällen zurück, im Fall S sogar um etwa 40%. Der Prozeßwärmebedarf steigt dagegen in beiden Fällen noch an, besonders stark im Fall K. Der Energieeinsatz für Licht und Kraft nimmt in beiden Fällen ebenfalls noch etwas zu.

Das Ergebnis der Bauerschmidtschen Analyse lautet zunächst: Beide Referenzfälle, K und S, sind technisch mögliche Entwicklungen des heutigen Energiesystems. In den folgenden Kapiteln wird darüber hinaus gezeigt, daß beide Wege auch energiewirtschaftlich konsistent und gesamtwirtschaftlich vertretbar sind. Insgesamt ergibt sich dann: Die Bundesrepublik steht energiepolitisch in einer Verzweigungssituation. Wir setzen dieses Ergebnis für die weitere Analyse voraus und verweisen für die technischen wie ökonomischen Details von K und S auf die eingehenderen Darstellungen von Bauerschmidt (1985) und Meixner (1986).

(5) *Schlußfolgerungen*

Die Anknüpfung der beiden Wege an die gegenwärtige Situation erkauft den Nachweis der energiewirtschaftlichen Realisierbarkeit dadurch, daß die wesentlichen Unterschiede der beiden Wege erst im Lauf der Zeit allmählich hervortreten. Relativ zu den Pointierungen der politischen Auseinandersetzung kann dies dazu führen, daß die einander entgegengesetzten Positionen der Kontrahenten in unseren Referenzfällen nicht recht wiedergefunden werden. Insbesondere stellen die Befürworter eines S-Wegs sich in der Regel einen schnelleren Wandel vor, als wir ihn angenommen haben.

Den mehr idealtypischen Vorstellungen beider Seiten läuft auch zuwider, daß beide Wege unseres Erachtens auf Jahrzehnte hinaus durch Übergangstechnologien hindurchführen, letztlich aber nach den – beiderseits heute noch nicht technisch reifen – längerfristig zu erwartenden Technologien beurteilt werden müssen. Übergangstechnologien sind

– im Fall K die Leichtwasserreaktoren zur Stromerzeugung,
– im Fall S die heutigen Einsparungsmöglichkeiten und die heute bereits wirtschaftlichen Möglichkeiten (Thiele 1983) der Nutzung regenerativer Energiequellen.

Längerfristig hingegen führt der K-Weg in eine Plutoniumwirtschaft, wohingegen auf dem S-Weg vor allem Photozellen und Speicherungsmöglichkeiten eine dominierende Rolle spielen dürften (Dickler 1984).

Man muß also längerfristig denken, um an unseren Referenzfällen die wesentlichen Unterschiede in der Zielsetzung zu erkennen. Dies wiederum darf nicht dazu führen, auch die Entscheidung zwischen den beiden Wegen in dem Sinn als eine längerfristige Zukunftsfrage anzusehen, daß es damit noch eine gute Weile habe. Dank der großen Einsparerfolge der letzten Jahre und durch Rückschläge in der Brüterentwicklung und Wiederaufarbeitung hat sich die Verzweigungssituation verändert, aber wesentliche Entscheidungen fallen jetzt, d.h. in den nächsten Jahren, bis etwa zum Anfang der 90er Jahre. Daß die Entscheidung zwischen Gegensätzen bereits gefällt werden muß, bevor diese Gegensätze einigermaßen sichtbar hervorgetreten sind, gehört zu den besonderen Schwierigkeiten der Energiepolitik.

Die Realität der Verzweigungssituation, die wir der weiteren gesellschaftlichen Konstruktion nunmehr zugrundelegen, spricht nicht für oder gegen einen der Wege K und S. Es ergibt sich jedoch, daß für die Entscheidung zwischen den beiden Möglichkeiten nunmehr uneingeschränkt die von der Enquête-Kommission empfohlenen Kriterien geltend gemacht werden können. Niemand braucht mehr zu befürchten, daß in Wirklichkeit ja doch gar keine Verzweigungssituation bestehe, sondern nur ein einziger Weg möglich sei, so daß man sich das Nachdenken über die Sozialverträglichkeit etc. sparen könne.

Wir beginnen im folgenden Kapitel mit der gesellschaftlichen Konstruktion der Referenzfälle K und S, deren gesellschaftliche Wirklichkeit nach den von Bauerschmidt entwickelten Daten ja noch nicht ohne weiteres vorstellbar ist. Zu konkretisieren sind zunächst die erforderlichen Sicherheitssysteme (Kapitel 4), danach die ökonomischen Bestimmungsgrößen.

4. Das Sicherungssystem gegen nicht-technische Gefahren

Es sieht so aus, daß die Gefährdung unserer Gesellschaft durch nichttechnische Schadensursachen sogar dann, wenn die Kriegsgefahr noch gar nicht berücksichtigt wird, heute bereits größer ist als die durch technische Unzuverlässigkeit. Deshalb müssen z.B. atomtechnische Anlagen durch Sicherungen und Befestigungen vor absichtlichem Fehlverhalten geschützt werden. Zwar könnte es nach dem Vorbild der autogerechten Stadt auch die atomenergiegerechte Gesellschaft geben: eine Gesellschaft, die den rechten Umgang mit dieser gefährlichen Technik so verinnerlicht hat, daß es der Sicherungen und Befestigungen nicht mehr bedarf. Diese Gesellschaft haben wir aber nicht, und sie ist auch für die Zukunft nicht absehbar.

Die Frage ist also, was daraus für das Sicherungssystem der atomenergetischen Anlagen im Fall K bzw. der entsprechenden Anlagen im Fall S folgt. Die Frage nach dem Fall S läßt sich, was das Sicherungssystem betrifft, einfach beantworten, denn Probleme der sozialen Sicherung technischer Innovationen ergeben sich nur dort, wo mit einer Entwicklung qualitativ und quantitativ neue Möglichkeiten des Mißbrauchs in die Welt gesetzt werden. Dies aber ist auf dem S-Weg nicht der Fall. Durch die verstärkte Dezentralisierung des Energiesystems sinkt sogar seine Verletzlichkeit insgesamt.

Demgegenüber würden im Fall K neue Möglichkeiten des Mißbrauchs entstehen. Um sie zu ermitteln, hat Alexander Roßnagel (1983, 1984) sich sozusagen in die Rolle des Präsidenten eines künftigen Bundesamts für den Schutz atomtechnischer Anlagen gegen nichttechnische Gefahren hineinversetzt. Ein solches Amt hätte dafür zu sorgen, daß das Energiesystem K gegen Unfälle durch menschliches Fehlverhalten, gegen menschliche Unzulänglichkeiten sowie gegen Sabotage und Krieg weitgehend geschützt wird, zumindest aber so weit, daß es nicht zu Katastrophen kommt, die ohne dieses Energiesystem nicht hätten eintreten können.

Der Präsident des Bundesamts hätte zunächst Sorge zu tragen, daß das bereits bestehende Sicherungssystem mit der weiteren Entwicklung des Falls K Schritt hält. Darüber hinaus müßte er neben punktuellen terroristischen Aktivitäten auch gesellschaftliche Unruhen und kriegerische

Auseinandersetzungen berücksichtigen. Zu unterscheiden sind dabei die folgenden Fragen:

(1) Welche Schadensmöglichkeiten sind mit dem Energiesystem K verbunden?

(2) Welche Motive könnte es geben, die betreffenden Schäden absichtlich herbeizuführen?

(3) Welche Handlungsmöglichkeiten gibt es, um dies zu tun, und welche technischen oder sozialen Sicherungen könnten diese Möglichkeiten aufheben oder hinreichend einschränken?

Diese Fragen ergeben sich aus dem öffentlichen Auftrag dessen, der für die gesellschaftliche Sicherung atomtechnischer Anlagen verantwortlich wäre, und unabhängig davon, was für Meinungen über technische Entwicklungen er im übrigen hat. Die ausdrückliche Bestimmung der Rolle bzw. des (öffentlichen) Interesses, in dem den gestellten Fragen nachgegangen wird, ist ein gutes Beispiel dafür, wie sozialwissenschaftliche Forschung zwar wertorientiert, in ihren Ergebnissen jedoch objektiv sein kann. Unabhängig von persönlichen Einschätzungen der Atomenergie hätte unseres Erachtens jeder Bearbeiter derselben Fragen im folgenden zu denselben Ergebnissen kommen müssen wie Roßnagel, wenn er dessen Demokratie- und Rechtsverständnis geteilt hätte. Dieses aber beruht auf den in der Verfassung vorgegebenen Zielen.

(1) Schadensmöglichkeiten

Der Fall K beruht mittelfristig auf den auch heute gebräuchlichen Leichtwasserreaktoren (LWR) und langfristig auf Schnellen Brutreaktoren (SBR). In den LWR wird Uran 235 als Kernbrennstoff eingesetzt, während die SBR statt dessen Plutonium 239 verwenden. Brutreaktoren könnten das in den Leichtwasserreaktoren nicht verwendbare Uranisotop 238 während ihres Betriebs – also zusätzlich zur Elektrizitätserzeugung durch Kernprozesse – so weitgehend in Plutonium verwandeln, daß dabei mehr Plutonium entsteht, als für die Elektrizitätserzeugung verbraucht wird. Auf diese Weise gäbe es genug Plutonium, um die Welt Jahrtausende lang mit Elektrizität zu versorgen, wohingegen es mit den Leichtwasserreaktoren heutiger Art schon nach einigen Jahrzehnten wieder vorbei wäre, weil das verwendete Uranisotop zu den derzeitigen Preisen nur sehr begrenzt verfügbar ist. Der Einsatz von Leichtwasserreaktoren wäre somit nur ein Vorspiel oder eine Übergangslösung zum eigentlichen K-Weg.

Im Fall K würden in der Bundesrepublik im Jahr 2030 120 Gigawatt (GW = Milliarden Watt) elektrische Leistung (GWe) aus Atomenergie bereitgestellt, davon 69 GWe aus Brütern, der Rest noch aus Leichtwasserreaktoren. Ein Brüter enthält etwa 6 Tonnen Plutonium pro Gigawatt und verbraucht dies in vier Jahren, so daß das Plutonium-Systeminventar etwas mehr als vierhundert Tonnen betrüge und im Dauerbetrieb pro Jahr etwas mehr als einhundert Tonnen erneuert werden müßten. Wenn bereits alle Leichtwasserreaktoren durch Brüter ersetzt wären, ergäben sich knapp zweihundert Tonnen Plutonium als Jahresumsatz. Diese Plutoniummengen wären auf die Standorte der Kraftwerke, der Wiederaufarbeitungsanlagen und der Brennelementfabriken verteilt. Dazwischen wären täglich ein bis zwei Transporte frischer Brennelemente unterwegs (Roßnagel 1983, 30-34).

Der Vorteil des Energiesystems K ist, daß einige hundert Tonnen Plutonium leichter zu handhaben sind als einige hundert Millionen Tonnen Kohle, die sie ersetzen. Mit der Erzeugung und Nutzung von Plutonium sind jedoch zusätzliche Risiken verbunden. Schäden können dadurch entstehen, daß Plutonium (a) giftig und (b) waffentauglich ist. Darüber hinaus ist mit der Nutzung von Spaltstoffen stets das Risiko verbunden, daß (c) Radioaktivität aus atomenergetischen Anlagen in die Umwelt gelangt.

a) Giftigkeit von Plutonium:

Plutonium kommt in der Natur nicht vor und kann nur durch künstliche Kernprozesse erzeugt werden. Das langlebige Isotop, das dabei entsteht, ist ein schwacher, langlebiger Alphastrahler mit einer Halbwertszeit von ca. 24000 Jahren. Wegen der geringen Reichweite der Alphastrahlung genügen einfache Vorkehrungen, um es sicher zu handhaben. Wenn Plutoniumstaub eingeatmet wird, führen jedoch bereits einige Millionstel Gramm zu Lungenkrebs und einige Tausendstel Gramm zum Tod in wenigen Wochen. Bei der Aufnahme in den Magen-Darm-Trakt sind die auftretenden Verbindungen überwiegend fast unlöslich, so daß erst von einigen Gramm Plutonium ein schädigender Anteil in den Blutkreislauf gelangt. Medizinische Gegenmaßnahmen sind begrenzt möglich.

b) Waffentauglichkeit:

Die im Reaktor entstehende Isotopenmischung des Plutoniums ist für die Herstellung von Atomwaffen in der Regel nicht die günstigste. Jedoch kann – bei niedriger Verweilzeit – auch Waffenplutonium im Reaktor hergestellt werden und die sonst – bei längerer Verweilzeit – entstehende Isotopenmischung ist ebenfalls waffentauglich. Soweit es also nicht darauf ankommt, den Plutoniumeinsatz waffentechnisch zu optimieren, sondern nur eine große Bombe unterhalb oder bis zu der Größe der

Nagasaki-Bombe zu bauen, die noch in einen Kleinbus paßt, ist dies jedenfalls auch mit Reaktorplutonium möglich (Roßnagel 1983, 37-41).

Für eine kleine Atombombe benötigt man mindestens 4 kg Waffenplutonium oder ca. 8 kg Reaktorplutonium. Gemessen am jährlichen Plutoniumumsatz im Fall K, sind dies relativ geringe Mengen. Bekannt geworden sind insbesondere die – ohne Zugang zu Geheimunterlagen – entstandenen Konstruktionsentwürfe eines besonders begabten Schülers und zweier frisch examinierter Physiker. Dagegen dürfte der Bau des Mechanismus zur Zündung der Bombe erheblich schwieriger sein, da hierzu eine exakt abgestimmte Implosion mit hoher Geschwindigkeit notwendig ist. Es ist jedoch nicht ausgeschlossen, daß auch dies künftig einer Gruppe sachverständiger und entschlossener Täter gelingen könnte.

c) Freisetzung von Radioaktivität aus atomtechnischen Anlagen
Dieselben Unfälle, zu denen es durch ein technisches Versagen kommen kann, lassen sich mit erheblich größerer Wahrscheinlichkeit auch absichtlich herbeiführen. Dazu bedarf es freilich nicht nur eines geeigneten ›Einleitungsereignisses‹, sondern es müssen auch die technischen Sicherheitseinrichtungen entsprechend gestört werden. Es gibt nämlich keine inhärente Sicherheit von Reaktoren gegen Sabotage. Das maximale Schadensausmaß für Leichtwasserreaktoren liegt nach der Deutschen Risikostudie Kernkraftwerke (1979) pro Gigawatt bei etwa 11000 Soforttoten und etwa 80000 späteren Todesfällen durch Leukämie und Krebs. Außerdem würden Tausende oder Zehntausende von Quadratkilometern Land radioaktiv verseucht, so daß u.U. Millionen von Menschen ihre Heimat verlören und umsiedeln müßten. Für den Brüter ergäben sich kaum Soforttote, jedoch pro Gigawatt maximal 900000 spätere Todesfälle (Gesellschaft für Reaktorsicherheit 1982 und Deutscher Bundestag 1982, 46). Radioaktivität freizusetzen ist außerdem von Wiederaufarbeitungsanlagen aus möglich. Die entsprechenden Schadensausmaße sind bisher nicht bekannt. Schließlich würden im Fall K jährlich ca. 2000 Transporte abgebrannter Brennelemente erfolgen, von denen aus ebenfalls Radioaktivität freigesetzt werden könnte.

Schäden der in den drei Bereichen möglichen Größenordnungen sind ein Novum in der Industriegeschichte. Der nächstgefährlichere Bereich ist die chemische Industrie, aber dort sind maximal allenfalls Tausende von Toten denkbar, nicht Zehntausende und Hunderttausende. So wie durch die Atombombe in der Waffentechnik ganz neue Größenordnungen der Zerstörungskraft erreicht worden sind, verbinden sich also auch mit der zivilen Nutzung der Atomenergie Zerstörungskräfte in einem Ausmaß, wie es sie in keinem anderen Industriebereich je gegeben hat. Die Atomtechnik ist deshalb mit einer Gewissenhaftigkeit entwickelt worden, die in der Industriegeschichte ihresgleichen sucht.

Auch im administrativen Bereich sorgen zahlreiche Prüfungen und Kontrollen dafür, daß jede einzelne atomtechnische Anlage mit der gebotenen Sorgfalt errichtet und betrieben wird. Der besonderen Gefährlichkeit der Atomenergie relativ zu anderen Energiearten und sonstigen Industrieprozessen wird heute schon dadurch Rechnung getragen, daß es zahlreiche rechtliche und administrative Regelungen gibt, die speziell für die Atomenergie erlassen wurden (Roßnagel 1983, 248f). Die Schadens*potentiale* können jedoch auch durch einen noch so sorgfältigen Umgang mit der Atomenergie nicht aus der Welt geschafft werden. Wenn einige Millionstel Gramm Plutonium zum Tod führen können, einige Kilogramm für eine Atombombe genügen und große Unfälle Tausende von Quadratkilometern unbewohnbar machen können, ist es keine technische, sondern eine Frage der Sozialverträglichkeit, ob wir uns den Umgang mit einigen hundert Tonnen Plutonium pro Jahr zutrauen.

(2) Motive zum Mißbrauch

»Auf Grund aller vorliegenden Erfahrungen kann nicht ausgeschlossen werden, daß künftig illegale Aktionen auch im nuklearen Bereich unternommen werden«, erklärte die Bundesregierung 1978, als auch die Bundesrepublik eine Zeitlang unter terroristischen Aktivitäten zu leiden hatte (1978, 415). Wir halten diese Einschätzung für realistisch. Tatsächlich hat bereits in der bisherigen Geschichte der Atomenergienutzung – also in Zeiten innerer Ruhe der betreffenden Länder – bereits in zahlreichen Fällen die Gefahr des Mißbrauchs bestanden. Dabei ist zwischen politischen, ökonomischen und persönlichen Motiven zu unterscheiden.

a) Politisch-ideologische Motive:

Motive zum terroristischen Mißbrauch der Atomenergie kann es nur insoweit geben, wie es überhaupt Motive zum Terrorismus gibt. Diese aber können kurz-, mittel- und längerfristig keinesfalls ausgeschlossen werden. Denn Terror ist als eine Waffe der Unterlegenen gegen die Überlegenen sozusagen die Perversion einer politischen Auseinandersetzung. Unterlegene aber und pervertierte Auseinandersetzungen, sei es von Ländern der Dritten Welt gegenüber den Industrieländern oder von Minderheiten innerhalb der Industriegesellschaften, wird es um so eher geben, je festgelegter und unelastischer die Industriegesellschaft wird, in Zukunft also vielleicht sogar erheblich mehr als bisher.

Soweit die Industriegesellschaft auch in Zukunft mit Unterlegenheitsproblemen und Perversionen rechnen muß, ist dabei zunehmend die Möglichkeit des Mißbrauchs der Atomenergie zu berücksichtigen. Der entscheidende Grund dafür ist, daß sich im Terrorismus die physische Gewalt gegen Personen und Sachen immer mit der symbolischen Aktion verbindet, das Gewaltmonopol des Staats in Frage zu stellen und damit den neuzeitlichen Staat in seinem Kern zu erschüttern. Gerade dazu aber ist die Atomenergie besonders geeignet. Denn nicht nur die Atombombe, sondern die Atomenergie insgesamt ist das Symbol der Macht unserer Zeit – der Macht über andere Länder und der Macht über die natürliche Mitwelt. Was also liegt näher, als den Herrschenden mit ihren eigenen Waffen ebenbürtig entgegenzutreten?

Wir unterscheiden mit Roßnagel die folgenden Arten von Minderheiten (Roßnagel 1983, 56ff):

- Stadtguerilla
- Ethnische und religiöse Minderheiten
- Terroristen aus der Dritten Welt
- Agenten
- Ökoterrorismus
- Sekten

Die denkbaren politischen Motive dieser Gruppen dürften in der Regel nur Anlaß zu gezielten, in ihren Wirkungen kalkulierbaren Aktionen bzw. zur Drohung mit ihnen geben. Vor allem diejenigen Gruppen, die sich weniger dem eigenen Volk als einer internationalen politischen oder religiösen Bewegung verbunden fühlen, brauchen sich durch mitbürgerliche Loyalitäten jedoch nicht sonderlich gebunden zu fühlen und könnten notfalls auch zum Massenmord bereit sein.

Die Bundesrepublik war bisher ein ruhiges Land, und doch hat es auch hier schon eine ganze Reihe terroristischer Aktionen gegeben, allerdings noch nicht gegen atomtechnische Anlagen. Betrachtet man die Terrorismusszene allein der letzten 10 Jahre und beschränkt sich auf Aktionen, an denen Deutsche beteiligt waren, so sind zahlreiche terroristische Aktionen aufzuführen, die auf der ›linken‹ Seite von Bombenanschlägen auf Einrichtungen der US-Army bis zur Ermordung von J. Ponto und H.M. Schleyer reichen und auf der ›rechten‹ Seite von Anschlägen auf Bahngeleise bis hin zur Ermordung von 13 Personen durch einen Bombenanschlag auf dem Münchner Oktoberfest im Jahr 1980. Doch nicht nur in Nordirland oder im Nahen Osten, sondern auch in Nachbarländern wie Italien sind derartige Vorkommnisse viel alltäglicher als bei uns. Wählt man etwas größere Zeitspannen als Bezugszeitraum, z.B. 1930–80, liegt es freilich auf der Hand, daß auch in der Bundesrepublik für die Jahre

1980–2030 nicht mit derselben relativen Ruhe wie 1970–80 zu rechnen ist.

b) Ökonomische Motive:
Ein Kilogramm Plutonium kostet offiziell derzeit ca. 140000 DM. Der Schwarzmarktpreis würde sich nach den Kosten des Abnehmers für die Gewinnung von Plutonium durch eigene Reaktoren richten, also 10 bis 10000fach so hoch sein. Ein Kilogramm abgezweigten Plutoniums dürfte daher auf dem Schwarzmarkt mehr als 1 Million DM einbringen. Es besteht also ein starker Anreiz zum Diebstahl und zum Verkauf durch Beschäftigte in atomtechnischen Anlagen, wobei immer auch Erpressungen hinzukommen können. Darüber hinaus ist mit Verbrecherorganisationen zu rechnen. Eine Bedrohungsanalyse der Mitre-Corporation läßt keinen Zweifel daran, »daß Mitglieder des organisierten Verbrechens für einen ausreichend hohen Geldbetrag bereit sind, dem jeweiligen Vertragspartner waffenfähiges Material zu besorgen« (1975, 95). Z. B. hat ein internationaler Schmugglerring 1974 aus dem indischen Kernkraftwerk Jagududa Uran im offiziellen Wert von 2,5 Mio US $ abgezweigt, über Nepal nach Hongkong geschmuggelt und dort an ausländische Agenten verkauft.

Verbrecherorganisationen könnten auch durch die Drohung mit dem Mißbrauch spaltbaren Materials die Behörden unter Druck setzen. Im übrigen muß immer damit gerechnet werden, daß sich das Management einer im Brennstoffkreislauf engagierten Gesellschaft selbst auf illegale Geschäfte einläßt, sei es zur privaten Bereicherung oder in einer geschäftlichen Krisensituation. Vorbilder dazu gibt es nicht nur in der Abfallwirtschaft. Als Käufer kommt vor allem der Kundenkreis des internationalen Waffenhandels in Betracht.

c) Persönliche Motive:
Wie in jedem Betrieb gibt es auch in atomenergetischen Anlagen Rivalitäten zwischen Beschäftigten, private Eifersüchte, Ärger über Vorgesetzte etc. Dies kann Anlaß für Sabotageaktionen sein. Zwar dürfte nur in Ausnahmefällen die Absicht bestehen, die Umgebung atomtechnischer Anlagen zu verseuchen, doch können die Folgen wesentlich schwerwiegender sein als zunächst beabsichtigt. Auch könnten z. B. Alkoholismus oder Drogensucht Anlaß für Erpressungen geben.

Zusammengefaßt sprechen die drei Gruppen von Motiven mehr für ein Ansteigen des Sicherungsbedarfs atomtechnischer Anlagen als für die gegenteilige Erwartung. In einer Situation sozialer Ruhe sowie relativ harmloser und beschränkter Sicherungsaufwendungen, wie sie derzeit besteht, muß die Sozialverträglichkeitsanalyse die Referenzfälle schon aus methodischen Gründen daran messen, wie sie unter größeren Gefährdungen zu sichern wären. Die Atomenergie kann nur dann sozialverträglich sein, wenn die Sicherungseinrichtungen einer ansteigenden Bedrohung gewachsen und dabei doch auch ihrerseits sozialverträglich wären. Wir dürfen uns nicht auf eine Technologie einlassen, die nur dann akzeptabel wäre, wenn immer sozialer Sonnenschein herrschte.

(3) Möglichkeiten zum Mißbrauch des Energiesystems Atomenergie und zu seiner Sicherung gegen nicht-technische Gefahren

Nach den vorangegangenen Überlegungen gibt es zahlreiche Motive zum Mißbrauch des Energiesystems K, sei es der Explosivität oder der Toxizität von Plutonium und der Gefährlichkeit von Radioaktivität schlechthin. Hinsichtlich der Handlungsmöglichkeiten ist zunächst generell anzunehmen, daß das technische Niveau böswilliger Aktionen in der Regel allenfalls mit einer gewissen Zeitverzögerung hinter dem des friedlichen Gebrauchs einer neuen Technik zurückbleibt. Unter Tausenden von Fachleuten wird es ja immer auch einige geben, die sich eines der oben genannten Motive zu eigen machen können.

Die sozialen Risiken der Atomenergie hängen freilich genauso vom Sicherungssystem ab wie die technischen Risiken. Analog zur technischen Risikoanalytik verstehen wir im folgenden unter den *sozialen Risiken* des Energiesystems diejenigen Gefahren, die trotz der getroffenen Sicherungsmaßnahmen gegen nichttechnische Gefahren noch bestehen. Während das Sicherungssystem normalerweise und bestimmungsgemäß verhindern soll, daß aus einem Störfall ein Unfall wird, kann es dabei seinerseits versagen oder auf einen neuartigen Störfall gar nicht vorbereitet sein. Unter *Störfällen* sozialer Art sind stets die beabsichtigten Störfälle zum Mißbrauch des Energiesystems K zu verstehen.

Die von der Rand-Corporation in den USA untersuchten militärischen oder paramilitärischen Kommandoüberfälle gegen stark geschützte Objekte hätten unter heutigen Bedingungen eine Erfolgsquote von nahezu 80% (De Leon et al. 1978, 18ff). Das künftige Sicherungssystem wird also erheblich besser sein müssen als das heutige. Darüber hinaus legt das Atomgesetz nach der Rechtsprechung des Bundesverfassungsgerichts »die Exekutive normativ auf den Grundsatz der bestmöglichen Gefahrenabwehr und Risikovorsorge fest« (BVerfGE 49; 89, 137, 139). Die rechtliche Verpflichtung auf einen dynamischen Grundrechtsschutz wird das Sicherungsniveau bei zunehmendem Sicherungsbedarf in Zukunft erst recht ansteigen lassen. Dabei müssen die vorbeugenden Sicherungsmaßnahmen den Vorrang vor denen haben, welche bereits eingetretene Schäden begrenzen oder verringern sollen.

Das Sicherungssystem ist also auf verschiedene Auslegungsstörfälle hin zu entwerfen. Zu unterscheiden sind

– Angriffe von außen, um Plutonium zu rauben oder Radioaktivität freizusetzen bzw. um damit zu drohen, und

– Angriffe von innen, um Plutonium zu entwenden oder Sabotageaktionen durchzuführen.

Um diesen Gefahren zu begegnen, bedarf es, wie sich im folgenden zeigt, sowohl anlagenbezogener als auch gesellschaftsbezogener Maßnahmen. Um diese abschätzen zu können, geht Roßnagel von dem heutigen Sicherungssystem atomenergetischer Anlagen aus und entwickelt dieses immanent nach seiner eigenen Sicherungslogik entsprechend den Randbedingungen des Falls K weiter. Den ›Auslegungsstörfällen‹ liegen dabei ausschließlich bereits geschehene und dokumentierte Ereignisse zugrunde.

a) Plutoniumraub von außen:

Viele atomtechnische Anlagen enthalten Plutonium, sind also als Angriffsziel für diejenigen interessant, die sich in den Besitz von Plutonium setzen wollen. Dabei handelt es sich entweder um separiertes Plutonium in den Wiederaufarbeitungsanlagen und Brennelementfabriken oder um frische MOX-Brennelemente in den Kraftwerken vor ihrem Einsatz. Das separierte Plutonium ist zur Herstellung nuklearer Sprengsätze direkt geeignet, wenn auch nicht optimal. Demgegenüber bedarf es bei Brennelementen zunächst einer chemischen, technisch aufwendigen Trennung. Jedes Brennelement enthält etwa 15 kg Plutonium, so daß ein bis zwei Elemente genügend Material zur Herstellung eines nuklearen Sprengsatzes ergeben.

In der Bundesrepublik geht man für das Sicherungssystem als Auslegungsstörfall – d.h. als maximale, alle anderen Arten von Einwirkungen abdeckende Bedrohung – von nur »einem oder mehreren Tätern« aus, die »über optimale Kenntnisse der technischen Zusammenhänge und der örtlichen Gegebenheiten« verfügen (GRS 1982, 6-37). Im internationalen Rahmen dagegen empfehlen die Sachverständigen, als Referenzfall für die Konzipierung von Sicherungssystemen einen Überfall von 10-20 Angreifern zugrundezulegen. Hinsichtlich der Bewaffnung nehmen schon bewußt vorsichtige Einschätzungen der US Nuclear Regulatory Commission (NRC) aus dem Jahr 1976 an, daß die Angreifer über Maschinengewehre, Handgranaten, Plastiksprengstoff, modernste Kommunikationsmittel, Spezialfahrzeuge, Flugzeuge, Hubschrauber, Tränengas, leichte Mörser, tragbare Flugabwehrraketen und leichte Panzerabwehrwaffen verfügen können (US Congress 1976).

Um den Raub von Plutonium – und die Freisetzung von Radioaktivität – zu verhindern, sind atomtechnische Anlagen zunächst durch *Zugangskontrollen* zu den verschiedenen Sicherheitszonen abgeschirmt. Generell sollte zuerst nach *technischen* Sicherungsmöglichkeiten gesucht werden, weil diese alle Betroffenen gleichermaßen treffen und deshalb wohl in geringerem Maß als Eingriff in Freiheits- und Persönlichkeitsrechte empfunden werden.

Alarmsysteme sorgen nur für die möglichst frühzeitige Feststellung von Störfällen, sollten also ihrerseits hinreichende *Abwehrmaßnahmen* auslösen. Diese erfolgen derzeit nach dem Konzept des ›hinhaltenden Widerstands‹: Physische Barrieren und Wachmannschaften sollen potentielle Angreifer so lange aufhalten, bis die Polizei eintrifft und die Angreifer festnimmt. In Zukunft werden alle drei Komponenten verstärkt werden müssen.

Unabhängig von der Frage, ob die heutigen Sicherungssysteme der derzeitigen Bedrohungssituation gerecht werden, wird zumindest das künftige Sicherungssystem gegen höhere Bedrohungen von einem anderen Sicherungskonzept ausgehen müssen. Das Konzept des ausreichenden Widerstandszeitwerts der physischen Barrieren und des hinhaltenden Widerstands der Schutztruppe bis zum Eintreffen der Polizei wird dann inadäquat sein und durch ein Konzept flexibler und autonomer Verteidigung ersetzt werden müssen. Als Grundpfeiler des neuen Systems sind die Selbstverteidigungskapazität und das Schaffen von Ungewißheiten anzunehmen. Letztere dürften für Angreifer das größte Hindernis sein, weil sie sie an einer exakten Planung und Durchführung hindern.

Damit das Sicherungssystem unberechenbar wird, sind die passiven Abwehrsysteme über zusätzliche Türen und Panzerungen hinaus durch Komponenten zu verstärken, die den Angreifer überraschen. Um den erhöhten Anforderungen entsprechen zu können, werden neben einer weiteren Verstärkung des festungsartigen Ausbaus von Atomenergieanlagen neuartige Zugangssicherungs-, Kontroll- und Alarmsysteme zu installieren sein (Roßnagel 1983, 115ff).

Wie das Beispiel der verstärkten Sicherung von Banken zeigt, kann die festungsartige Sicherung atomtechnischer Anlagen allerdings zu einer ›Verdrängungskriminalität‹ führen. Statt durch einen frontalen bewaffneten Angriff werden Angreifer versuchen, über Geiselnahme, Erpressung, Verführung oder Bestechung zum Ziel zu gelangen. Dabei ist ein Sicherungssystem immer nur so stark wie seine schwächste Stelle. Atomenergetische Anlagen durch aufwendige Zugangskontrollen, Alarmsysteme etc. zu sichern ist also auch nur insoweit sinnvoll, wie MOX-Brennelementtransporte gleichermaßen entsprechend gesichert werden können.

In allen Szenarien zum Mißbrauch des Energiesystems K ist zu berücksichtigen, daß es bereits ohne die Wachmannschaften etwa 59000 Beschäftigte in nuklearen Anlagen geben würde, von denen etwa 37000 Zugang zum sensitiven Bereich hätten. Menschen aber »sind fehlbar: bestechlich, verführbar, erpreßbar, müde, unkonzentriert, frustriert oder möglicherweise auch böswillig« (Roßnagel 1983, 85). Und doch kann es kein Sicherungssystem ohne Menschen geben. Deshalb werden auch Sicherungs- und Überwachungsmaßnahmen gegen die Menschen im Sicherungssystem für die Verantwortlichen immer notwendig sein. Dabei bleibt ein letztlich unvermeidbares Risiko bestehen.

b) Freisetzung von Radioaktivität:
Um Radioaktivität freizusetzen oder damit zu drohen, sind beinahe alle Stationen des nuklearen Brennstoffkreislaufs geeignete Angriffsziele. Dabei ist es grundsätzlich möglich, alle durch ein technisches Versagen möglichen Unfälle absichtlich herbeizuführen, und zwar mit wesentlich größerer Wahrscheinlichkeit, weil derjenige, der Radioaktivität freisetzen will, immer auch das Sicherungssystem gegen die technischen Unfälle mehr oder weniger außer Kraft setzen kann. Die Schwachstellen atomenergetischer Anlagen gegen Sabotage sind wiederum dieselben, die gegen technische Unfälle besonders gesichert werden müssen, also alle Bereiche, in denen Wärme entsteht und eine Kühlung erforderlich ist. Wer einen Unfall, d.h. die Freisetzung von Radioaktivität, herbeiführen will, wird versuchen, die Kühlkreisläufe und außerdem die Notstromversorgung der Sicherungseinrichtungen zu unterbrechen, so daß es nicht zu den technisch vorgesehenen Gegenmaßnahmen kommt. Sabotageanfällig sind sogar die passiven technischen Sicherungssysteme wie z.B. die ohne Umwälzpumpen auskommenden ›Naturumläufe‹, weil hier immerhin einfach die Rohrleitungen des Kühlkreislaufs zerstört werden können.

Nicht nur die Wahrscheinlichkeit, sondern auch das Schadensausmaß eines absichtlich herbeigeführten Unfalls kann größer sein als das des entsprechenden Unfalls aufgrund technischer Unzuverlässigkeit. Wer es darauf anlegt, Radioaktivität freizusetzen, kann nämlich auch noch die Barrieren zerstören, durch die das Schadensausmaß technisch verursachter Unfälle letztlich begrenzt wird. Gegen die Möglichkeiten der Freisetzung von Radioaktivität aus atomenergetischen Anlagen sind im wesentlichen dieselben Schutzvorkehrungen zu treffen wie gegen den Raub von Plutonium.

c) Plutoniumentwendung durch Insider:
Für den Interessenten wäre es am angenehmsten, das Plutonium dort zu entwenden, wo es in reiner Form anfällt, also in einer der Wiederaufarbeitungsanlagen bzw. Brennelementfabriken. Um zu verhindern, daß Plutonium aus einer dieser Anlagen von Insidern entwendet wird, sind folgende Sicherungsmaßnahmen bereits konzipiert und künftig dem steigenden Sicherungsbedarf entsprechend weiterzuentwickeln:
– Durch eine *Spaltstoff-Flußkontrolle* und Materialbilanzierung wird über die ein- und ausgehenden Plutoniummengen Buch geführt. Dadurch können Fehlmengen im Rahmen der Meßgenauigkeit von etwa 1 % des Durchsatzes ermittelt werden. Diebstähle können jedoch durch Materialbilanzen allenfalls festgestellt und keinesfalls verhindert werden.
– Umittelbar feststellen läßt sich der Diebstahl von Plutonium durch *Ausgangskontrollen* mit Detektoren, die die (geringe) Radioaktivität von Plutonium und mögliche Abschirmungen registrieren. Nicht auszuschließen sind jedoch Abschirmungen, welche die Detektoren nicht kennen. Außerdem besteht das Problem, daß mit der Empfindlichkeit der Detektoren auch die Rate der Fehlalarme und der damit lästigerweise verbundenen Leibesvisitationen steigt (Roßnagel 1983, 173/176).
– Formen der *Arbeitsüberwachung* sollen dafür sorgen, daß es von vornherein gar nicht erst zu Diebstählen kommt. Eine altbewährte Form ist die Zweimannregel. Sensitive Tätigkeiten dürfen danach nur von je zwei Personen gemeinsam ausgeführt werden, die sich gegenseitig kontrollieren. Das Problem dabei ist, daß das zur Kontrolle erforderliche kollegiale Mißtrauen seine Grenze in dem kollegialen Vertrauen findet, das seinerseits die Grundlage der erforderlichen Zusammenarbeit ist.
– Noch besser wäre es deshalb, in den Wiederaufarbeitungsanlagen von vornherein nur Leute zu beschäftigen, die so ausgesucht sind, daß sie gar kein Plutonium stehlen *wollen*. Einer dahingehenden Auswahl dienen *Sicherheitsüberprüfungen*. Es sollten also nur Leute eingestellt werden, die ihrer Persönlichkeitsstruktur nach dem besonderen Typus des *stabilen, streßfähigen, ausgeglichenen Menschen* entsprechen. Alle Merkmale, die von diesem Bild abweichen, können einen Mitarbeiter zum Sicherheitsrisiko werden lassen. Er darf aber nicht erst dann von einem sensitiven Arbeitsplatz entfernt werden, wenn bekannt wird, daß er verführt, bestochen, erpreßt, überredet oder überzeugt worden ist, sondern er ist bereits dann ein Sicherheitsrisiko, wenn er verführbar, bestechbar, erpreßbar, überredbar oder überzeugbar zu sein scheint (Roßnagel 1983, 183-186).

Wie sich dies feststellen lassen soll, bleibe dahingestellt. Daß es dabei ohne technisch fortgeschrittene und bei uns bisher unzulässige Vernehmungsmethoden abgehen könnte, ist schwer vorstellbar. Infrage kommt etwa der Lügendetektor, der in einigen Ländern seit Jahrzehnten verwendet wird. Statt des Lügendetektors ließe sich auch an eine Vernehmung unter Hypnose oder unter dem Einfluß von Psychopharmaka denken. Die einzelnen Risikofaktoren könnten auf diese Weise offen und ohne die Gefahr überprüft werden, daß der Befragte falsch, unvollständig oder gar nicht antwortet. Durch die somit mögliche Erfassung der Gesamtpersönlichkeit könnte sogar auf viele lästige Maßnahmen der Überwachung verzichtet werden.

Eine effektive Überprüfung erfordert auch, das gesellschaftliche Umfeld der Beschäftigten in die Überwachung einzubeziehen. Denn das Risiko durch den Beschäftigten läßt sich nur dann ausreichend beurteilen, wenn die Menschen, die ihn wesentlich beeinflussen, ebenfalls hinreichend bekannt sind.

Verglichen mit den Wiederaufarbeitungsanlagen und Brennelementfabriken, sind die erforderlichen Transporte und die Kraftwerke für die Entwendung von Plutonium relativ weniger interessant. Um den Diebstahl frischer Brennelemente zu verhindern, dürften entsprechende Materialbilanzen und (mechanische wie sensorielle) Barrieren sowie eine entsprechende Arbeitsüberwachung und Personalkontrolle ausreichend sein.

d) Sabotage:

Gegen Sabotage, also mißbräuchliche Handlungen – bis hin zur Freisetzung von Radioaktivität – durch Beschäftigte in atomenergetischen Anlagen, helfen unter den bisher behandelten Sicherungsmaßnahmen letztlich nur die Arbeitsüberwachung und die Sicherheitsüberprüfungen. Nicht auszuschließen ist also, daß ein feindlicher Agent oder ein Mitglied einer radikalen Sekte die Einstellungsüberprüfung besteht und dann ein relativ freies Wirkungsfeld hat. Zwar kann ein einzelner nicht sehr viel schaden. Ein feindlich gesonnener Beschäftigter aber könnte auch versuchen, »einen zweiten, der ungerecht behandelt worden ist, zu überreden, einen dritten, der sich in Geldnöten befindet, zu bestechen, einen vierten, von dem er einen schwachen Punkt kennt, zu erpressen oder einen fünften, der ideologisch sehr verunsichert ist oder gar mit terroristischen Ideen sympathisiert, zu überzeugen« (Roßnagel 1983, 199). Sicherheitsexperten halten einen vollständigen Schutz gegen Sabotage letztlich für unmöglich.

(4) Wie sicher ist die soziale Sicherheit?

Nach den vorangegangenen Überlegungen würde durch das Energiesystem K eine ganz neue Stufe der Sicherungsbedürftigkeit technischer Anlagen erreicht. Denn Mißbräuche sind möglich, könnten verheerende Folgen in einem zuvor nie gekannten Ausmaß haben, und es kann Motive geben, diese Folgen absichtlich herbeizuführen. Läßt man nun auch für die gesellschaftlich verursachten Unfälle das Häfelesche Kriterium der Hypothetizität gelten, wonach Unfälle keinesfalls passieren dürfen, sondern hypothetisch vorweggenommen und dann ausgeschlossen werden müssen, so muß der Präsident eines Bundesamts für den Schutz atomtechnischer Anlagen gegen nicht-technische Gefahren der faktischen Entwicklung der Motive jederzeit soweit voraus sein, daß die Auslegung des Sicherungssystems durch diese Entwicklung niemals überholt wird. Er hat also damit zu rechnen, daß es die oben aufgeführten Motive in Zukunft geben *wird*.

Das Sicherungssystem muß dann jedenfalls soweit entwickelt werden, wie unter (3) beschrieben. Das zusammenfassende Ergebnis der vorangegangenen Analyse lautet in einem Satz: Die *atomenergiegerechte* Gesellschaft muß jedenfalls bei den Beschäftigten atomenergetischer Anlagen beginnen. Man könnte meinen, dies sei ebenso zumutbar, wie ja auch der Beruf des Soldaten von hinreichend vielen Bewerbern freiwillig gewählt wird. Ganz so einfach aber ist dem Problem nicht gerecht zu werden. Zunächst wird dabei nämlich vorausgesetzt, daß es überhaupt entsprechende Bewerber gibt.

Alvin Weinberg hat zu Anfang der 70er Jahre darauf hingewiesen, wie wenig selbstverständlich diese Annahme ist, und mittlerweile ist schon offenkundig, daß die Atomtechnik auf die Studenten keine besondere Anziehungskraft mehr ausübt. Dieselbe Entwicklung scheint sich auch auf den nachgeordneten Ebenen abzuzeichnen. Die Qualität der Sicherungskräfte dürfte deshalb der größte Schwachpunkt des Sicherungssystems sein: Atomenergie in der Regie der Harrisburger.

Darüber hinaus unterscheidet sich die Situation der in atomenergetischen Anlagen Beschäftigten in verschiedener Hinsicht erschwerend von der des Soldaten:

– Es gibt keinen äußeren Feind. Dies stellt die Sinnhaftigkeit der Sicherungs- und Verteidigungsanstrengungen immer wieder in Frage.

– Die Sicherungsaufgaben in atomenergetischen Anlagen sind zumeist absolut nichtssagend, vor allem wenn sie mit der Zeit zur Routine werden. Sogar das Soldatenleben ist demgegenüber auch in Friedenszeiten ausgesprochen abwechslungsreich.

– Man kann nicht sicher sein, daß die jeweils Verantwortlichen sich in Extremsituationen wie etwa bei einem Überfall besser bewaffneter und zahlenmäßig überlegener Angreifer nicht verstecken, sondern ihr Leben zur Verteidigung der Anlage einsetzen.

– Das gegenwärtige Leben um einer künftigen Gefährdung willen sinnvoll finden zu sollen, deren Wahrscheinlichkeit gerade durch das eigene Dasein noch vermindert wird, kann zu einer Verdrossenheit führen, in der weder Reaktionen nach Art der amokfahrenden Soldaten noch geradezu ein Bündnis zwischen Terroristen und Experten auszuschließen ist.

– Ist die politische Enthaltsamkeit schon für das Militär ein Problem, wird der Beginn der atomenergiegerechten Gesellschaft in atomenergetischen Anlagen wohl überhaupt nur noch nach Art der Reichswehr unter Bedingungen einer strikten politischen Abstinenz denkbar. »Man versuche sich nur vorzustellen, was möglich gewesen wäre, wenn die Wachmannschaften kerntechnischer Anlagen bespielsweise im November 1918 aus kaisertreuen Offizieren, im Winter 1918/19 aus Mitgliedern der Bürgerkriegsparteien, 1920 während des Kapp-Putsches aus politischen Sympathisanten der Putschisten, 1933 aus Mitgliedern des Widerstandes gegen die Naziherrschaft und 1945 aus überzeugten Nazis bestanden hätten« (Roßnagel 1983, 241).

Selbst wenn es gelänge, die atomenergiegerechte Gesellschaft in den Anlagen des Energiesystems K einzuläuten, dürfte dieser Anfang allein aber noch nicht genügen, wenn die Forderung der Hypothetizität ernstgenommen wird. Denn auch der ideale Beschäftigte wird zum Risiko, wenn er Eheprobleme, einen drogenabhängigen Bruder oder einen mit Terroristen sympathisierenden Freund hat. Ausreichende Sicherheit läßt sich deshalb nur dadurch erreichen, daß das soziale Umfeld der in atomtechnischen Anlagen Beschäftigten miterfaßt wird. Deren Verwandte und Bekannte aber haben nicht in ihre Überprüfung eingewilligt.

Trotz der bisher aufgeführten Sicherungsmaßnahmen kann das Sicherungssystem weder heute noch im Fall K auf die Anlagen oder die Beschäftigten beschränkt bleiben. Es ist vielmehr notwendig, über den Objektschutz hinaus dadurch Gefahrenvorsorge zu betreiben, daß die Sicherungslinie in die Gesellschaft hinein vorverlegt wird. Den Sicherungskräften muß daran gelegen sein, auch potentielle Täter frühzeitig erkennen zu können (Roßnagel 1983, 203ff sowie 1984, 169ff).

Die sozialen Sicherungserfordernisse des Energiesystems K unterstützen damit eine Entwicklung, der auch sonst in der modernen Industriegesellschaft zunehmend Raum gegeben wird und die darauf hinausläuft, die Polizei nicht erst gegen Abweichungen von der geltenden Ordnung, sondern bereits im Vorfeld einschreiten zu lassen. Damit sie dieser Aufgabe gerecht werden kann, müßte der in den 70er Jahren begonnene Ausbau des Kontroll- und Informationssystems noch erheblich weiter getrieben werden als bisher. Der maschinell lesbare und durch die damit verbundene Registrierung eine weitgehende Überwachung ermöglichende Personalausweis wäre ein Schritt auf diesem Weg.

Es zeigt sich also, daß die Atomtechnik auch in Richtung auf den Überwachungsstaat Pionierqualitäten hat. Zwar sind die dahingehenden Bestrebungen nicht atomenergiespezifisch, aber eine sehr enge Verbindung des Energiesystems K mit einem System der gesellschaftlichen Überwachung ergibt sich doch dadurch, daß der Sachzwang, nukleare Aktionen zu verhindern, eine neue und sehr schwer zu widerlegende Legitimationsgrundlage für jene Bestrebungen schafft. Welcher Datenschützer etwa würde es wagen, die Existenz polizeilicher Datenbanken zu kritisieren, wenn abzuwägen wäre zwischen den Persönlichkeitsrechten des einzelnen und den möglichen Auswirkungen einer Atombombenexplosion im Zentrum einer Großstadt? Oder wer könnte dann noch guten Gewissens der These des Generalbundesanwalts widersprechen, Sicherheit rangiere vor Datenschutz (Rebmann 1982, 153f)?

Die Sicherheitslinie vom jeweils konkreten Tatverdacht zur allgemeinen Verdächtigkeit individueller Lebensformen und gesellschaftlicher Entwicklungen vorzuverlegen, kann überdies noch lange nicht gewährleisten, daß tatsächlich niemals ein Mißbrauch des Energiesystems K erfolgt. Kommt es doch einmal so weit, so tritt die repressive an die Stelle der präventiven Gefahrenabwehr. Nach einem Plutoniumraub oder der Erpressung mit einer Atombombendrohung müßte alles versucht werden, das Plutonium oder die Bombe zu finden. Nach den bisherigen Erfahrungen mit staatlichen Reaktionen auf terroristische Bedrohungen wäre in einem solchen Fall mit umfassenden bundesweiten Fahndungen, Verhaftungen, Vernehmungen, Wohnungsdurchsuchungen und Haus-zu-Haus-Durchsuchungen ganzer Stadtviertel zu rechnen. In amerikanischen Untersuchungen wird sogar die Befürchtung geäußert, es könnte dann zu Ausgangssperren, Versammlungsverboten und zur Verhängung des Ausnahmezustands kommen (Roßnagel 1983, 218f).

Angesichts der außerordentlichen Gefahr wird sich, wenn einmal die Atomenergie in einem konkreten Fall zu einem Mittel der innenpolitischen Auseinandersetzung geworden ist, wahrscheinlich eine Art »symbolischer Belagerungszustand« (Scheerer 1980, 120) entwickeln. Besonders problematisch ist dabei, daß der Staat immer zu starken Überreaktionen neigt, wenn sich mit einer faktischen Gewaltanwendung oder -drohung die symbolische Negation des staatlichen Gewaltmonopols und damit der moderen Staatlichkeit überhaupt verbindet. Schon heute übt die öffentliche Meinung »Druck auf unsere Politiker aus, gegen Terroristen in Rechtsfragen fünf gerade sein zu lassen und Menschen mit kritischen Meinungen wahllos zu verdächtigen« (C.F. von Weizsäcker 1979, 19). Um wieviel stärker wird der Druck nach einer gelungenen ›nuklearen Aktion‹ sein?

Nach einem solchen Ereignis wird kaum ein Politiker – trotz eventuell besserer Erkenntnis – es wagen können, nicht auch für mehr Sicherheit zu sein. Die Forderung, jedes Wiederholungsrisiko auszuschließen, und der Zwang, den staatlichen Machtanspruch zu bekräftigen, werden vermutlich bei jedem Anschlag zu einer Steigerung des Sicherungsniveaus führen. Die besondere Gefahr liegt dabei in einem Kumulationseffekt. Von Anlaß zu Anlaß, von Gelegenheit zu Gelegenheit wird durch kurzatmige Reaktionen das Sicherungsniveau in kleinen Teilschritten erhöht. Am Ende steht dann ein tatsächliches Sicherungssystem, das keiner so gewollt hat.

Es ist nach alledem denkbar, daß der Austrag innenpolitischer Konflikte durch die Einführung des Energiesystems K ebenso nachhaltig verändert würde wie der der internationalen Konflikte durch die Atombombe. Nachdem die Atomenergie bereits zur maßgeblichen Determinante der internationalen Auseinandersetzung geworden ist, gefährdet sie nun auch noch die innere Ordnung.

5. Die Verträglichkeit der Referenzfälle Kernenergie und Sonnenenergie mit Verfassungszielen und gesellschaftlichen Werten

Wenn wir nun die gesellschaftliche Ordnung und Entwicklung nach den methodischen Überlegungen des Kapitels 2 durch Ziele beschreiben, ergibt die Sozialverträglichkeitsprüfung einen Implikationskatalog der Art, daß unter verschiedenen Zielsetzungen dieses oder jenes Energiesystem mehr oder weniger vorzuziehen sei. Diese Implikationen sind Charakteristika der gesellschaftlichen Wirklichkeit von K und S. Wir unterscheiden dabei die verfassungsrechtlich vorgegebenen Ziele von den ungeschützt im sozialen Wandel stehenden gesellschaftlichen Konventionen und Werten. An welchen Ordnungs- und Entwicklungszielen unsere Referenzfälle auf ihre Sozialverträglichkeit hin zu messen sind, bleibt für die einzelnen Bereiche gesondert zu rechtfertigen.

Ein Einwand gegen die folgenden Bewertungen ist, daß wir die Ziele, welche unsere Nachwelt haben wird, nicht oder allenfalls insoweit kennen, wie sich bestimmte Wertentwicklungen bereits heute abzeichnen. Der Einwand beruht jedoch auf einem Mißverständnis. Dieses ergibt sich dadurch, daß es sich zwar um *langfristige* Entscheidungen handelt, jedoch um Entscheidungen, die *heute* zu treffen sind. Was aber heute entschieden wird, muß auch heute gerechtfertigt werden können. Aus unserem Wissen, die Ziele der Nachwelt nicht zu kennen, folgt dann das Postulat, deren Entscheidungsspielraum nicht stärker einengen zu sollen, als wir es nach unseren eigenen Wertvorstellungen heute verantworten können.

5.1 Die Verträglichkeit mit den Verfassungszielen

An welchen Zielen die Verträglichkeit künftiger Energiesysteme mit dem heutigen Rechts- und Verfassungssystem zu bemessen ist, ergibt sich aus dem Grundgesetz. Man könnte sogar meinen, hier seien überhaupt nur Ordnungsziele und gar keine Entwicklungsziele zu berücksichtigen. Die Verfassung steht jedoch in einem ständigen Entwicklungsprozeß, und entsprechend den bisherigen Veränderungen ist auch unabhängig von der energiepolitischen Entscheidung mit weiteren Modifikationen des

Rechtssystems zu rechnen. Zur Verträglichkeit mit den kodifizierten Ordnungszielen gilt es also auch zu untersuchen, welche Veränderungstendenzen durch die Entscheidung für die Energiesysteme K und S jeweils unterstützt, gefördert, geduldet, gedämpft oder blockiert würden.

Unsere Bewertung der Verfassungsverträglichkeit der Energiesysteme K und S beruht auf den Untersuchungen von Roßnagel (1982, 1983, 1984).

a) Rechtsstaat:
Der Rechtsstaat schützt sowohl die individuelle Freiheit als auch den demokratischen Prozeß. Dieser Vorstellung entsprechen bestimmte Formen staatlichen Handelns, darunter insbesondere das Prinzip der Gesetzmäßigkeit der Verwaltung. Dieses aber wird durch die heute vorherrschenden Entwicklungstendenzen der Industriegesellschaft und insbesondere durch ein Energiesystem K gefährdet. Die Gefährdung zeigt sich daran, daß das öffentlich-rechtliche Handeln anstelle von Konditionalprogrammen, welche die Eingriffsbefugnisse der Verwaltung eindeutig definieren, zunehmend finalen Zweckprogrammen folgt, welche die Verwaltung lediglich auf allgemeine Zielsetzungen verpflichten und es ihr freistellen, auf welche Weise die so vorgegebenen Ziele erreicht werden sollen (Roßnagel 1982).

Die Tendenz, in der Gesetzgebung von Konditionalprogrammen zu finalen Zweckprogrammen überzugehen, besteht vor allem hinsichtlich der Regelung technischer Entwicklungen. Der Grund dafür ist eine immer stärkere Diskrepanz zwischen der Dynamik der Technik und der Regelungskapazität des Rechts. Die bisherige Tendenz, den zum Schutz der Bevölkerung notwendigen Regelungsbedarf technischer Sachverhalte unter Verzicht auf die Exaktheit der rechtlichen Regelungen zu erfüllen, entspricht aber nur der einen von zwei Möglichkeiten. Die andere Möglichkeit wäre, nunmehr denjenigen Technologien den Vorzug zu geben, mit denen nicht nur keine weitere Entfernung, sondern sogar Schritte der Rückkehr zu einer strikten Rechtsstaatlichkeit verbunden wären, insbesondere also zu einer eindeutigen Bindung des Verwaltungshandelns. Und um eben diese Alternative geht es nun in der Entscheidung zwischen den Energiesystemen K und S unter dem Gesichtspunkt des Rechtsstaats.

Das *Energiesystem K* würde die Tendenz zum finalen Zweckprogramm und zur im einzelnen parlamentarisch nicht programmierbaren sowie gerichtlich nicht kontrollierbaren Planung verstärken. Insbesondere dürften der zentral zu steuernde Ausbau dieses Energiesystems, seine

Kompliziertheit und sein hohes potentielles Schadensausmaß eine strategische Rechtsfortbildung auf der Grundlage von Konzertierungsprozessen mit einer kleinen, aber wirtschaftlich mächtigen Klientel, den Energieversorgungsunternehmen, erforderlich machen. Bestenfalls könnte dabei auch einer Partizipation der Betroffenen Raum gegeben werden. Selbst dann aber würde sich die Schere zwischen der Dynamik der technischen Entwicklung und der Regelungskapazität des demokratie- und rechtsstaatlichen Gestaltungsinstrumentariums immer weiter öffnen. Der Gefahr einer zunehmenden Rechtsunsicherheit wäre in K nur durch eine dogmatische Selbstbeschränkung der Gerichte, durch eine gesetzgeberische – verfassungsändernde – Korrektur am bisherigen Rechtsschutzsystem oder durch Korrekturen am verfassungsmäßigen System der demokratischen Normsetzung zu begegnen.

Demgegenüber wäre die Entscheidung für das *Energiesystem S* ein Schritt der Anpassung technischer Entwicklungen an die verfassungsmäßigen Ziele. Sowohl die verschiedenen Möglichkeiten der Energieeinsparung als auch die dezentrale Nutzung der Sonnenenergie wie der Biomasse erfordern technisch nur relativ unkomplizierte, ungefährliche Systeme und haben rechtlich dementsprechend einen weit unterdurchschnittlichen Regelungsbedarf. Der Hauptanteil der staatlichen Planung würde hier wegen der weitgehenden Dezentralität auf der Gebiets- und Kommunalebene liegen und im Komplexitätsgrad mit der bisherigen Bauleitplanung vergleichbar sein. Dabei dürften Vorschriften ausreichen, welche etwa den heutigen Bau- und Sicherheitsnormen entsprechen.

b) Gewaltenteilung:

Das Prinzip der Gewaltenteilung im demokratischen Verfassungsstaat ist eine Aufteilung der Verantwortlichkeiten zwischen verschiedenen Instanzen (Saladin 1984a). Die Gewaltenteilung zwischen Parlament, Regierung und Justiz ist ein Grundpfeiler der Verfassung der Bundesrepublik Deutschland. Die beiden Wege, auf denen die Entscheidungen für die Energiesysteme K und S liegen, würden unterschiedliche Veränderungen im Verhältnis der Exekutive zur Justiz mit sich bringen. Schon heute wird den Gerichten eine »funktionsgerechte Organstruktur« bestritten. Sie seien weder dafür gerüstet, über diffizile technische Fragen zu entscheiden noch über energiepolitische Fragen zu urteilen.

Die Entscheidung für das *Energiesystem K* brächte uns von hier aus für lange Zeit auf einen Weg, auf dem die Planungsprozesse künftig so komplex würden, daß die Prämisse der Gewaltenteilung, Entscheidung und Ausführung sowie Initiative und Kontrolle trennen zu können, nicht mehr haltbar wäre. Dieser Weg zeichnet sich heute schon als der einer

›Konkordanzdemokratie‹ ab, in der alle wichtigen gesellschaftlichen und politischen Kräfte an den jeweiligen Entscheidungen mitwirken. Das Parlament würde dadurch seine souveräne Stellung in der staatlichen Willensbildung verlieren und nur noch als ein Partner unter anderen in das kooperative Beziehungsgeflecht einbezogen sein. Soweit der Fall K reicht, dürfte also das Parlament seine verfassungsmäßig gebotene Steuerungsaufgabe kaum noch angemessen wahrnehmen können.

Demgegenüber wird das Parlament seine Funktion zumindest im Sinn der Wesentlichkeitstheorie des Bundesverfassungsgerichts auf dem Weg der Entscheidung für das *Energiesystem S* eher bewahren können. Nach der in dieser Theorie zusammengefaßten Rechtsprechung ist der Gesetzgeber verpflichtet, in grundlegenden, normativen Bereichen, zumal im Bereich von Grundrechtsfragen, alle wesentlichen Entscheidungen selbst zu treffen. Im Fall S bleibt ja das Gesetz im Sinn der herkömmlichen Funktion des Parlaments ein angemessenes Steuerungsmittel. Ein Kontrollverlust würde dabei allenfalls an kommunale Entscheidungsträger erfolgen, was wiederum die kommunale Selbstverwaltung stärkte, nicht aber die zentrale Exekutive.

c) Demokratie:

Wenn im Fall einer Entscheidung für das *Energiesystem K* das Parlament seine Initiativfunktion für die staatliche Willensbildung verliert und sich auf »einsichtige Generalklauseln« sowie auf eine nachträgliche Kontrollfunktion beschränkt, würde auch das Demokratieprinzip für die geplanten Bereiche an Bedeutung verlieren (Saladin 1984b, 36ff). Demgegenüber könnten sich im *Fall S* sogar Chancen für neue und zusätzliche Formen der direkten Demokratie eröffnen oder bisherige Formen demokratischer Willensbildung auf der Kreis- und Gemeindeebene neue Bedeutung gewinnen. Die Entscheidung für das Energiesystem S wäre also eher mit einer Stärkung des Demokratieprinzips verbunden.

Das Volk, von dem alle Gewalt ausgehen soll, wird nur momentan durch die derzeit Lebenden vertreten. Nach dem Demokratieprinzip gehören dazu in Zukunft auch die Nachgeborenen. Im Idealfall sollten deshalb die heutigen Entscheidungen genauso vergänglich sein wie die heute lebende Menschheit. Diese Bedingung wird wiederum im *Fall K* gröblich verletzt, weil durch die Plutoniumwirtschaft auf Jahrtausende hinaus unkorrigierbare Sachzwänge geschaffen werden. Demgegenüber wären mit dem *Energiesystem S* keine entsprechenden Beschränkungen der Souveränität der Nachgeborenen verbunden.

d) Sozialstaat

Der Begriff des Sozialstaats ist als Novum der deutschen Verfassungsgeschichte erheblich unschärfer als andere Verfassungsbegriffe. Einigkeit besteht jedoch darin, daß diese Staatszielbestimmung vor allem den Gesetzgeber zur Gestaltung der gesellschaftlichen Ordnung aufruft und legitimiert. Aufgabe des Staats ist es danach, soziale Ungleichheit abzubauen, sozial und wirtschaftlich Schwächere zu unterstützen und die existentiellen Voraussetzungen für die Entfaltung von Freiheit zu schaffen und zu erhalten. Daher trägt er auch die Verantwortung für den Gesamtzustand der Volkswirtschaft. »Erst die Stabilität und die beständige Arbeit der Wirtschaft liefern die notwendigen Voraussetzungen für die Erfüllung sozialer Gestaltungsaufgaben... Der Sozialstaat muß (daher) Bestand, Stabilität und Wachstum der Wirtschaft fördern und sichern; sonst könnte er nur den Mangel verwalten und aus der Substanz leben« (Benda 1983, 543f).

Seiner sozialstaatlichen Verantwortung für die Volkswirtschaft könnte der Staat in K und S gleichermaßen gerecht werden. Denn beide Energieentwicklungen hätten ähnliche gesamtwirtschaftliche Folgewirkungen. Insbesondere brächte die S-Politik im Vergleich zu einem Ausbau der Atomenergie keine Beschneidung der gesamtwirtschaftlichen Entwicklungsperspektiven mit sich (vgl. Kap. 6.2).

e) Föderalismus

Ein wesentliches Merkmal der bisherigen Verfassungsentwicklung ist ein Zentralisierungssog. Charakteristisch dafür ist die tendenzielle Umwandlung des Föderalismus von einer Kompetenzordnung zu einem Verfahrensprinzip. Der durch die Kompetenzverlagerung zum Bund hin bewirkte Substanzverlust der Länder findet durch verstärkte Mitwirkungsrechte an der Willensbildung des Bundes über den Bundesrat nur einen unvollkommenen Ausgleich. Unter dem Mantel des Begriffs vom ›kooperativen Föderalismus‹ wurde vielmehr die Eigenstaatlichkeit der Länder zunehmend ausgehöhlt.

Der Trend zur Zentralisierung und zur Verringerung der Eigenstaatlichkeit der Länder würde durch die Entscheidung für das *Energiesystem K* unterstützt. Denn die Organisation des Brennstoffkreislaufs, die überregionale Suche nach mehr als fünfzig geeigneten Standorten für atomenergetische Großanlagen und die Errichtung der erforderlichen Infrastruktur, die Organisation eines einheitlichen Sicherungssystems gegen Mißbrauch und die Subventionen für Forschung und Entwicklung, um nur die wichtigsten Faktoren zu nennen, würden den anderweitig schon bestehenden Zentralisierungssog noch erheblich verstärken.

Demgegenüber wäre die Energiepolitik im *Fall S* eher dezentral anzulegen. Die Entscheidung für das Energiesystem S würde zwar die sonstigen Zentralisierungstendenzen noch nicht aus der Welt schaffen, könnte aber auch für andere Bereiche eine Umkehr signalisieren und ein wegweisender Schritt zur generellen Besserung sein.

f) Kommunale Selbstverwaltung:
Örtliche Angelegenheiten durch die Gemeinden selbstverantwortlich zu regeln, moderiert die staatliche Gewalt und verstärkt die Rechtsbasis der Bürger gegenüber dem Staat. Im Prinzip der gemeindlichen Selbstverwaltung liegt die Chance einer Dezentralisation der staatlichen Machtentfaltung im Sinn einer vertikalen Gewaltenhemmung, welche Freiräume erschließt und Einflußmöglichkeiten schafft. Die kommunale Selbstverwaltung ermöglicht außerdem die ursprünglichste Integration der Bürger in das öffentliche Leben.

In dem *Energiesystem K* würde die bestehende Tendenz zur Einschränkung der kommunalen Selbstverwaltung forciert werden (vgl. Saladin 1984b, 39ff). Denn jede Art von kommunaler Selbstverwaltung, soweit sie dieses System betrifft, müßte dysfunktional wirken. Den Gemeinden könnten hier allenfalls Detailplanungen überregional vorgegebener Infrastrukturentscheidungen überlassen werden.

Demgegenüber ergäbe sich im *Fall S* schon durch die hier forcierte Einsparpolitik eine enge Verschränkung von Energiepolitik und kommunaler Entwicklungsplanung. Auch die Planungsanforderungen für die aktive Solarenergienutzung werden weitgehend auf der Gemeinde- oder Kreisebene geltend zu machen sein. Da die Energiepolitik im Fall S nicht auf der Angebotsseite, sondern auf der Nachfrageseite einsetzt, wäre es vielleicht sogar möglich, die Wärme-, Wasser-, Gas- und Stromversorgung im Rahmen kommunaler Energieversorgungskonzepte wieder mehr in die örtlichen Verwaltungsaufgaben einzubeziehen. Darin läge eine bedeutende Chance für die Renaissance der kommunalen Selbstverwaltung.

g) Verfassungsstaat:
Wie sich nach den vorangegangenen Überlegungen zeigt, gibt es technische Entwicklungslinien, mit denen die überkommenen Vorstellungen von Demokratie, Rechtsstaat, Gewaltenteilung, Föderalismus und kommunaler Selbstverwaltung im ›Staat der Industriegesellschaft‹ dysfunktional zu werden drohen. Diese Verfassungsziele gehören jedoch zu den größten politischen Errungenschaften der Neuzeit, und es ist nicht einzusehen, daß sie nun deshalb keine bedeutenden Errungenschaften

mehr sein sollen, weil bestimmte technische Entwicklungen an ihnen vorbeilaufen und sie gefährden.

Im *Fall K* zeigt schon die bisherige Entwicklung, daß der Staat zunehmend in den industriewirtschaftlichen Prozeß hineingezogen wird und gegenüber den gesellschaftlichen Mächten allmählich seine Eigenständigkeit, damit aber auch seine Legitimation verliert. Diese Entwicklung gefährdet den bürgerlich-liberalen Verfassungsstaat. In der Entscheidung für das *Energiesystem S* liegt eine Chance, dieser Gefahr zu begegnen, wenn wir ihr begegnen wollen.

h) Grundrechte:

Wir glauben in der Regel, die Grundrechte bürgerlicher Freiheit seien durch die Verfassung unerschütterlich verbürgt. Das Grundgesetz ist aber ein System der Balance zwischen Rechtsgütern, die sich gegenseitig begrenzen. Die Balance hängt von der jeweiligen Situation ab, und diese wiederum ändert sich mit der technisch-industriellen Entwicklung. Die Grundrechte sind auch nach der Rechtsprechung des Bundesverfassungsgerichts keine isolierten Abwehrrechte, sondern haben ihre Bedeutung nur als Teil des im Verfassungsganzen ausgedrückten Wertsystems. Inhalt und Grenzen der Grundrechte können daher nur im Hinblick auf die jeweils mit ihnen konfligierenden Verfassungswerte konkretisiert werden, und dies hat in jeder geschichtlichen Situation immer wieder neu zu geschehen.

Seit einiger Zeit ist ein Prozeß der Grundrechts-Aushöhlung im Gang. »›Aushöhlung‹ bedeutet eben das, was Roßnagel als Konsequenz einer bestimmten Energiepolitik aufzeigt: Der Prozeß läuft fast unmerklich ab, in kleinen Schritten, hier eine gewisse Verbesserung polizeilicher Fahndungsmethoden, dort ein wenig größere Effizienz in der Kontrolle ›sensitiver‹ Personen, dann ein bißchen vermehrte Einschränkung der Presse. Und die Grundrechte sind offenbar wehrlos« (Saladin in Roßnagel 1984, 239).

Um dies näher bestimmen zu können, versetzt sich Roßnagel in die Rolle des künftigen Bundesverfassungsgerichts, das aus seiner bisherigen Rechtsprechungstradition heraus versucht, die im Fall K anstehenden Konflikte zwischen Freiheit und Sicherheit zu lösen. Die Verfassungsrichter stünden vor folgender Situation: Das Grundgesetz ist energiepolitisch neutral. Verfassungsrechtlich ist keine bestimmte Energienutzung vorgeschrieben. Wenn jedoch z.B. nach einer Entscheidung für das *Energiesystem K* der Brennstoffkreislauf einmal aufgebaut und die Atomenergie die wesentliche Grundlage der Energieversorgung und der Wirtschaft sein würde, dann wäre der kurzfristige Ausstieg aus der Atomenergie ein Verstoß gegen die Verfassungswerte der gesicherten Energieversorgung, der Wohlstandsvorsorge, der Vollbeschäftigung und der Leistungsfähigkeit der Volkswirtschaft, der Grundrechte der Betreiber, des friedlichen Zusammenlebens der Völker und der Sicherung der Zukunft des deutschen Volks (Roßnagel 1984, 33ff). Kann danach auf die Atomenergie nicht mehr verzichtet werden, so gebietet wiederum die Verfassung, das Leben des einzelnen Bürgers, die Volksgesundheit, Heimat und Gemeinde, Sachwerte, die Grundlagen des gesellschaftlichen Zusammenlebens, das Gewaltmonopol, die Souveränität und den Bestand des Staats sowie seine freiheitlich demokratische Grundordnung nach dem »Grundsatz der bestmöglichen Gefahrenabwehr und Risikovorsorge« (BVerfGE 49; 89, 139) durch das Sicherungssystem atomtechnischer Anlagen mit aller Entschiedenheit zu schützen (Roßnagel 1984, 50ff).

Alle die eben genannten Verfassungswerte könnten zugunsten der Atomenergie und ihres Sicherungssystems geltend gemacht werden, wenn einmal die Entscheidung für das Energiesystem K gefallen und verwirklicht wäre. Die Tragweite der Grundrechte des einzelnen Bürgers wäre dann gegen die Fülle dieser Verfassungswerte abzuwägen. Es versteht sich, daß *dieselben* Grundrechte, die wir heute haben, in Zukunft weniger wert sein würden, wenn sie hinsichtlich der Atomenergie gegen eine solche Fülle von Rechtsgütern abgewogen werden müßten. Auch wenn das Rechtssystem als solches unverändert bliebe, würden also die gemäß einer Entscheidung für das Energiesystem K veränderten Bedingungen, unter denen das Recht zu finden wäre, die Inhalte der Grundrechte verändern.

Alle zuvor genannten Sicherungsmaßnahmen könnten im Fall K nach der beschriebenen Güterabwägung rechtlich zulässig sein. Verläßliche Grenzen eines solchen Grundrechtswandels aber gibt es nicht (Roßnagel 1984, 203ff und 208ff).

Ein weiteres Grundrechtsproblem ergibt sich aus den Risiken der Atomtechnik, die durch den Normalbetrieb, die Entsorgung sowie durch mögliche Unfälle entstehen und dem Bürger unfreiwillig aufgebürdet werden (Hofmann 1984, Mayer-Tasch 1984; Saladin 1984b). Denn es wird immer wieder neu zu problematisieren sein, welche dieser Risiken mit dem Grundrecht auf Leben und Gesundheit heute lebender und künftiger Generationen vereinbar sind.

Demgegenüber wäre das Droh- und Mißbrauchspotential des *Energiesystems S* fast zu vernachlässigen. Sicherungsanstrengungen, die über das heute in relativ ungefährlichen Industriebereichen gängige Maß hinausgehen, wären nicht erforderlich. Die Entscheidung für das Energiesystem S könnte dementsprechend auch keine weitere Aushöhlung der Grundrechte nach sich ziehen, sondern wäre wiederum ein wegweisender Schritt, um dieser Gefährdung auch in anderen Bereichen zu begegnen.

5.2 Die Verträglichkeit mit den gesellschaftlichen Werten

Werte sind die Ziele, unter denen wir unsere gesellschaftlichen Bedürfnisse geltend machen. In den Industriegesellschaften und insbesondere in der Bundesrepublik Deutschland vollzieht sich ein lang anhaltender, tiefgreifender und schneller Wertwandel. Ein Ende dieser Entwicklung, deren Tempo dem des technischen Fortschritts kaum nachsteht, ist nicht absehbar. Dabei standen in den Aufbaujahren der Bundesrepublik, besonders gleich nach dem II. Weltkrieg, zunächst materielle Bedürfnisse im Vordergrund. Man war bereit, fleißig und diszipliniert zu arbeiten, und man wußte wofür. Mit zunehmendem Wohlstand trat dann die Leistungsethik etwas in den Hintergrund, und in neuerer Zeit schließlich überlagert sich dem so entstandenen Gegensatz des leistungsethischen zu einem mehr hedonistisch geprägten Wertmuster die Suche nach ökologisch und sozial bedürfnisgerechten Alternativen.

Daß wir derzeit einen im historischen Vergleich besonders umfassenden Wertwandel erleben, wird von Sozialwissenschaftlern der verschiedensten Provenienz ziemlich einhellig festgestellt. Weitgehend einig ist man sich außerdem darüber, daß eine fundierte Prognose über die Richtung, welche diese Entwicklung letztlich nehmen wird, nicht möglich ist (Held 1984). Für die energiepolitische Entscheidung bedeutet das aber keineswegs, daß somit der Wertwandel zur Beurteilung der Alternative zwischen den langfristigen Energiesystemen K und S nicht berücksichtigt zu werden brauche. Zu wissen, daß eine Veränderung stattfindet und in ihrer weiteren Entwicklung *nicht* absehbar ist, hat für die politische Entscheidung eine mindestens ebenso zentrale Bedeutung wie ein prognostisch positives Wissen.

(1) Das Wertetableau

Die Bewertungsdimensionen, nach denen die möglichen Energiesysteme zu beurteilen sind, hat Martin Held, von dem dieser Teil des Forschungsprojekts bearbeitet worden ist, in einem Wertetableau zusammengefaßt. Dieses orientiert sich einerseits an der energiepolitischen Debatte und andererseits an den Ergebnissen der sozialwissenschaftlichen Wert- und Wertwandelsforschung. Dabei haben die in der öffentlichen Kontroverse geltend gemachten Wertvorstellungen, unter denen dieses oder jenes

Tabelle 4: Ausgewählte Wertdimensionen und Werte (nach Held 1984).

Allgemeine Wertdimension	*Spezifische Werte*	*Interpretation / Erläuterungen*	*Beispiele für Bezüge zu anderen Werten*
Beziehung Mensch – Technik	– Technischer Fortschritt	Technik gewinnt Eigenwert, Träger des Fortschritts, Technikoptimismus (löst auch von Technik selbst geschaffene Probleme)	Nähe zur materiellen Konsumorientierung
	– Wert des Gewachsenen	Technik eingefügt in gewachsene Strukturen, Gewachsenes an Stelle des Gemachten	Nähe zu natürlichen Lebensbedingungen
	– Wert des Selbstgemachten	Freude am Umgang mit Technik, Ausüben eigener Kunstfertigkeit	teilweise Nähe zu Überschaubarkeit und Kontrollierbarkeit
	– (Instrumentelle Haltung)	im Vordergrund stehen Zwecke	
Beziehung Mensch – Natur	– Schutz der Natur/Umwelt	Vermeidung und Verringerung negativer Auswirkungen menschlicher Aktivitäten auf Umwelt	ursprünglich als Gegenpol zu materieller Konsumorientierung und technischem Fortschritt gesehen (schwächt sich ab)
	– Natürliche Lebensbedingungen	Einbettung in Natur-Kreisläufe, in Einklang mit der Natur/natürlich leben	Polarität zu technischem Fortschritt
Physische Existenz/Konsum	– Materielle Konsumorientierung	auf Steigerung des Wohlstands ausgerichtet, wirtsch. Wachstum	Polarität zur freiwilligen Einfachheit
	– Freiwillige Einfachheit	materielle Bescheidenheit, Sparsamkeit, Selbstbeschränkung	Nähe zu natürlichen Lebensbedingungen (Teil umfassender Umweltethik)
	– Hedonistische Orientierung	Lebensgenuß, Lustgewinn	derzeit enge Verbindung mit materieller Konsumorientierung
Tätigkeit/ Arbeit	– Leistungsethik	Leistung an sich positiv, Arbeits-/Selbstdisziplin, Fleiß	Gegenpol zu inhaltlich befriedigender Tätigkeit sowie zur Mußepräferenz

Allgemeine Wertdimension	*Spezifische Werte*	*Interpretation/ Erläuterungen*	*Beispiele für Bezüge zu anderen Werten*
Tätigkeit/ Arbeit	– Inhaltlich befriedigende Tätigkeit	Im Mittelpunkt steht Inhalt der Tätigkeit, Selbstverwirklichung in der Arbeit	Teil der umfassenden Tendenz zur Selbstverwirklichung
	– Mußepräferenz	Ruhe, Wert der Beschaulichkeit (gegen Hektik und strikte Zeiteinteilung)	gewisse Nähe zu hedonistischer Orientierung
	– (instrumentelle Haltung)	Arbeit kein eigener Wert, vorrangig als Mittel für andere Lebensbereiche angesehen	Teil übergeordneter Tendenz zum Mittel-Zweck Denken
*Überschaubarkeit**		Anschaulichkeit, sinnliche Erlebbarkeit, Verstehbarkeit	Nähe zu natürlichen Lebensbedingungen
*Kontrollierbarkeit**	(individuell und gesellschaftlich)	Kontrolle über eigenen Lebensraum haben, Entwicklung unter Kontrolle haben (bisher noch nicht ausdifferenziert)	derzeit Nähe zu Überschaubarkeit und natürlichen Lebensbedingungen
Freiheit	– individuelle Freiheit	bürgerliche Freiheiten, persönliche Handlungsspielräume (individuelle Ebene)	näher bei Konkurrenz, aber auch mit Kooperation verträglich
	– Partizipation	Freiheit, sich an gesellschaftlich-politischen Entscheidungsprozessen beteiligen zu können	derzeit Nähe zu inhaltlich befriedigender Tätigkeit und natürlichen Lebensbedingungen
Soziale Beziehungen (Verhältnis Mensch – Mensch)	– Kooperation	Solidarität, Brüderlichkeit, Handeln in Gemeinschaft	Polarität zu Konkurrenz; derzeit Nähe zu inhaltlich befriedigender Tätigkeit
	– Konkurrenz	Wettbewerb, Mitmenschen als Konkurrenten, individualistische Betonung	derzeit gewisse Polarität zu Partizipation, Polarität zu Gleichheit
	– Zwischenmenschliche Kommunikation	Geselligkeit, Vermeidung von Isolierung (nur privater Lebensbereich oder umfassend)	Nähe zu Kooperation, bei eingeschränktem Geltungsbereich auch mit Konkurrenzorientierung verträglich

Allgemeine Wertdimension	*Spezifische Werte*	*Interpretation / Erläuterungen*	*Beispiele für Bezüge zu anderen Werten*
Sicherheit	– individuelle Sicherheit	Tod, Verletzungen, gesundheitliche Beeinträchtigungen etc.	keine Polarität zu gesellschaftlicher Sicherheit, nur unterschiedliche Schwerpunkte
	– gesellschaftliche Sicherheit	Katastrophen, längerfristige Veränderungen des Erbguts, Frieden	derzeit Nähe zu Kontrollierbarkeit und Überschaubarkeit

* Wertdimension eingerückt, da derzeit erst in Herausbildung begriffen

Energiesystem vorzuziehen sei, den Vorteil der Politiknähe und unmittelbaren Problemorientierung, lassen aber eine wissenschaftlich umfassende und im Detail tragfähige Systematik vermissen. Demgegenüber haben die methodisch besser abgesicherten Ansätze durchweg keinen Bezug zur Energiepolitik.

Eine Chance der Verbindung beider Seiten liegt darin, in Kenntnis der energiepolitischen Auseinandersetzung die unabhängig davon gebildeten Vorstellungen dennoch auf diese Auseinandersetzung zu beziehen. Dabei zeigt sich, daß aus dem umfassenden, wiedergegebenen Wertetableau in Tabelle 4 die Werte des Technischen Fortschritts, der Natürlichkeit der Lebensbedingungen, der materiellen Konsumorientierung, der Leistungsethik und der inhaltlich befriedigenden Tätigkeit, der Überschaubarkeit, der Kontrollierbarkeit und Sicherheit sowie der Freiheit eine energiepolitische Konkretisierung erlauben. Nachdem die Bewertung der beiden Referenzfälle unter Gesichtspunkten der Freiheit bereits im Kontext der Verfassungsziele erfolgt ist, können wir uns hier auf die Beurteilung nach den anderen Wertedimensionen beschränken.

(2) Die lebensstilorientierte Variante S'

Bei der Bewertung unserer Referenzfälle ergab sich das Problem, daß die über die Konsumgesellschaft hinausweisenden Motive der Befürworter von Sonnenenergiesystemen in unserem Fall S zunächst vernachlässigt worden sind. Viele von denen, die sich in der Energiekontroverse auf die Sonnenseite stellen und damit einen neuen, ökologisch verantwortlichen Lebens- und Wirtschaftsstil meinen, wollen aber nicht nur auf andere Weise genausoviel heizen, herumfahren und konsumieren wie bisher, sondern wollen sich z. B. in der Kleidung nach den Jahreszeiten richten, mehr zu Fuß gehen oder radfahren, sich auf natürlichere

Weise ernähren und auch sonst selber etwas für ihren unmittelbaren Lebensunterhalt tun.

Nachdem unsere Untersuchung ergeben hat, daß die Fälle K und S das gleiche Konsum- und Komfortniveau erlauben, erweist es sich nun als eine bisher noch zurückgehaltene Stärke des Referenzfalls S, auf diese Vergleichbarkeit erst recht auch verzichten zu können. Martin Held hat dem Energiesystem S dementsprechend eine lebensstilorientierte Variante S′ an die Seite gestellt. Während sowohl K als auch S vorrangig zu einem auf materiellen Konsum ausgerichteten Lebensstil in einer stark technisierten Welt passen, eröffnet S′ einen wesentlichen Gestaltungsspielraum für die ökosozialen Bedürfnisse.

Die Variante S′ bezeichnet also den Spielraum des Energiesystems S, die Technik kulturell einzubetten und sie dem Lebensstil nachzuordnen. Im Energiesystem K gibt es eine solche lebensstilorientierte Variante nicht, weil es hier um ein reichliches und möglichst billiges Energie*angebot* geht, die Variante S′ aber nur durch Veränderungen auf der *Bedarfs*seite möglich ist. Eine der Variation S′ vergleichbare Abwandlung des Falls K würde deshalb einer grundlegenden Eigenschaft von K widersprechen, nämlich dem Anspruch, gerade nicht auf den Bedarf sehen zu müssen. Die Asymmetrie in der Variation der Fälle K und S beruht also auf der unterschiedlichen Logik, nach der die Atomenergie einerseits, die Sonnenenergie und Energieeinsparung andererseits favorisiert werden (vgl. Meixner 1983/1984). Dieser Umstand, daß dem System S auch die ökosozial orientierte Abwandlung S′ zugute gehalten werden kann, erweist sich im folgenden als sehr wesentlich für die komparative Bewertung der beiden Fälle nach den verschiedenen Kategorien des Wertetableaus.

(3) Bewertung nach den einzelnen Gesellschaftszielen

i) Technischer Fortschritt:
Während das Energiesystem K durch großtechnische Systeme im Stil der Atomkraftwerke charakterisiert ist, wird im Fall S unter Gesichtspunkten der Bedarfsgerechtigkeit und Verbrauchernähe möglichst dezentralen Systemen der Vorzug gegeben. In *beiden* Fällen aber wird die gesellschaftliche Wirklichkeit durch eine weiter voranschreitende Technisierung geprägt. Die eingesetzten Technologien sind im Energiesystem S nicht weniger ›modern‹ als die in K, wobei unter der Modernität Indikatoren wie der Grad der Automatisierung, die Berücksichtigung neuester wissenschaftlicher Erkenntnisse, die Intelligenz der Informationsverarbeitung etc. verstanden sein sollen.

In gewisser Weise liegt S sogar noch mehr als K im Trend des derzeitigen technischen Fortschritts, weil gerade die Mikroelektronik eine Fülle von Möglichkeiten zur rationellen und möglichst bedarfsgerechten Energieverwendung bietet und überhaupt dem Naturprinzip, mit wenig Energie viel Leben zu schaffen, näher kommt als die herkömmliche ›harte‹ Technik. Soweit es verbraucherseitig Bedenken gegen technische Entwicklungen wie die Mikroelektronik gibt, könnte das Energiesystem S jedoch auch im Komfortniveau zurückgenommen werden.

j) Natürlichkeit der Lebensbedingungen:
Die Attraktivität der Industriegesellschaft beruhte weitgehend darauf, daß ihre Bürger durch die technische Zivilisation gegen die Unbilden naturnäherer Lebensweisen abgeschirmt wurden. Inzwischen verbindet sich damit jedoch das Problem, daß die Abschirmung gegen die Unbilden auch eine Isolierung gegenüber dem Naturzusammenhang des menschlichen Lebens mit sich gebracht hat (Meyer-Abich 1984). In dieser Situation gibt es zwei verschiedene Lösungsansätze, denen wiederum die beiden Energiesysteme K und S wie die ihnen entsprechenden Wirtschaftsstile zuzuordnen sind.

Die eine Lösung kann heißen: New York und ein Nationalpark. Sie besteht – in stilisierter Form – darin, daß man normalerweise – bei der Arbeit wie zu Hause – in klimatisierten Räumen lebt, was mit einem Energieüberfluß aus Atomkraftwerken ja durchaus möglich wäre, und zur Nahrung einerseits Pflanzen hat, die bei elektrischem Licht im Keller in Nährlösungen gedeihen, andererseits Tiere aus der Massentierhaltung. Ab und zu aber zieht es die Bewohner dieser künstlichen Welt in eine Art Abenteuerurlaub, und dafür gibt es Nationalparks. Das *Energiesystem K* schließt also einen auf funktional abgetrennte Bereiche verwiesenen und in diesem Sinn segmentierten Naturzugang keineswegs aus. Wir leben von diesem Modell gar nicht einmal sonderlich weit entfernt, denn auch nach den heutigen Funktionstrennungen setzt der Naturzugang im wesentlichen einen Aufbruch aus dem Alltag voraus, z.B. zu einem Wochenendausflug oder zu einem Erholungsurlaub.

Die andere Lösung wäre eine Naturalisierung der industriellen Wirtschaft insgesamt, so daß also die Naturerfahrung nicht auf räumliche und zeitliche Reservate beschränkt wird. Eine naturalisierte und dennoch unverändert industrielle Wirtschaft wäre diejenige, in der einerseits niemand hungert und friert, der Naturzusammenhang des menschlichen Lebens aber dennoch jederzeit empfunden wird. Dazu gehört z.B. das Erleben des Tag-Nacht-Wechsels wie das der Jahreszeiten. Im *Energiesystem S* kommt den Energietechniken, die unmittelbar den natürlichen

Energiefluß nutzen (Sonne durch Südfenster, Solarkollektoren und Photozellen, Umgebungswärme, Wind, Wasser, Biomasse) eine große Bedeutung zu. Die Verbraucher hängen somit potentiell von den tages- und jahreszeitlichen Schwankungen der natürlichen Energieflüsse ab. Diese Abhängigkeit wird zwar durch Zusatzeinrichtungen (Speicher, bivalente Heizung etc.) wieder abgepuffert, aber doch höchstens insoweit, wie dies die Betroffenen wünschen. Durch die Variation S′ in der langfristigen Sonnenenergieoption erhöht sich also der Gestaltungsspielraum hinsichtlich der Natürlichkeit der Lebensweise, auch unter Bedingungen der Industriegesellschaft.

k) Materielle Konsumorientierung:

Nach einer weit verbreiteten Einschätzung wird von den jeweiligen Befürwortern der Atomenergie die materielle Konsumorientierung, der Sonnenenergie und der Energieeinsparung hingegen tendenziell die Möglichkeit einer freiwilligen Einfachheit oder größeren Bescheidenheit im Konsumgebaren zugutegehalten. Dies beruht auf dem Vorurteil, daß man mit der Sonnenenergie nicht nur einfacher leben könne, sondern dies auch müsse. Um dieses Vorurteil zu überprüfen, haben wir unsere Referenzfälle K und S von vornherein so angelegt, daß in beiden Fällen die gleiche Steigerungsrate des Sozialprodukts und eine gleich große Steigerungsrate des energetischen Komfortniveaus (das z. T. unabhängig vom Sozialprodukt ist) verlangt wurde. Daß die *Energiesysteme K und S* diese Forderungen *gleich gut erfüllen können,* haben wir im Rahmen des Projekts demonstriert.

Damit sollte nunmehr die Alternative: Atomenergie und Komfort oder Sonnenenergie und Verzicht, aus der Welt geschafft sein. Es ist ein *Irrtum*, daß man mit der Sonnenenergie nicht nur einfacher leben *könne*, sondern dies auch *müsse*. Sonnenenergie und die Energiequelle Energieeinsparung erlauben das gleiche Komfortniveau wie die Atomenergie zum etwa gleichen Preis (vgl. die beiden folgenden Kapitel). Darin aber erkennen nun wieder diejenigen, die zum Verzicht entschlossen sind, die Sonne nicht wieder, die sie meinten. Hier also zeigt sich, wie bedeutsam die Möglichkeit der oben eingeführten Variation S′ für das Energiesystem S ist. Soweit ein einfacheres Leben gewünscht wird, ist der S-Weg flexibel genug, auch dies zuzulassen.

l) Leistungsethik und inhaltlich befriedigende Tätigkeit:

Pflicht und Neigung schließen sich vielleicht nicht so grundsätzlich aus, wie Kant meinte. Wo sie es innerhalb der Energiesysteme tun, versteht es sich jedoch, daß die Beschäftigten im Fall K unter keinen Umständen ihren Neigungen vor ihren Pflichten den Vorzug geben dürften, und dies, obwohl die erforderlichen Sicherheitsvorschriften mit hoher Regelungsintensität und starken Kontrollen die Handlungsspielräume der Beschäftigten ungewöhnlich stark eingrenzen, was regelwidrigen Neigungen förderlich sein mag.

Die Beschäftigten im *Energiesystem S* hätten es dadurch etwas leichter, daß ihnen wegen der größeren Verbrauchernähe der verschiedenen Teilsysteme in den Bereichen Installation, Reparatur und Wartung ein größeres Gestaltungspotential zufiele als ihren atomenergetischen Kollegen. So würde auch ökologisch angepaßten Berufen Raum gegeben. Durch die Einbeziehung von S′ werden die Möglichkeiten noch erweitert, Spielräume für Beschäftigte zu schaffen, die vorrangig Wert auf eine inhaltlich befriedigende Tätigkeit legen. Über die gewerbliche Beschäftigung hinaus bietet das Energiesystem S auch weitgehende Möglichkeiten zur Eigenarbeit. Dies schließt nicht aus, daß – wie wir annehmen – Aggregate zur Sonnenenergienutzung im wesentlichen einer industriellen Serien- und Massenproduktion entstammen werden.

m) Überschaubarkeit:

Überschaubarkeit ist ein Wert, der in der sozialwissenschaftlichen Forschung vor der Energiedebatte kaum eine Rolle gespielt hat, mit dieser und nicht nur im Hinblick auf Energiesysteme jedoch in das den Wertwandel prägende Beurteilungsraster eingerückt ist. Was zunächst die Energiesysteme angeht, so liegt es auf der Hand, daß die Atomenergie – im Normalbetrieb – extrem erlebnisfern ist. Die Gründe dafür liegen in der Größenordnung und Verbraucherferne der Anlagen sowie in der Tatsache, daß Menschen kein Sinnesorgan für Radioaktivität haben. Demgegenüber zeichnen sich die Teilsysteme des Falls S durch einen relativ großen Anteil an Kleinanlagen und durch Verbrauchernähe aus.

Die weitergehende Frage ist, ob auch die Qualität der Bedarfsdeckung durch die beiden Energiesysteme sich unter Gesichtspunkten der Überschaubarkeit unterscheidet. Hier dient das *System K* der Tendenz, den Widerstand, durch den wir unser Leben bahnen, nicht zu überwinden, sondern ihn zu vernichten. Noch nie ist durch leise Knopfdrücke so viel Gewalt in der Welt entfesselt worden wie durch die naturfernen Energiesysteme der heutigen industriellen Wirtschaft. Dies begann mit der Dampfmaschine und der Eisenbahn und hat nun die Dimension der Atomtechnik erreicht. Vor allem die Allmachtsphantasie des Brüters wirkt wie das letzte Aufgebot, um die natürliche Mitwelt endgültig zur bloßen Ressource zu reduzieren.

Im *Referenzfall S* sorgt dagegen bereits die Verminderung des Energiebudgets für eine Verminderung der Gewalt im industriegesellschaftlichen Verhältnis zur natürlichen Mitwelt. Hinzu kommen Anlagen der Sonnenenergienutzung, in denen wir auf eine übersichtlichere und dadurch anschaulichere Weise als im Fall K in ein technisch vermitteltes Verhältnis zu unserer Umgebung treten. Auf beiderlei Weise steigt die Chance der Erfahrung dessen, was nicht nur von uns aus, sondern von sich aus so ist, wie es ist. Dadurch wird anstelle des monologisch gewaltsamen einem dialogischen Verhältnis zur Mitwelt Raum gegeben. Dieses wiederum ist eine Voraussetzung dafür, sich in überschaubaren Verhältnissen zu fühlen und einzurichten.

n) Kontrollierbarkeit und Sicherheit:
Kontrollierbarkeit und Sicherheit sind zunächst verschiedene Beurteilungsdimensionen, weil Sicherheit nicht nur durch Kontrollierbarkeit gewährleistet werden kann. Technische Systeme jedoch sind insoweit sicher, wie sie kontrollierbar sind. Beide Gesichtspunkte können deshalb hier verbunden werden. Zu unterscheiden sind die individuelle und die gesellschaftliche Beurteilung.

Was zunächst die individuellen Risiken der in den Energiesystemen Beschäftigten angeht, so erfordert Steinkohlestrom einen etwa sechsmal so großen Arbeitseinsatz wie Atomstrom und ist auch pro Arbeitseinheit mit spezifisch größeren Unfallgefahren verbunden. Einigermaßen tragfähige Vergleiche dieser Art zwischen den Energiesystemen K und S liegen nicht vor – abgesehen davon, daß im Fall S insgesamt weniger Energie gebraucht wird und S in dieser Hinsicht jedenfalls ungefährlicher ist.

Hinsichtlich der gesellschaftlichen Sicherheit und Kontrollierbarkeit sind im Kapitel 4 bereits die mit den beiden Energiesystemen K und S spezifisch verbundenen Gefahren und die dementsprechend erforderlichen Sicherungsanstrengungen sozialer Art geschildert worden. Sie sind im *Fall K* enorm und im Fall S relativ zu vernachlässigen. Zu ergänzen bleibt, daß auch die technische Zuverlässigkeit des Umgangs mit Radioaktivität in atomenergetischen Anlagen schon aus Gründen der Wirtschaftlichkeit nicht beliebig gesteigert werden kann, so daß Unfälle der oben angegebenen Größenordnung auch dann möglich bleiben, wenn sie durch technische Sicherungen sehr unwahrscheinlich gemacht werden. Das Gefahrenpotential der Atomenergienutzung ist und bleibt dementsprechend vielfach höher als das jedes anderen technischen Prozesses, den es je gegeben hat. Demgegenüber liegt die Gefährdung durch das *Energiesystem S* unterhalb der durchschnittlichen Gefährlichkeit industrieller Anlagen herkömmlicher Art.

o) Verantwortung gegenüber der Nachwelt:
Die Verantwortlichkeit einer Entscheidung gegenüber der Nachwelt ist in der sozialwissenschaftlichen Werteforschung bisher nicht als ein eigener Gesichtspunkt hervorgetreten und taucht dementsprechend auch in der Analyse von Held nicht auf. Wir berücksichtigen sie hier als eine besondere Bewertungsdimension, weil sie unserer persönlichen Erfahrung nach – manchmal eher latent als manifest – in der öffentlichen Urteilsbildung über die politisch-gesellschaftliche Tragweite von Energiesystemen eine entscheidende Rolle spielt.

Schon unter Gesichtspunkten der Demokratie sollten die heutigen Entscheidungen möglichst so vergänglich sein wie die heutige Menschheit. Diese Vergänglichkeit schließt nicht aus, daß die Nachwelt faktisch viele Errungenschaften der Vergangenheit bewahrt und nicht vergehen läßt, aber sie sollte dazu selbst die Wahl haben. Z.B. darf die Nachwelt nicht darauf festgelegt werden, anderer Leute und anderer Zeiten Energiesysteme zu warten oder sogar zu übernehmen. Diese Bedingung wird im *Fall K* gröblich verletzt. Denn wenn einmal Tausende von Tonnen Plutonium und Millionen von Tonnen radioaktiver Substanzen – die alle es bisher nicht gibt, sondern die erst auf dem K-Weg erzeugt werden – in der Welt sind, muß die Nachwelt damit auf unbegrenzte Zeit leben, ob ihr das gefällt oder nicht.

Demgegenüber könnten die Nachgeborenen alle Elemente des *Energiesystems S* jederzeit relativ kurzfristig wieder so aus der Welt schaffen, als hätte es sie nie gegeben, d.h. so, daß von den Residuen keinerlei Handlungszwänge und Sorgfaltspflichten mehr ausgehen. Zugunsten einer Verantwortbarkeit von K könnte man allenfalls geltend machen, daß die Nachwelt es bedauern würde, wenn wir ihr das Energiesystem K nicht hinterließen. Diese These ist jedoch ebenso unbegründet wie die Gegenthese. Wir wissen einfach nicht, ob die Nachgeborenen lieber mit Atomenergie oder lieber mit Sonnenenergie wirtschaften werden. In dieser Lage bleibt uns wie jeder Generation nur die Möglichkeit, heute und nach unseren eigenen Wertvorstellungen möglichst verantwortlich zu handeln. Dazu aber gehört es, den Entscheidungsspielraum der Nachwelt im Sinn des oben genannten Vergänglichkeitsprinzips nicht ungebührlich einzuengen.

5.3 Zusammenfassende Bewertung der Sozialverträglichkeit der Atomenergie und der Sonnenenergie

Um im Interesse der zusammenfassenden Bewertung einen groben Überblick über die Ergebnisse sowohl der verfassungsrechtlichen als auch der sozialwissenschaftlichen Analyse zu gewinnen, soll hier abschließend einmal von allen Differenzierungen und Einzelheiten abgesehen werden – so wie in der vorangegangenen Darstellung bereits von vielen Einzelheiten der Roßnagelschen und der Heldschen Analyse abgesehen worden ist. Wir unterscheiden also die beiden Energiesysteme jetzt nur noch danach, ob sie unter den verschiedenen Zielkategorien tendenziell positiv oder negativ abgeschnitten haben.

Das Ergebnis der vorangegangenen Analyse und der ihr zugrundeliegenden Einzeluntersuchungen ist eindeutig. Der Fall S/S' ist nach allen Zielkategorien relativ positiv zu bewerten, während der Fall K nach fast allen Verfassungszielen und auch nach der Mehrzahl der Gesellschaftsziele relativ dazu negativ zu beurteilen ist. Dieses eindeutige Ergebnis läßt den Schluß zu, daß Sonnenenergie und Energieeinsparung nach dem Kriterium der Sozialverträglichkeit uneingeschränkt besser sind als Atomenergie.

Freilich ist die Sozialverträglichkeit nur eines von mehreren Beurteilungskriterien. Energiepolitische Schlußfolgerungen lassen sich erst nach einer Gesamtbewertung anhand des umfassenden Kriterienkatalogs (Kapitel 1 (1)) ziehen. Die eindeutig positive Bewertung der Sozialverträglichkeit des Energiesystems S ist jedoch ein wichtiges Zwischenergebnis für die anstehende Gesamtbewertung. Gerade weil es so eindeutig ausfällt und weil die Sozialverträglichkeit in der energiepolitischen Diskussion bisher mangels fundierter Untersuchungsergebnisse nicht oder nur recht global einbezogen werden konnte, erwarten wir, daß dieses Ergebnis zu einer Neuorientierung der Energiepolitik wie der Technologiepolitik insgesamt beitragen wird.

6. Die Einbettung der Szenarien in die ökonomische Entwicklung

Eine Untersuchung der Sozialverträglichkeit künftiger Energiesysteme muß zwangsläufig eine Reihe ökonomischer Fragestellungen einschließen. Denn die sozialen Folgewirkungen von Entwicklungen im Energiebereich werden zu einem guten Teil über ökonomische Funktionsmechanismen und Institutionen vermittelt. Wenn etwa die beiden Energiestrategien K und S eine stark differierende Entwicklung der Kosten von Energiedienstleistungen implizieren würden, so müßte man mit jeweils verschiedenen Konsequenzen für die Beschäftigung und die Einkommensverteilung rechnen. Und dies könnte von erheblicher Bedeutung sein für allgemeinere, gesellschaftspolitische Zielsetzungen wie etwa die soziale Gerechtigkeit und die soziale Stabilität.

Der Zusammenhang zwischen technologischer Entwicklung und gesamtwirtschaftlichen Zielen ist eine traditionelle Fragestellung der ökonomischen Forschung. Allerdings betritt die vorliegende Untersuchung Neuland, weil sie sich an langfristigen Szenarien für den Energiebereich orientiert. Im Mittelpunkt der Analyse stehen die ökonomischen Voraussetzungen und Folgewirkungen des Aufbaus ganzer, in sich zusammenhängender technologischer Systeme. Dies verlangt eine Reihe verschiedener Einzeluntersuchungen.

Einmal sind in die Konstruktion der Szenarien Annahmen über die gesamtwirtschaftliche Entwicklung schon eingegangen, die auf ihre Plausibilität hin geprüft werden müssen. Zweitens sind die ökonomischen und energiepolitischen Implikationen der beiden Energiestrategien unter der Voraussetzung zu untersuchen, daß die Funktionsweise des ökonomischen Systems im wesentlichen unverändert bleibt. Und schließlich ist zu fragen, mit welchen denkbaren Veränderungen ökonomischer Entwicklungstendenzen die beiden Energiesysteme jeweils besser oder schlechter vereinbar sind. Erst eine Kombination dieser Untersuchungsschritte liefert die zur umfassenden Beurteilung erforderlichen Ergebnisse und erlaubt, den beiden Energiestrategien unterschiedliche gesamtgesellschaftliche Entwicklungsperspektiven zuzuordnen.

6.1 Wachstum, Strukturwandel, technischer Fortschritt und die Entwicklung der Kosten von Energietechnologien

(1) Konsistenz und Plausibilität der gesamtwirtschaftlichen Vorgaben der Szenarien

Beide Szenarien unterstellen eine Verdopplung des realen Sozialprodukts innerhalb von 50 Jahren. Gemessen an den Wachstumsraten der ersten Nachkriegsjahrzehnte in der Bundesrepublik scheint dies eine recht schwache Expansion zu sein. Eine solche Entwicklung wäre aber mit dem säkularen Wachstumstrend seit der Mitte des 19. Jahrhunderts gut vereinbar und schlösse im übrigen nicht aus, daß – wie in der Vergangenheit – Phasen rascherer Akkumulation und solche der Stagnation miteinander abwechseln.

Auch bei der Betrachtung der Bedarfsseite wirken diese Vorgaben für das ökonomische Wachstum durchaus plausibel – zumal wenn man Umwelt- und Ressourcenrestriktionen einbezieht und außerdem in Rechnung stellt, daß die Länder der Dritten Welt versuchen werden, höhere Zuwachsraten zu realisieren. Immerhin würde sich nach diesen Wachstumsvorgaben das Sozialprodukt pro Kopf in der Bundesrepublik bis 2030 wegen der abnehmenden Bevölkerung noch um mehr als einen Faktor 2,5 erhöhen. Begründungspflichtig wäre, soweit es um die Entwicklung des Lebensstandards und der Lebensqualität geht, somit wohl eher die Vorgabe von signifikant höheren Wachstumsraten. Im Hinblick auf die akuten Beschäftigungsprobleme können die unterstellten *durchschnittlichen* Wachstumsraten bei der zu erwartenden demographischen Entwicklung allerdings nur dann eine Verbesserung bewirken, wenn man sie sich als Resultat von zunächst höheren Zuwächsen und einer anschließenden Abflachung vorstellt und überdies deutliche Arbeitszeitverkürzungen annimmt.

Die für die zwei Szenarien angenommenen Energieträger und -technologien würden aber auch höhere Raten des Wirtschaftswachstums verkraften. Allerdings könnte eine stärkere ökonomische Expansion bei beiden Strategien vorübergehend zu einem vermehrten Einsatz fossiler Energien führen. Denn die S-Strategie wäre bei weitgehender Ausschöpfung der Einsparungspotentiale und begrenzten Möglichkeiten der Nutzung von Sonnenenergie in Form von Biomasse oder Wind im Fall einer wesentlich stärker steigenden Energienachfrage mittelfristig auf fossile Quellen angewiesen, da fortgeschrittene Methoden der Nutzung von Solarenergie (Photovoltaik) dann wahrscheinlich noch keinen signifikanten Beitrag leisten könnten. Doch dies wäre auch im Fall K nicht wirklich anders. Zwar stünde mit der Atomenergie – jedenfalls bei Verwendung von Brütern – ein praktisch unbegrenztes Potential zur Verfügung; der Zubau von Atomenergieanlagen ist jedoch sehr zeitaufwendig, so daß auch hier auf mittlere Frist bei höherem Wirtschaftswachstum verstärkt fossile Energien zum Zuge kommen müßten.

Bei identischen Vorgaben für das Wirtschaftswachstum unterscheiden sich die beiden Fälle K und S hinsichtlich der unterstellten strukturellen Entwicklung. Während bis zum Jahr 2000 für beide Szenarien angenommen wird, daß die Grundstoffproduktion immerhin noch halb so schnell wächst wie das Bruttosozialprodukt, gilt dies für die Zeit danach nur für den Fall K, während das S-Szenario dann von einer Stagnation des Grundstoffbereichs ausgeht, wie sie teilweise schon zu beobachten war.

Diese Abweichung in den Vorgaben ist nur begrenzt dem Energiesystem zuzuschreiben. Primär sind diese Annahmen Ausdruck unterschiedlicher Erwartungen über die Entwicklung der Nachfragestruktur. Dabei sind die Unterschiede nicht sehr groß, denn in beiden Szenarien ist unterstellt, daß der empirisch deutlich sichtbare Trend zur Ausweitung des Anteils der Dienstleistungen in gemäßigter Form anhält; erst nach 2000 läuft die Entwicklung in den beiden Szenarien auseinander.

Der Referenzfall S läßt sich zudem als eine gegenüber dem K-Szenario stärker akzentuierte Umschichtung der Nachfrage zugunsten von modernen ressourcen- und umweltschonenden Produktionen interpretieren. Dies und nicht grundsätzlich höhere Energiepreise oder eine politisch erzwungene Abwanderung würde dann ab 2000 zu einem Nullwachstum der Grundstoffindustrie führen. Dadurch wird im übrigen nicht ausgeschlossen, daß Teilsektoren wie die Feinchemie kräftig zu Lasten anderer Produktionen etwa im Bereich der Grobchemie expandieren. Ein Zusammenhang zwischen den unterschiedlichen Annahmen zur Strukturentwicklung und dem Energiebereich besteht also nur insofern, als das S-Szenario pointierter die Einschätzung zum Ausdruck bringt, daß extrem energieintensive Produktionszweige nicht die künftigen Wachstumsfelder in der Bundesrepublik sein werden.

(2) Die Investitionserfordernisse der beiden Energiesysteme

Eine in der Diskussion der letzten Jahre verbreitete Auffassung war, daß eine Entwicklung, wie sie das S-Szenario vorzeichnet, zwar möglicherweise eine Reihe von Vorteilen im Hinblick auf Umweltziele haben könne, daß aber auf jeden Fall mit deutlich höheren Kosten im Vergleich zu einer K-Strategie zu rechnen sei. Diese Vermutung hat sich durch die ökonomischen Arbeiten im Rahmen des Projekts nicht bestätigt.

Überraschend ist in diesem Zusammenhang zunächst eine Untersuchung der Investitionskosten für die Energiesysteme der Pfade 2 und 3 der Enquête-Kommission ›Zukünftige Kernenergiepolitik‹ durch Rolf Bauerschmidt (1983). Da es sich um einen Kostenvergleich zwischen den Pfaden 2 und 3 (die den Pfaden K und S entsprechen – s. Kap. 3) handelt, mußten solche Kosten weggelassen werden, die (wie die Förderkosten der fossilen Energie oder Kosten im Verkehrsbereich) in beiden Szenarien anfallen. Die Kosten wurden auch nicht zeitlich kumuliert; gegenübergestellt wurden vielmehr die Investitionskosten für den einmaligen Aufbau der im Jahr 2030 unterschiedlichen Komponenten des Energiesystems zu heutigen Preisen. Die Daten hierzu wurden – im Zusammenhang mit der im Bericht über die Vorgeschichte und Organisation des Projekts erwähnten Arbeit für die »AG-Modelle« der Enquête-Kommission »Zukünftige Kernenergiepolitik« – mit der Programmgruppe »Systemforschung und technologische Entwicklung« (STE) der Kernforschungsanlage Jülich abgesprochen. Die Preise wurden für neue Anlagen bzw. Einsparmaßnahmen angesetzt. Bei noch nicht im kommerziellen Maßstab eingesetzten Technologien wie Brutreaktoren und Windkraftwerken mußte man sich auf Schätzungen unter der Voraussetzung breiter Anwendung stützen; dabei wurden die spezifischen Investitionskosten des Brüters mit ca. dem 1,4-fachen derjenigen des Leichtwasserreaktors angesetzt.

Die so auf den Ausbaustand von 2030 bezogene Abschätzung der Anlagenkosten für Bereiche, in denen sich die Energiesysteme unterscheiden, kommt zu dem Ergebnis, daß diese Kosten beiderseits etwa gleich hoch liegen. Den Mehrkosten für Investitionen zur Ausdehnung des Energieangebots in einer K-Strategie steht ein ungefähr gleich hoher Mehraufwand für Einsparungs- und Nutzungstechnologien in einer S-Strategie gegenüber. Durch Berücksichtigung der durchschnittlichen Lebensdauer für die einzelnen Technologiegruppen lassen sich aus den aufsummierten Kosten der Anlagen für die verschiedenen Bereiche der Energieversorgung und -anwendung (fiktive) jährliche Investitionskosten errechnen. Sie bilden eine Maßgröße für den Investitionsaufwand, der erforderlich wäre, um das jeweilige Energiesystem auf dem Stand des Jahres 2030 zu erhalten (vgl. Tabelle 5).

Während die Investitionskosten für beide Pfade ähnlich hoch sind, zeigt sich ein bedeutsamer Unterschied in der Struktur: Fast die Hälfte der Kosten fällt bei Pfad 2 im Versorgungsbereich an, während dieser Anteil bei Pfad 3 nur 13 % ausmacht. Der Unterschied ist insoweit ganz natürlich, als die höheren Einsparungen bei Pfad 3 eine kleinere Dimensionierung des Versorgungssystems ermöglichen. Aber darüber hinaus

Tabelle 5: Überschlagsrechnung für die jährlichen Investitionskosten auf Pfad 2 und 3 im Jahr 2030 zu heutigen Preisen (nach Bauerschmidt 1983).

Jährliche Investitionskosten	*Gesamte Invest.-Kosten (Mrd. DM)*		*Lebens-dauer (Jahre)*	*Jährl. Invest.-Kosten (Mrd. DM)*	
PFAD	2	3		2	3
Stromerzeugung	432	133	20	21,60	6,65
Sonstige Umwandlungsbereiche	120	13	20	6,00	0,65
Verteilung	126	54	30	4,20	1,80
Gesamte Versorgung				31,80	9,10
Wärmedämmung	159	314	30	5,30	10,47
Heizungsanlagen	298	363	15	19,90	24,20
Prozeßwärme	53	132	15	3,53	8,80
Licht	4,5	7,2	5	0,90	1,44
Kraft	31,5	51,1	10	3,15	5,11
Haushaltsgeräte (Einsparung)	48	119	10	4,8	11,90
Gesamte Anwendung				37,58	61,92
Gesamt				69	71

sind die durchschnittlichen spezifischen Investitionskosten bei der Elektrizitätserzeugung auf Pfad 2 mit etwa 2300 DM/kW deutlich höher als auf Pfad 3 mit etwa 1600 DM/kW. Das ist auf die hohen Investitionskosten des Atomenergiesystems zurückzuführen (für die Stromkosten wären freilich noch Brennstoff-, Betriebs- und Verteilungskosten zu berücksichtigen). Zum Umwandlungsbereich zählen ferner auf beiden Pfaden die Fernwärmeerzeugung und auf Pfad 2 speziell Wasserstofferzeugung und Kohleveredelung, auf Pfad 3 die Herstellung von Treibstoffen aus Biomasse. Bei den Einsparinvestitionen konnte von den von der Enquête-Kommission unterschiedenen Häusertypen ausgegangen werden, für die relativ gute Schätzwerte über Investitionskosten vorliegen. Problematischer, jedoch größenordnungsmäßig kleiner, sind beispielsweise die Schätzwerte über die erforderliche Höhe der Einsparinvestitionen im Bereich des Prozeßwärmebedarfs in der Industrie.

Dabei sind die Kostenansätze, die diesem Vergleich zugrundeliegen, im Hinblick auf S-Technologien eher zu hoch und im Bereich der Nukleartechnik optimistisch niedrig. Nimmt man die Betriebs- und Brennstoffkosten für die beiden Energiesysteme hinzu, so ergeben sich sogar

Vorteile für eine S-Strategie, da die Einsparungstechnologien hinsichtlich der Betriebskosten besonders günstig abschneiden.

Die Berechnung der Investitionserfordernisse und ihrer zeitlichen Verteilung für die beiden Referenzfälle K und S mit einem makroökonomischen Simulationsmodell (ZENCAP/D) kommt zu ähnlichen Ergebnissen (vgl. Abschnitt 6.2). Und da es keinen Grund gibt, für die zwei Pfade jeweils szenariospezifische Entwicklungen der Preise für Primärenergie anzunehmen, kann auch die Belastung der Volkswirtschaft durch die Gesamtkosten der Energiedienstleistungen für beide Strategien nicht dramatisch voneinander abweichen.

(3) Zukunftstechnologien und technischer Fortschritt

Die den Berechnungen zugrunde gelegten spezifischen Investitionskosten von Energietechnologien geben den Stand von 1980/82 wieder. Die Rechnung kann deshalb den technischen Fortschritt nicht bzw. nur selektiv berücksichtigen. So wird zwar angenommen, daß bei der Brütertechnologie bis zu der im K-Szenario mit dem Jahr 2000 beginnenden Einführung kommerzieller Anlagen eine erhebliche Senkung der spezifischen Investitionskosten erreicht werden kann; aber mögliche Entwicklungen ähnlicher Art bei Solar- und Einsparungstechnologien bleiben außer acht. Es liegt gleichwohl auf der Hand, daß wichtige Gruppen von Einsparungstechnologien von weiteren Fortschritten in der Mikroelektronik besonders profitieren könnten, weil sich Regelungs- und Steuerungseinrichtungen dadurch verbilligen werden. Keinen Eingang in die Rechnung finden auch Kosteneskalationen, wie sie in der jüngeren Vergangenheit in der Kerntechnik zu beobachen waren.

Nun steht außer Frage, daß sich durch den technischen Fortschritt sämtliche Kostenrelationen verschieben können. In einer Untersuchung im Rahmen des Projekts wurde deshalb der Versuch gemacht, Schlüsseltechnologien einer K- und einer S-Strategie im Kontext der ›Theorie der langen Wellen‹ daraufhin zu prüfen, inwieweit ein zu erwartender Innovationsschub die dominante ›Spitzentechnologie‹ dieses oder jenes Pfads begünstigen könnte (Dickler 1984). Für den Fall K ist dies unstreitig die Brütertechnologie (SBR) in Verbindung mit der Wiederaufarbeitung und der Wasserstofferzeugung für die Kohleveredlung. Da das S-Szenario im wesentlichen auf schon verfügbare bzw. schon erprobtere Technologien zurückgreift, enthält es keine dem Brüter direkt analoge Technologie. Geht man aber davon aus, daß eine S-Strategie auf längere Sicht nicht nur fossile Energie einsparen, sondern sie auch durch aktive Solarenergie ersetzen muß, dann wäre der Atomkraftnutzung durch Brüter die Wasserstofferzeugung durch Strom aus Solarzellen in großtechnischen Anlagen in Wüstengebieten mit einem dem Naturgas analogen Verteilungsnetz und Anwendungsbereich gegenüberzustellen.

In industriellen Fertigungsprozessen verbilligen sich homogene Produkte im Lauf der Zeit in der Regel durch die Ausweitung der Märkte, die eine Vergrößerung der Anlagen ermöglicht, sowie durch Serienfertigung und durch den allgemeinen technischen Fortschritt. Insbesondere gibt es eine ökonometrisch gut gesicherte Hypothese, wonach die spezifischen Kosten bei der Vergrößerung von Anlagen in der industriellen Produktion homogener Güter gemäß einer inversen Wurzelfunktion mit konstantem Exponenten fallen (›Zwei-Drittel-Gesetz‹). Demgegenüber hat man bei der Entwicklung der Atomtechnologie das eigentümliche Phänomen ›negativer Lerneffekte‹ beobachten können.

Nachdem die spezifischen Investitionskosten für Atomkraftwerke zunächst erwartungsgemäß fielen, sind sie danach stark gestiegen. Offenbar führten inhärente Probleme der Technologie und die Erhöhung der Sicherheitsanforderungen nicht nur zu verlängerten Bauzeiten, sondern auch zu einem höheren Materialaufwand je installierter Leistungseinheit. Der Lernprozeß bewirkte bei dieser Großtechnologie wegen der besonderen Risiken keine hinreichende Standardisierung der als verläßlich anerkannten Reaktortypen, was einen Übergang zu größeren Serien erlaubt hätte. Somit konnten zwar die Vorteile der Kostendegression infolge der Erhöhung der Größe (Kapazität) der einzelnen Anlagen wahrgenommen werden; aber durch die notwendigen technischen Veränderungen von Anlage zu Anlage mußte die Serienbildung unterbleiben – oder anders ausgedrückt: Beinahe jedes Kraftwerk stellte schon für sich eine Serie dar. Dies machte sich als zusätzliches Kostenelement geltend, das die Entwicklung dominierte.

Die Untersuchung von Dickler versucht nun für einen Ausbau der Kerntechnologie, wie sie die K-Strategie vorsieht, und für ein Szenario der solaren Wasserstofferzeugung die Möglichkeiten von Kostendegressionen und -eskalationen abzuschätzen. Als Degressionsfaktoren gehen dabei die Anlagengröße, die gefertigte Stückzahl pro Periode sowie die kumulative Stückzahl bei einer Technologie ein. Ein Kosteneskalationsfaktor ist demgegenüber die Anzahl der Serien, die für den Ausbau der jeweiligen Technologie erforderlich sind.

Mit Werten für diese Faktoren, die aus dem K-Szenario bzw. aus einem Solar-Wasserstoff-Szenario abgeleitet sind, sowie mit plausiblen Schätzwerten für Eskalations- und Degressionsparameter, die sich auf Technologievergleiche stützen, lassen sich zwei dynamische Kostenentwicklungen einander gegenüberstellen. Die Abschätzung ergibt, daß eine Kostenparität zwischen der solaren Wasserstofferzeugung einerseits und der nuklearen Stromerzeugung mit Brutreaktoren andererseits kurz nach dem Jahr 2000 erreicht werden kann. Bei einer Extrapolation der Trends errechnet sich eine Parität mit der nuklearen Stromerzeugung durch Leichtwasserreaktoren (LWR) um das Jahr 2020 (vgl. Abbildung 2 und 3).

Selbstverständlich muß ein solches Verfahren der Abschätzung künftiger Kostenentwicklungen trotz der Fundierung durch eine phänomeno-

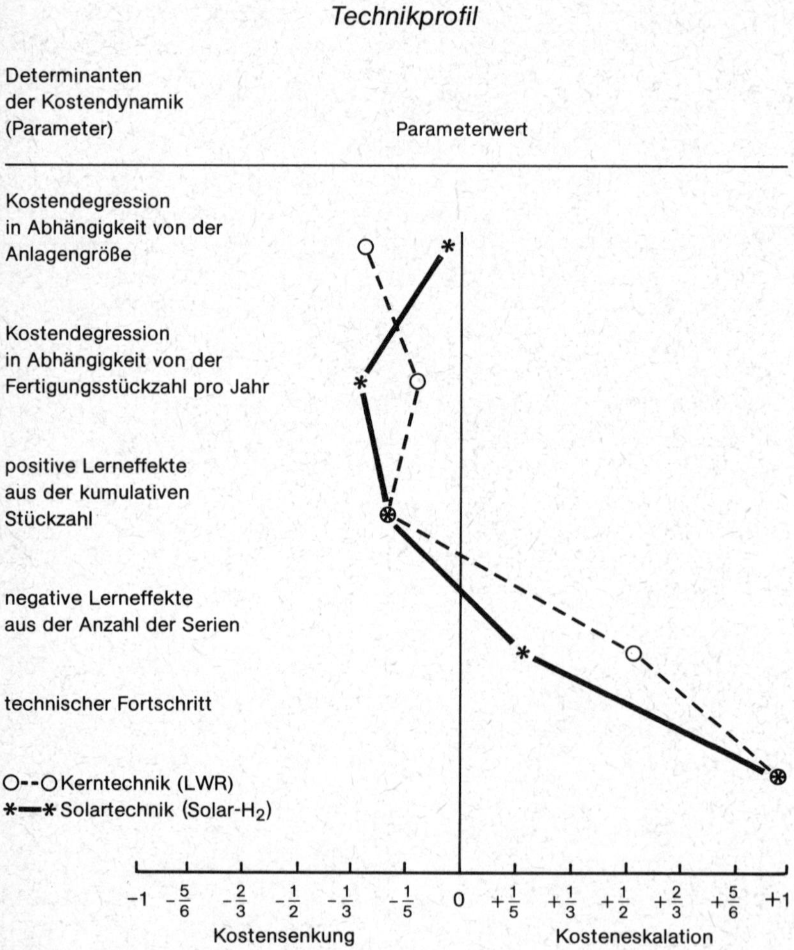

Abb. 2: Vergleichende Darstellung der charakteristischen Determinanten für die Kostenentwicklung bei Kerntechnik (LWR) und Solartechnik (Solare Wasserstofferzeugung). (Nach Dickler 1984, 57)

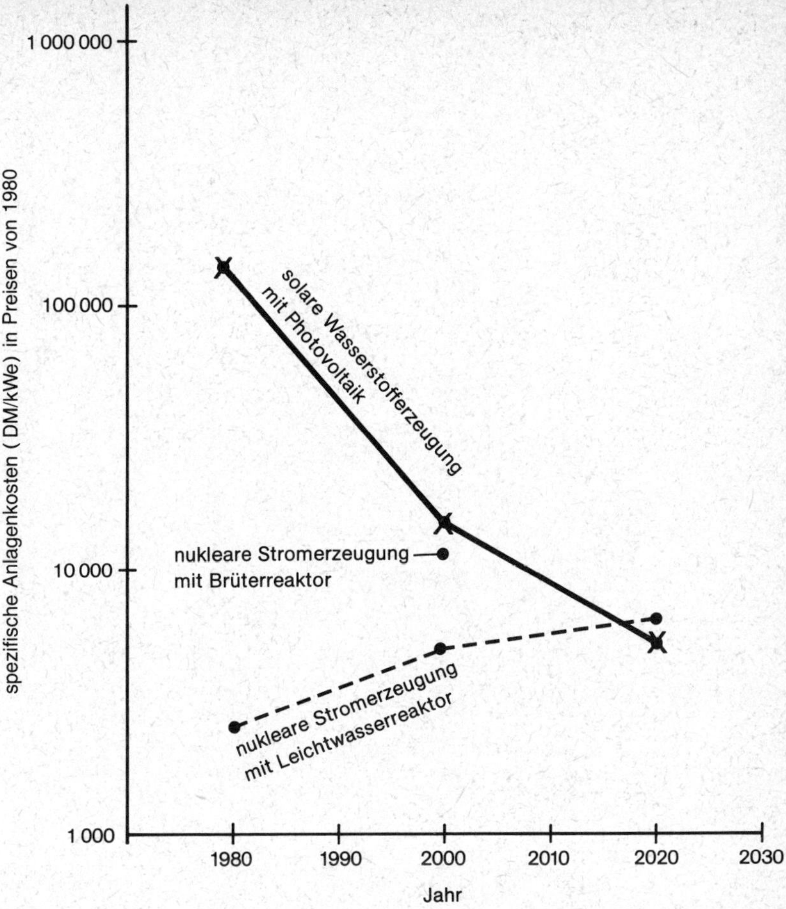

Abb. 3: Niveau und Zeitpunkt der Solar/Nuklear-Kostenparität (nach Dickler 1984, 58).

logische Beschreibung der Fertigungsprozesse für die relevanten Technologien und trotz geschickter Abstützung auf empirisch schätzbare Parameter bis zu einem gewissen Grad spekulativ bleiben. Dennoch ist ein solcher Vergleich möglicher Kostenentwicklungen bei Energietechnologien, die quasi unerschöpfliche Quellen erschließen, nicht unwichtig. Denn er zeigt auf der Grundlage der heute vorhandenen, aber zweifelsohne noch sehr unsicheren Informationen über die jeweilige ›Technikprofile‹, daß man für die Zukunft nicht mit Gewißheit von einem systematischen und dauerhaften Kostenvorteil des Brüters ausgehen darf.

Der Vergleich des Brüters mit einer für die S-Strategie denkbaren, analogen Zukunftstechnologie läßt sich durch eine Untersuchung der Konkurrenzfähigkeit der Brütertechnik gegenüber konventionellen Verfahren ergänzen. Folgt man hier in der Grundstruktur den Überlegungen, wie sie Traube zur Konkurrenzsituation zwischen SBR, LWR und Kohleverstromung vorgetragen hat (Traube 1984), so läßt sich zeigen, daß die Brütertechnologie selbst bei sehr optimistischen Annahmen über kostensenkende technische Fortschritte in den nächsten Jahrzehnten kaum ökonomische Chancen haben dürfte.

Vereinfacht lassen sich die zentralen Argumente hierzu folgendermaßen zusammenfassen: Die Brüter-Entwicklung steht heute nicht mehr unter der Zielsetzung, ein im Vergleich zu konkurrierenden, konventionellen Technologien der Stromerzeugung absehbar kostengünstigeres Verfahren bereitzustellen. Die Begründung der ›Notwendigkeit‹ des Brüters stellt vielmehr darauf ab, daß diese Technologie eine etwa um den Faktor 60 bessere Ausnutzung des Natururans erlaubt und damit ein praktisch unbegrenztes Energieangebot erschließt. Geht man nun davon aus, daß die Kosten der Stromproduktion beim Brüter charakteristischerweise einen im Vergleich zum LWR deutlich höheren Anteil von Investitionskosten enthalten und berücksichtigt man zudem, daß die Investitionskosten je installierter Leistungseinheit wegen der höheren Komplexität dauerhaft über denen des LWR liegen werden, dann läßt sich abschätzen, wie stark der Preis von Natururan künftig steigen müßte, damit der Brüter im Vergleich zum LWR konkurrenzfähig wird.

Als Kostenstruktur für den SBR werden im allgemeinen 70% Investitionskosten, 20% Betriebskosten und 10% Kosten des Brennstoffzyklus angegeben. Für den LWR hingegen wird derzeit mit Anteilen von 56%, 16% und 28% gerechnet, wobei von den 28% für den Brennstoffzyklus etwa 1/4 auf die Versorgung mit Natururan entfällt. Unterstellt man, daß durch positive Lerneffekte und durch den Übergang auf größere Einheiten die Investitionskosten je installiertem kW Leistung für künftige Brutreaktoren im Vergleich zu den Kosten bei der im Bau befindlichen Demonstrationsanlage in Kalkar (SNR 300) drastisch gesenkt werden können, so daß sie ›nur‹ noch doppelt so hoch liegen wie beim LWR, dann müßte der Preis für Natururan bei einer Konstanz aller übrigen Kostenelemente etwa um einen Faktor 9 steigen, damit der Brüter zu gleichen Gestehungskosten Strom produzieren kann wie ein heutiger LWR.

Eine solche Entwicklung des Preises für Natururan ist aber für die nächsten Jahrzehnte angesichts der Ressourcenlage extrem unwahrscheinlich. Und wenn doch mit einem Anwachsen des Uranpreises auf das Neunfache zu rechnen wäre, so würde dadurch voraussichtlich der dann um 60% verteuerte LWR – und damit natürlich auch der Brüter – seine Konkurrenzfähigkeit gegenüber der Kohleverstromung einbüßen. Denn der Preis der deutschen Steinkohle müßte sich real fast verdoppeln, damit die gegenwärtigen Kostenrelationen erhalten blieben (Schefold 1982).

Gegen diese negative Beurteilung der ökonomischen Chancen des Brüters wird vor allem eingewandt, daß insbesondere die Erfahrungen in Frankreich auch die Annahme niedrigerer spezifischer Investitionskosten eines künftigen Brüters legitimieren könnten. Allerdings bedeutet ja schon die Unterstellung eines Faktors 2, daß die spezifischen Investitionskosten eines künftigen Brüters weniger als ein Viertel der Kosten betragen müßten, die für den SNR 300 zur Zeit geschätzt werden. Zudem geht die überschlägige Rechnung sicherheitshalber davon aus, daß die spezifischen Investitionskosten des LWR im Zeitverlauf nicht sinken und daß die Brennstoffausnutzung bei diesem Reaktortyp nicht wesentlich zu verbessern ist. Beides wird aber für den LWR angestrebt. Und wenn es erreicht wird, dann müßten die kostensenkenden Fortschritte beim SBR noch viel stärker sein, um die Kostenparität erreichen zu können.

Selbst wenn man den in dieser Hinsicht sicherlich nicht pessimistischen Kostenangaben der KfA-Jülich folgt und die spezifischen Investitionskosten eines ›kommerziellen‹ Brüters mit dem 1,4-fachen des Werts für den LWR ansetzt, errechnet sich unter ansonsten unveränderten Annahmen als Bedingung für die Kostenparität immer noch ein notwendiger Anstieg des Preises von Natururan um einen Faktor 2,7. Die Einführung der Brütertechnologie mit dem Jahr 2000, wie sie das K-Szenario vorsieht, wäre somit auch unter diesen Bedingungen nur dann ökonomisch sinnvoll, wenn der Preis von Natururan sehr viel schneller stiege, als bei heutigem Wissen wahrscheinlich ist.

Die auf Vorgaben des Energiewirtschaftlichen Instituts an der Universität Köln beruhende Preisprognose für die Rechnungen mit dem ZENCAP/D-Modell geht in der niedrigeren Variante davon aus, daß sich der Uranpreis bis 2030 kaum erhöht, und auch in der hohen Variante ergibt sich erst für 2030 ein Anstieg um das 2,7fache. Danach wäre der Brüter selbst bei sehr optimistischen Kostenannahmen und hohen Uranpreisen während des gesamten Zeitraums, den das K-Szenario überdeckt, im Vergleich zu konventionellen Technologien nicht konkurrenzfähig.

Die Beurteilung der ökonomischen Perspektiven des Brüters fällt noch schlechter aus, wenn man – wie es Traube getan hat – dem Brüter einen LWR gegenüberstellt, für den keine Wiederaufbereitung angenommen wird. Dadurch verringert sich der Brennstoffkostenanteil beim LWR so stark, daß selbst ein Brüter mit nur 30% höheren spezifischen Investitionskosten erst bei einer Verzehnfachung des Uranpreises konkurrenzfähig würde. Und dies wäre dann ein Preis, bei dem wahrscheinlich die Gewinnung von Uran aus dem Meerwasser geringere Kosten verursachen würde als die verbesserte Ausnutzung des Brennstoffs durch Wiederaufarbeitung.

Die breit angelegte Einführung von Brutreaktoren sowie der daran gekoppelten Komponenten des Kernenergiesystems wäre somit innerhalb des zeitlichen Rahmens des K-Szenarios aller Wahrscheinlichkeit nach nur um den Preis einer langfristigen Subventionierung zu haben – sei es durch direkte staatliche Zahlungen oder über eine staatlich sanktionierte Überwälzung der Mehrkosten auf die Strompreise als eine Art ›Brüterpfennig‹.

Ähnliche Probleme könnten sich im Fall S bei einigen der angenommenen neuen Technologien durchaus auch ergeben. So kann nicht ausgeschlossen werden, daß einige der Maßnahmen zur Energieeinsparung sowie bestimmte Technologien der Nutzung regenerativer Quellen (Biomasse, Windenergie) die Wirtschaftlichkeitsgrenze innerhalb des durch die Szenarien vorgegebenen Zeitraums trotz der Möglichkeit kostensenkender technischer Fortschritte nicht erreichen. Solche Technologien spielen im S-Szenario jedoch eine quantitativ sehr viel geringere Rolle als die Brütertechnik im Fall K. Denn auch wenn z. B. Windenergie-Anlagen ähnlich hohe spezifische Investitionskosten aufweisen wie der Brüter, so ist ihre Kapazität im S-Szenario doch ungleich geringer und für die Höhe eines eventuellen Subventionsbedarfs ist natürlich die Menge des so erzeugten Stroms maßgebend. Gleiches gilt für Technologien wie die solare Wasserstoff-Erzeugung. Denn das S-Szenario kann für die nächsten 50 Jahre auf einen mengenmäßig bedeutsamen Einsatz von solartechnischen Systemen dieser Art völlig verzichten.

Insgesamt zeigen somit die vorliegenden Untersuchungen zu den Investitionskosten beider Strategien,

– daß sich für die beiden Energiepfade K und S sehr ähnliche Investitionshöhen errechnen, wenn man heutige Kostenansätze zugrundelegt und zugleich recht optimistische Annahmen über künftig mögliche Kostensenkungen bei Schlüsseltechnologien wie dem Brüter macht;
– daß künftige technische Fortschritte jedoch vor allem bei S-Technologien zu erheblichen Kostensenkungen führen dürften – und zwar sowohl im konventionellen Bereich (Regelungen und Steuerungen) wie auch bei möglichen Zukunftstechnologien (Solarzellen);
– daß der Brüter als Schlüsseltechnologie des K-Szenarios einerseits den denkbaren Zukunftstechnologien einer S-Strategie keineswegs systema-

tisch überlegen sein muß und daß der SBR andererseits im Vergleich zu konventionellen Verfahren der Stromerzeugung, die im Fall K zum Einsatz kommen, in den nächsten Jahrzehnten kaum konkurrenzfähig werden kann.

6.2 Gesamtwirtschaftliche Auswirkungen von Kernenergie und Sonnenenergie im Simulationsmodell

(1) Konsistenzprüfung der Szenarien im makroökonomischen Modell

Da die beiden Energieszenarien K und S auf bestimmten Vorgaben zum ökonomischen Wachstum beruhen, können sie trivialerweise nur zeigen, daß dieses Wachstum mit den zugelassenen Energietechnologien und den als verfügbar unterstellten Mengen von Energieträgern alimentiert werden kann. Soll nun darüber hinaus die Frage beantwortet werden, ob und mit welchen ökonomischen Konsequenzen eine solche Wirtschaftsdynamik bei der vorgegebenen Entwicklung des Energiesystems erreicht werden kann, muß man sich komplexer makroökonomischer Modelle bedienen. Erst dadurch wird es möglich, die Konsistenz der ökonomischen und der energetischen Vorgaben für die Szenarien genauer zu untersuchen.

Solche Rechnungen wurden für die beiden Szenarien K und S mit Hilfe des ZENCAP/D-Modells durchgeführt. Dieses Modell eignet sich für diese Aufgabenstellung besonders gut, da es nicht nur einen gut ausgeführten makroökonomischen Teil enthält, sondern auch eine detaillierte Abbildung des Energiesystems zuläßt, so daß die ökonomischen Interaktionen zwischen Energiesystemen und wirtschaftlicher Entwicklung sichtbar gemacht werden können. Das ZENCAP/D-Modell ist im Hinblick auf derartige Fragestellungen an der ETH-Zürich von einer Arbeitsgruppe um B. Fritsch konzipiert worden. Die Gruppe hat im Rahmen unseres Projekts dankenswerterweise die umfänglichen Arbeiten zur Implementation der beiden Szenarien übernommen.

Die Berechnungen der Arbeitsgruppe Modelle der Enquête-Kommission wurden damit vertieft und erweitert; für die Begründung der Vorgaben und die Modellbeschreibung bleibt ihr Bericht wegweisend (Bericht AG Modelle 1983). Insbesondere stellte sich das Problem, ein zu Prognosezwecken entworfenes, deterministisches großes Rechenmodell mit ökonometrisch abgestützten Gleichungen zum Vergleich zweier unterschiedlicher gedachter Entwicklungen heranzuziehen. Dies wurde durch die Wahl geeigneter exogener Vorgaben, wie z.B. für den Export, ermöglicht, die als Steuervariable so festgesetzt wurden, daß das Modell mit seinem selbsterzeugten Wachstum die in den Szenarien vorgesehenen Werte für Sozialprodukt, Investitionen, Industriestruktur usw. in guter Näherung erreichte und dabei das den Szenarien gemäße Energiesystem aufbaute. Eine Ansteuerung der Energiepfade stellt somit eine Konsistenzprüfung dar, weil sie zeigt, daß bei den im Modell getroffenen Verhaltensannahmen die vorgegebene Wirtschaftsentwicklung möglich ist (vgl. Schefold 1983).

Stark vereinfachend läßt sich die Grundstruktur des Makromodells folgendermaßen skizzieren: Für jeden Industriesektor ist die geplante Produktion vor allem eine Funktion der Absatzerwartungen, die sich aus Vergangenheitswerten für die Vorperioden errechnen. Die Investitionen hängen aber außer von der erwarteten Entwicklung der Nachfrage von der Kapazitätsauslastung und dem Zinssatz ab. Die Ersparnis der privaten Haushalte ist im Modell sowohl einkommens- als auch zinsabhängig. Durch den Ausgleich von Investition und Ersparnis auf Makroebene wird die Veränderung des nominalen Sozialprodukts durch einen Multiplikatorprozeß bestimmt. Preisvariationen sorgen dafür, daß das Aggregat der geplanten realen Produktion und das nominale Sozialprodukt miteinander in Übereinstimmung kommen. Der Reallohn ist dabei kurzfristig konstant. Die Entwicklung der Arbeitsproduktivität wird für die einzelnen Industriesektoren exogen vorgegeben. Bei gegebener nominaler Nachfrage kann sich infolge zunehmender Kapazitätsauslastung ein Gleichgewicht bei Unterbeschäftigung einstellen, wenn vor dem Erreichen der Kapazitätsgrenze die Profitrate unter ein vorgegebenes Minimum absinkt (Codoni/Fritsch 1980; Schefold/Dickler 1983).

Neben dem Makroteil enthält das Modell ein Input-Output-Submodell mit 16 Industriesektoren sowie einen in zehn Teilbereiche zerlegten Energiesektor. Während die Input-Koeffizienten für die Nicht-Energie-Sektoren als empirische Daten festgesetzt sind, konnten die Energietechnologien im ursprünglichen Modell nach Optimalitätsgesichtspunkten gewählt werden. Bei der Simulation der Fälle K und S wurden sie durch die beiden Szenarien vorgegeben. Dies bedeutet, daß die vom Modell jeweils errechnete Energienachfrage durch eine Struktur von Energieträgern und -technologien gedeckt wird, wie sie das jeweilige Szenario unterstellt. Dadurch wird es möglich, die makroökonomischen Konsequenzen der so vorgegebenen Energieinvestitionen zu untersuchen. Grundsätzlich stellen solche vorgegebenen Energieinvestitionen im ZENCAP/D-Modell autonome Ausgaben dar. Sie wirken einerseits über Multiplikator-Akzeleratorprozesse expansiv, andererseits können sie durch zinstreibende Effekte investitionshemmend und damit kontraktiv wirken.

(2) Vorgaben für die Modellrechnungen

H. Apel hat die Voraussetzungen und Resultate der Berechnungen zusammengefaßt (1984). Die Implementation der Szenarien in das Simulationsmodell erfordert Vorgaben für eine Reihe von zusätzlichen exogenen Parametern, die in den Szenarien selbst noch nicht enthalten sind (vgl. Tabelle 6). Insbesondere geht es dabei um plausible Vorgaben für die Veränderung der Preise von importierten Energieträgern sowie um Annahmen über die Kosten der verschiedenen Energietechnologien.

Um die Sensitivität der Ergebnisse gegenüber Variationen dieser Annahmen zu ermitteln, wurden zwei Varianten berücksichtigt: Eine optimistische bzw. niedrige Variante geht von einem mäßigen Preisanstieg auf den internationalen Energiemärkten sowie von niedrigen Kosten für Einsparungstechnologien und für neue Verfahren der Energieanwendung aus. Die pessimistische bzw. hohe Variante unterstellt einen rascheren Anstieg der Energiepreise und höhere Kosten für Einsparungs- und Anwendungstechnologien. Für die Technologien im Bereich der Energiebereitstellung wurden allerdings keine Bandbreiten, sondern einheitliche Kostenansätze vorgegeben. Die Kostendaten beruhen auf den Angaben der AG Modelle.

Die Vorgaben zur sektoralen Entwicklung der Arbeitsproduktivität orientieren sich an vorliegenden Prognosen, die – bezogen auf die Gesamtwirtschaft – zu einer Rate von etwa 3 % p.a. bis 1995 bzw. 2000 kommen. Diese Entwicklung wurde unter der Annahme einer leichten Abschwächung über das Jahr 2000 hinaus fortgeschrieben. Da auch künftig mit einer fortschreitenden Integration der Wirtschaft der Bundesrepublik in den Welthandel gerechnet werden kann, liegen die unterstellten Wachstumsraten für die Exporte deutlich höher als die für die Szenarien angenommenen Zuwachsraten des Sozialprodukts.

Der Notwendigkeit einer langfristig ausgeglichenen Zahlungsbilanz wurde durch entsprechende Vorgaben für die Importe Rechnung getragen. Die Annahme über die durchschnittlichen Arbeitszeitverkürzungen bewegt sich im Rahmen des langjährigen Trends von etwa 1 % p.a.. Und die unterstellte Entwicklung des Erwerbspersonenpotentials reflektiert einerseits den zu erwartenden Bevölkerungsrückgang und berücksichtigt andererseits eine zunehmende Partizipation der Frauen an der Erwerbstätigkeit (vgl. Tabelle 6 und Bericht AG Modelle, Anlagenband I).

(3) Ergebnisse der Modellrechnungen

Die Ergebnisse der Simulationsrechnungen zu den Szenarien K und S (vgl. Tabelle 6) zeigen, daß im Rahmen der Modellstruktur ein konsistentes Wirtschaftsbild für beide Energiestrategien gezeichnet werden kann. Das heißt natürlich nicht, daß das eine oder andere von uns prognostiziert würde; jedes ist vielmehr nur eine logische und berechenbare Folge aus den gesetzten Prämissen. Diese betreffen zum Beispiel die Annahmen über den Export, welcher über den Außenhandelsmultiplikator starken Einfluß auf das im Modell generierte Wachstum ausübt und damit zum Ansteuerungserfolg wesentlich beiträgt.

In beiden Fällen wird ein Wirtschaftswachstum erreicht, das die für die Konstruktion der Szenarien postulierte Wirtschaftsentwicklung recht gut reproduziert. Dabei treten kaum Unterschiede zwischen der hohen und der niedrigen Variante auf. Und soweit sich die angenommene Bandbreite auf Makroebene überhaupt niederschlägt, ist dies vor allem das Ergebnis der unterschiedlichen Annahmen über die Investitionskosten und weniger das Resultat der Differenz in der angenommenen Entwicklung der Preise von importierten Energieträgern.

Die Rechnungen zeigen aber auch, daß sich die Bedingungen auf dem Arbeitsmarkt bei allen Varianten bis zum Beginn der 90er Jahre verschlechtern und daß erst danach eine deutliche Verbesserung eintritt. Bis 2000 wachsen die Investitionen deutlich schneller als der private Konsum, der erst danach wieder rascher zunimmt als das Bruttosozialprodukt. Der anfängliche Anstieg und das spätere Sinken der Investitionsquote fällt vor allem deshalb so deutlich aus, weil die Quote in der Ausgangssituation vergleichsweise niedrig liegt. Doch auch der überproportionale Zuwachs der Investitionen, der sich im Modell errechnet, führt noch zu keinem deutlichen Abbau der Arbeitslosigkeit.

In allen Läufen ergeben sich um 1990 relativ hohe Arbeitslosenquoten von 11 und 12 % infolge der angenommenen demographischen Entwicklung. Erst bis 2000 geht der Anteil der Arbeitslosen an den Erwerbspersonen auf etwa 3 % zurück und bis 2030 wird er durchweg auf rund 1 % reduziert.

Die Investitionen in das Energiesystem (einschließlich der Investitionen für Einsparungstechnologien) steigen bei allen Varianten zunächst kräftig an, so daß sich der Anteil an den gesamten Investitionen bis 1990 erhöht. Dabei fällt der Anstieg für die beiden hohen Varianten deutlich stärker aus, was natürlich ein Ergebnis der Kostenannahmen für ›neue‹ Technologien der Energieanwendung und -einsparung ist (vgl. Tabelle 7).

Bis zum Jahr 1990 erreichen die Anteile der Energieinvestitionen in

Tabelle 6: Exogene Vorgaben, anzusteuernde Vorgaben der Szenarien und Ergebnisse der Rechnungen mit dem ZENCAP/D-Modell für die Fälle K und S (nach Apel 1984).

	1982–2000				2000–2030			
Alle Angaben als Wachstumsraten	K		S		K		S	
(Prozent pro Jahr)	hoch	niedrig	hoch	niedrig	hoch	niedrig	hoch	niedrig
Vorgaben aus den Szenarien K und S								
* Bruttoinlandsprodukt			2,3			1,1		
* Grundstoffgüterindustrie			1,15		0,55		0,0	
* Endenergieeinsatz	0,69		0,12		0,41		−0,06	
* Primärenergieeinsatz	0,62		−0,22		0,99		−0,02	
Vorgaben für Modellrechnungen								
Exporte			3,5			2		
* Importe			3,54			2,03		
Produktivität			3,1			2,6		
Arbeitszeit (Abnahme)			−1			−1		
Erwerbspersonen (Abnahme)			−0,06			−0,71		
Energieimportpreise								
– Rohöl	2,32	−1,07	wie K		1,65	1,35	wie K	
– Uran	1,76	−1,08	wie K		2,34	0,96	wie K	
Ergebnisse								
Privater Konsum	1,44	1,4	1,46	1,43	1,56	1,41	1,71	1,54
Staatlicher Konsum	2,77	2,65	2,71	2,62	1,04	0,87	1,13	0,91
Investitionen (total, netto)	4,7	4,52	4,93	4,7	0,89	0,82	0,77	0,65
Energieinvestitionen (Bereitstellung)	3,52	3,38	1,57	1,54	1,43	1,54	0	−0,2
Energieinvestitionen (Anwendung)	6,3	3,06	5,9	5,4	−0,48	0,27	−0,95	0,28

Die mit * bezeichneten Vorgaben waren vom Modell anzusteuern, die übrigen konnten direkt exogen vorgegeben werden. Die Ansteuerungsgenauigkeit war hoch (Differenz zwischen erreichter und vorgegebener Wachstumsrate höchstens weniger Promille)

Tabelle 7: Prozentualer Anteil der Energieinvestitionen für K und S (einschließlich Einsparungstechnologien) an den gesamten Investitionen (nach Apel 1984).

	1982	1990	2000	2030
K – hoch	11,35	17,1	14,8	14,7
K – niedrig	11,35	14,7	14,0	15,6
S – hoch	11,35	19,2	17,8	11,9
S – niedrig	11,35	15,7	15,1	12,6

den Modelläufen für den Fall S ihren höchsten Wert. Danach gehen sie wieder zurück und erreichen bis 2030 fast wieder das Ausgangsniveau. Im Fall K hingegen liegen die Anteile auch 2030 noch deutlich höher als in der Ausgangssituation, was durch den ab 2000 einsetzenden Zubau von vergleichsweise teuren Anlagen für die Energiebereitstellung (Brüter, nukleare Kohleveredelung etc.) verursacht wird.

Im Ganzen scheint nach dieser Modellwelt ein Anstieg der Investitionsquote bevorzustehen, der aber nur zum Teil das Resultat der Umstrukturierung des Energiebereichs ist. Primär ergibt sich diese Entwicklung durch das im wesentlichen exportinduzierte Wirtschaftswachstum, das einen Anstieg der im Ausgangsjahr sehr niedrigen Investitionsquote verlangt. Zudem ist auch ein leichtes Steigen der sektoralen Kapitalkoeffizienten bis 2010 angenommen, um den höheren Ansprüchen an den Umweltschutz in der Produktion Rechnung zu tragen. Der Anstieg der Investitionsquote bedeutet zwar, daß sich der Konsum – insbesondere in der Anfangsphase – in geringerem Maß erhöht als das Sozialprodukt (vgl. Tabelle 6). Diese Entwicklung ist aber im Modell weitgehend verteilungsneutral, denn die Lohnquote schwankt nur geringfügig.

Insgesamt lassen die Ergebnisse der Modellrechnungen erkennen, daß die deutliche Zunahme der Investitionen für das Energiesystem im Rahmen beider Strategien keine gravierenden negativen Folgen für die gesamtwirtschaftliche Entwicklung hat. Denn der Anteil der Energieinvestitionen am Sozialprodukt erhöht sich zwar merklich, die Quote bleibt jedoch auch dann immer noch relativ klein. Zudem ist zu berücksichtigen, daß der kräftige Anstieg in einen Zeitraum fällt, für den die Modellrechnungen noch hohe Arbeitslosenziffern ausweisen. Unter solchen Bedingungen ist ein Investitionsschub im Energiebereich ein positiver Beitrag zur Beschäftigungsentwicklung. Das Modell zeigt allerdings auch, daß davon allein keine durchgreifende Lösung des Problems der Arbeitslosigkeit erwartet werden kann.

Entgegen den Befürchtungen läßt sich zeigen, daß auch die Kosten für

Tabelle 8: Entwicklung des relativen Energiepreisindexes (Energiepreisindex: Konsumentenpreisindex) für die Fälle K und S (nach Apel 1984).

	1982	2000	2030
K – hoch	1,60	1,65	1,86
K – niedrig	1,60	1,40	1,51
S – hoch	1,60	1,73	1,85
S – niedrig	1,60	1,45	1,49

Endenergie, die sich aus den Investitionen im Bereich der Energiebereitstellung und aus den jeweiligen Betriebs- und Brennstoffkosten errechnen, im Verhältnis zu den sonstigen Preisen kaum wachsen, ja in den niedrigen Varianten sogar fallen. Der relative Energiepreisindex als Maß für den Anstieg der Energiekosten der Haushalte, der über die allgemeine Inflation hinausgeht, wächst selbst in der hohen Variante nur um etwa 15 %. Dies liegt daran, daß zum einen kein dramatischer Anstieg der Preise für importierte Energieträger angenommen wird und daß zum anderen die Produktivitätsfortschritte in der Bereitstellung von Energie als Kompensation wirken (vgl. Tabelle 8).

Da die privaten Einkommen stärker wachsen als die monetäre Nachfrage der Haushalte nach Energieträgern, nimmt das für andere Zwecke verfügbare Einkommen stärker zu als der private Konsum. Diese Tendenz ist im Fall S wegen der höheren Einsparungen ausgeprägter als im Fall K. Zwar ist beispielsweise der Strompreis im Fall S um 12 % höher als in K; da jedoch im S-Szenario deutlich weniger Elektrizität zum Einsatz kommt, fällt die Stromkostenbelastung dennoch wesentlich niedriger aus.

Betrachtet man die gesamte Wirtschaft (einschließlich der Haushalte und des Staats), so läßt sich die vom Energiesystem verursachte Kostenbelastung durch die Entwicklung des Anteils der jährlichen Kosten von Energiedienstleistungen am Sozialprodukt wiedergeben. Dabei bestehen die Kosten der Deckung des Bedarfs an Energiedienstleistungen aller Nicht-Energie-Sektoren einerseits aus den Kosten des Bezugs von Energieträgern, andererseits aus den auf die Periode umgelegten Kosten der ›neuen‹ Einsparungs- und Anwendungstechnologien (vgl. Tabelle 9).

In beiden Fällen steigt zwar die Summe der Kosten von Energiedienstleistungen, aber weil das Sozialprodukt noch rascher zunimmt, sinkt der Anteil am BIP sogar leicht bis 2000. Erst danach errechnet sich für den Fall K eine Zunahme, die bis 2030 zu einer Erhöhung um etwa einen

Tabelle 9: Kosten der Energiedienstleistungen in K und S (für alle Nicht-Energie-Sektoren) im Verhältnis zum Brutto-Inlandsprodukt in Prozent (nach Apel 1984).

	1982	2000	2030
K – hoch	10,19	9,79	11,25
K – niedrig	10,19	9,75	11,35
S – hoch	10,19	9,56	8,93
S – niedrig	10,19	9,48	9,13

Prozentpunkt gegenüber der Ausgangssituation führt. Hingegen ergibt sich für den Fall S eine weitere Absenkung.

Zur Beurteilung dieses Unterschieds ist nun allerdings zu berücksichtigen, daß in den Modellrechnungen eine ›Subventionierung‹ von neuen Einsparungs- und Anwendungstechnologien unterstellt wird. Der von den Szenarien vorgegebene Zubau solcher Technologien wird durch Ausgleichszahlungen ermöglicht, die ihre Konkurrenzfähigkeit gegenüber konventionellen Verfahren bei den jeweils herrschenden Energiepreisen gewährleisten. Von quantitativer Bedeutung sind solche Ausgleichszahlungen in den Modelläufen vor allem bis zum Jahr 2000. Danach nehmen sie infolge des unterstellten Anstiegs der Energiepreise rasch ab, und nur einzelne Verfahren bleiben bis 2030 subventionsbedürftig.

Durch die unterstellten Ausgleichszahlungen wird somit ein Teil der Kosten von neuen Einsparungs- und Anwendungstechnologien zu den öffentlichen Haushalten verlagert. Berücksichtigt man diese Beträge zusätzlich zu den Kosten, die von den Nutzern der Energiedienstleistungen direkt getragen werden, dann wird der leichte Vorteil der S-Strategie gegenüber dem Fall K durch die im Jahr 2000 noch erforderlichen Subventionen in der hohen Variante ausgeglichen. Für den Fall S beträgt der Anteil der Gesamtkosten der Energiedienstleistungen am Bruttoinlandsprodukt bei Einbeziehung der Ausgleichszahlungen 9,7% (niedrige Variante) bzw. 10,2% (hohe Variante) gegenüber 10,1 und 10,0% im Fall K.

Im Jahr 2030 spielen Ausgleichszahlungen keine quantitativ bedeutsame Rolle mehr. Der für diesen Zeitpunkt berechnete Kostenvorteil der S-Strategie gegenüber dem Fall K von mehr als zwei Prozentpunkten bedarf somit in dieser Hinsicht keiner Korrektur. Ein Teil dieser Kostendifferenz im Jahr 2030 ist jedoch auf den Unterschied in der Höhe des virtuellen Energiebedarfs zurückzuführen. Vor allem ist für den Fall S unterstellt, daß die energieintensive Grundstoffproduktion nach 2000 nicht mehr wächst und daß statt dessen andere, weniger energieintensive Bereiche wie der Dienstleistungssektor stärker expandieren. Allerdings kann die Differenz von zwei Prozentpunkten höchstens zu einem Viertel auf die unterschiedliche Höhe des Bedarfs der Grundstoffindustrie zurückgeführt werden. Es verbleibt somit für die langfristige Perspektive ein zwar geringer, aber doch signifikanter Vorteil der S-Strategie im Hinblick auf die Kosten, die der Volkswirtschaft durch die Versorgung mit Energiedienstleistungen entstehen.

Die Ausgleichszahlungen ergeben sich als Differenz zwischen den Kosten von neuen Einsparungs- oder Anwendungstechnologien einerseits und den Kosten der jeweils ersetzten Systeme andererseits. So werden etwa bei der Wärmedämmung von Gebäuden die Kosten des eingesparten Öls mit den Amortisationskosten der Maßnahmen zur Wärmedämmung verglichen. Um die Differenz zu bestimmen, muß also festgelegt werden, welcher Energieträger durch die Einsparung ersetzt wird und welcher Anteil an den gesamten Investitionskosten der neuen Anwendungstechnologie als Einsparungsinvestition anzusetzen ist. Soweit die neue Technologie noch unrentabel ist, unterstellt das Modell Ausgleichszahlungen in Höhe der Kostendifferenz, die vom Staat zu den jeweiligen Anwendern fließen. Ist die Technologie rentabel, so fließt umgekehrt der entstehende Überschuß an den Staat.

Die Ausgleichszahlungen sind sinnvolle Indikatoren der Rentabilität der Komponenten des Energiesystems, obwohl sie nur im Bereich der Endenergie berechnet werden, da die Kostenunterschiede im Energiebereitstellungsbereich über die Preise an die Endverbraucher weitergegeben werden, so daß Kostenunterschiede auch in der Bereitstellung jedesmal dann sichtbar gemacht werden, wenn eine Anwendungstechnologie sich ändert.

Die Abbildungen 4a und 4b zeigen, daß die erforderlichen Ausgleichszahlungen in der niedrigen und in der hohen Variante von K und S per saldo zunächst deutlich überwiegen, wobei der Pfad S bei Unterstellung ›hoher‹ Kosten für neue Einsparungs- und Anwendungstechnologien einen erheblich größeren Subventionsbedarf als der Fall K aufweist, dem allerdings nach 2010 auch ein wesentlich höherer Überschuß korrespondiert. Dies ist natürlich einmal eine Folge der geringeren Bedeutung von neuen Einsparungs- und Anwendungstechnologien im K-Szenario; zum anderen ergeben sich die Kostenbelastungen in der K-Strategie vor allem durch den mengenmäßig höheren Einsatz von Endenergie, für den im Modell keine Subventionierung, sondern die Durchsetzung kostendeckender Preise am Markt angenommen ist.

Wie die Abbildung 4 zeigt, werden die erforderlichen Ausgleichszah-

Abb. 4: Ausgleichszahlungen bei der Einführung neuer Anwendungstechnologien in den Szenarien K und S nach dem ZENCAP/D-Modell. 4a niedrige, 4b hohe, 4c gemischte Variante (hohe Preise der Energieträger, niedrige Kosten der Anwendungstechnologien).

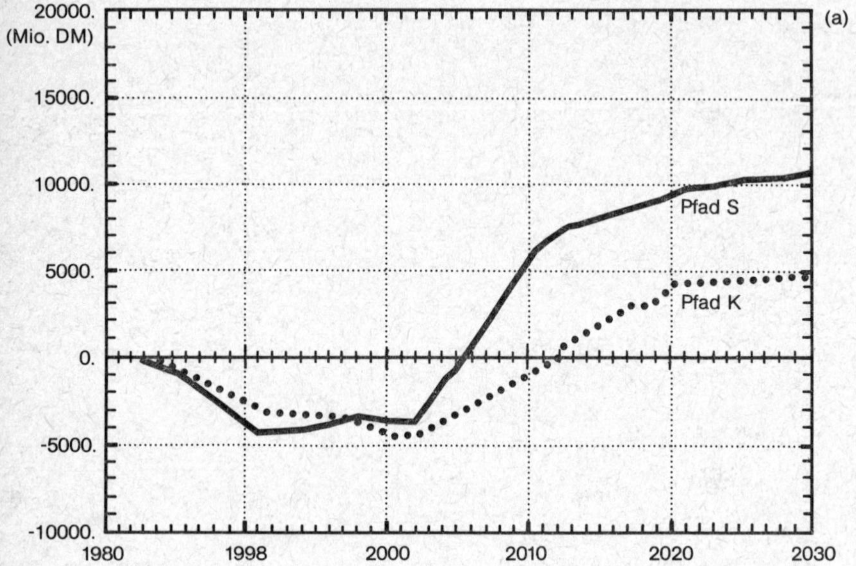

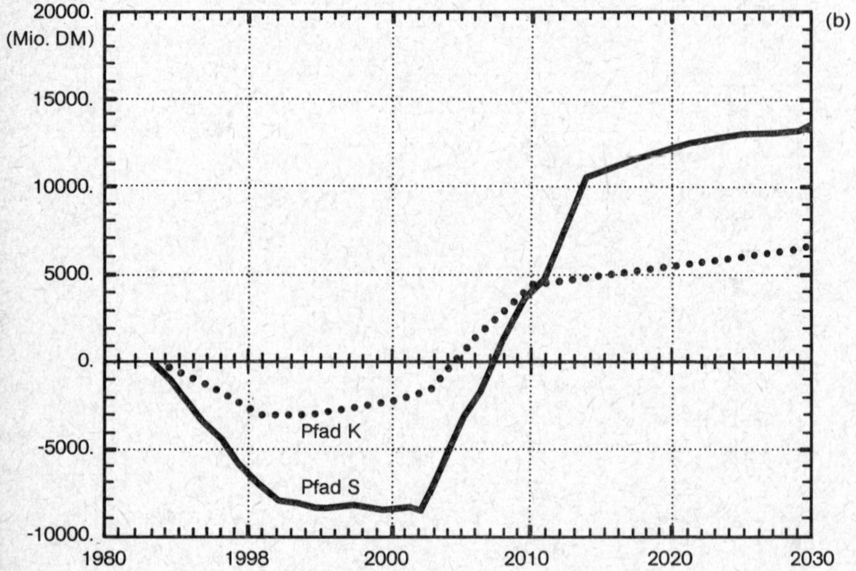

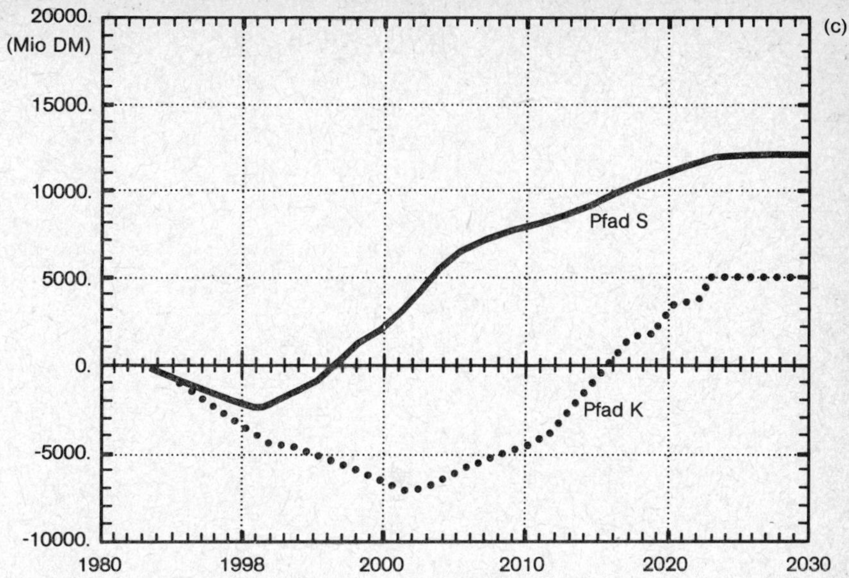

lungen sehr stark von den Annahmen über die Kosten der Technologien und über die Entwicklung der Preise von Importenergien beeinflußt: Unterstellt man eine Energiepreisentwicklung, die der hohen Variante bei den Preisen der Primärenergieträger in Kombination mit niedrigen Kosten für neue Einsparungs- und Anwendungstechnologien entspricht, dann schneidet der Fall S über den gesamten Betrachtungszeitraum günstiger ab als der Fall K.

In den Modellrechnungen werden die Ausgleichszahlungen für einzelne Gruppen von Energietechnologien ermittelt. Durch diese Vorgehensweise wird im Modell die ökonomische Plausibilität der jeweiligen Zubaustrategie gewährleistet. Solche Ausgleichszahlungen sind aber natürlich nicht als energiepolitischer Vorschlag zu verstehen. Subventionen und Gewinnabschöpfungen wären, für sich allein betrachtet, weder eine notwendige noch eine hinreichende Maßnahme zur Durchsetzung von K oder S. Vielmehr dienen sie nur als Indikatoren dafür, wo in den beiden Szenarien Verfahren zum Einsatz kommen, die bei den angenommenen Kosten der Technologien und bei der unterstellten Entwicklung der Energiepreise besonders lohnend oder besonders unrentabel sind.

Wenn auch die makroökonomischen Effekte vergleichsweise gering sind, die von der Gesamtsumme der Ausgleichszahlungen in K und S ausgehen, so zeigen die Einzelergebnisse doch, daß beide Pfade in sich nicht vollständig kostenoptimal sind. So erweist sich beispielsweise, daß unter den angenommenen Bedingungen elektrische Wärmepumpen und solare Heizungsanlagen bei Einfamilienhäusern auch bis 2030 noch nicht wirtschaftlich sind. Hingegen ist eine weitgehende Wärmedämmung von Gebäuden zwar anfänglich noch unrentabel, sie erreicht aber die Wirtschaftlichkeitsgrenze in allen Rechenläufen spätestens bis 2030. Eine Reihe von anderen Einsparungstechnologien ist nach den Modellrechnungen sogar sehr viel früher wirtschaftlich (Apel 1984).

Die Ergebnisse zu den Ausgleichszahlungen deuten darauf hin, daß eine Mischung zwischen den Technologien der beiden Szenarien vorstellbar ist, die zu insgesamt geringeren Kosten führen würde. Eine solche Mischstrategie wäre ein Pfad S, der auf einige relativ teure Komponenten wie Windkraftanlagen, Formen der Erzeugung von Biomasse speziell für energetische Zwecke etc. verzichtet und der die Einsparungstechnologien etwas zurücknimmt sowie ihren Zubau zeitlich optimiert, dafür aber die Nutzung der Atomenergie durch Leichtwasserreaktoren, die strikt auf die Erzeugung von Grundlaststrom zu beschränken wäre, zuließe. Dadurch würden einige relativ teure Technologien, die im S-Szenario enthalten sind, weitgehend überflüssig, ebenso aber auch die kostentreibenden Komponenten des Falls K, vor allem der Brüter, die Wiederaufarbeitung und die nukleare Kohleveredelung samt den zugehörigen Anwendungstechnologien.

Allerdings dürfte eine solche Mischstrategie neue energiepolitische Probleme aufwerfen. So ist etwa in den Fällen K und S – wenn auch für unterschiedliche Verwendungen – jeweils ein Steinkohleeinsatz vorgesehen, der eine kontinuierliche Weiterentwicklung der heutigen Förderkapazität erlaubt. Hingegen zeigen Szenario-Rechnungen für die angedeutete Mischstrategie, daß unter solchen Bedingungen auf mittlere Sicht wahrscheinlich mit Rückgängen des Absatzes von Steinkohle zu rechnen wäre, was wiederum energie- und regionalpolitische Probleme nach sich ziehen würde.

(4) Eine Variante zum Fall Sonnenenergie: Das Wertwandel-Szenario

Das S-Szenario bildet eine Entwicklung des Energiesystems ab, die einige Befürworter dieses Pfads im Zusammenhang mit Veränderungen des Lebensstils sehen. Solche Veränderungen würden ihrerseits das Resultat eines künftigen Wertwandels sein.

Vorstellungen über einen möglichen Wertwandel in das makroökonomische Modell aufzunehmen, wirft einige Probleme auf, weil solche Veränderungen durch die Modellvariablen nur beschränkt erfaßt werden und weil für eine Reihe von Parametern Annahmen erforderlich sind, die nicht in der üblichen Weise ökonometrisch abgesichert werden können. Dennoch wurde im Rahmen der Modellrechnungen für den Fall S ein solcher Versuch unternommen, um zu prüfen, ob und wie sich durch einen angenommenen Wertwandel die Ergebnisse hinsichtlich der gesamtwirtschaftlichen Entwicklung ändern.

Dabei werden die Vorgaben für den Fall S im wesentlichen in drei Bereichen variiert. Unterstellt wird ein verändertes Erwerbs- und Konsumverhalten sowie die Herausbildung eines Sektors ›alternativer‹ Produktion, dessen Entwicklung auch durch ein modifiziertes staatliches Transfersystem gestützt wird. Die lebensstilorientierte Variante S′ (Kap. 5.2) erhält damit eine wirtschaftliche Stütze, die den bei S′ hinzugedachten Wertwandel erleichtern könnte und die umgekehrt bei solchem Wertwandel möglich wäre.

Im einzelnen wird angenommen, daß die Partizipationsrate und damit das Erwerbspersonenpotential stärker steigt, so daß im Jahr 2000 über eine halbe Million und im Jahr 2030 sogar 2,3 Millionen mehr Erwerbspersonen auf den Arbeitsmarkt drängen als im Referenzfall S. Ein Teil davon soll Beschäftigung in einem ›dualen‹ Sektor finden, in dem unter Anwendung nicht-industrieller Verfahren ›alternative‹ Güter und Dienstleistungen produziert werden. Weiterhin wird ein Wertwandel auf der Nachfrageseite unterstellt, der dazu führt, daß der Konsum von Gütern, die bisher bei steigendem Einkommen aus Prestigegründen zunehmend nachgefragt wurden, nur schwach wächst und daß sich statt dessen eine zusätzliche Nachfrage nach den unter quasi-handwerklichen Bedingungen erzeugten Produkten des alternativen Sektors entwickelt.

Vorausgesetzt wird schließlich, daß im ›formellen‹ Sektor der Wirtschaft bzw. von seiten des Staats die Bereitschaft besteht, anstelle der Arbeitslosenunterstützung eine ›negative Einkommenssteuer‹ zu zahlen, die den im Alternativsektor Tätigen trotz ihrer niedrigen, am Markt erzielten Einkommen die soziale Existenz ermöglicht. Eine politische Bedingung ist, daß die Tätigkeit im alternativen Sektor und die dafür gewährte Unterstützung nicht als parasitär empfunden werden. Vorstellbar wäre dies z.B., wenn solche Tätigkeiten von einer Mehrheit der Bevölkerung wegen der möglichen Beiträge zum Kunsthandwerk, zum Umweltschutz, zu den sozialen Diensten etc. als hinreichend wichtig angesehen würden, um ihre Alimentierung zu rechtfertigen. Es wird allerdings auch vorausgesetzt, daß der alternative Sektor – wenn auch mit relativ niedriger Produktivität – ›nützliche‹ Güter und Dienstleistungen erzeugt.

Die unter diesen Voraussetzungen berechneten Ergebnisse zeigen, daß der alternative Sektor paradoxerweise wie ein keynesianisches Beschäftigungsprogramm wirkt, obwohl die negative Einkommenssteuer zunächst nur der Unterstützung derer dient, die kein anderes Arbeitsverhältnis finden können oder wollen. Die Arbeitslosigkeit liegt niedriger als im Referenzfall S, und dank der Nachfrage nach alternativen Gütern und Dienstleistungen fallen die staatlichen Transferzahlungen im Vergleich zu den Ergebnissen für K und S sogar geringer aus (Apel 1984).

Selbstverständlich muß eine solche Entwicklung in der Realität nicht so unproblematisch sein, wie es nach diesen Ergebnissen auf den ersten Blick scheinen könnte. Ein Konsistenzproblem liegt darin, daß auch bei vorhandenen Beschäftigungsmöglichkeiten im formellen Sektor und trotz geringerer Einkommen im alternativen Sektor im Modell angenommen wird, daß Erwerbspersonen dahin drängen. Es wird andererseits unterstellt, daß die Produktivität der übrigen Sektoren und das Investitionsverhalten von der Existenz des alternativen Sektors weder positiv noch negativ beeinflußt werden. Die im Modell postulierte Bereitschaft, heterogene Lebensformen zu dulden oder sogar zu kultivieren, scheint heute kaum zu bestehen. Sie ist für den Ökonomen, der gewohnt ist, in den Kategorien einer uniformisierenden Marktwirtschaft zu denken, besonders schwer vorstellbar. Es lassen sich aber zahlreiche Präzedenzfälle für eine solche Heterogenität in der Geschichte finden, die allerdings aus tieferen kulturellen Wurzeln hervorwuchsen.

Wenn auch die zur Berechnung des Wertwandel-Szenarios im Modell vorgenommenen Modifikationen nur eine stark vereinfachte Abbildung der Problematik erlauben und deshalb keine umfassende Beurteilung ermöglichen, so stützen die Ergebnisse doch die Vermutung, daß ein solcher partieller Übergang zu postindustriellen Strukturen nicht gleich zum Schaden der gesamten Volkswirtschaft ausschlagen muß. Allerdings haben die Modellrechnungen gezeigt, daß die unterstellten, moderaten Veränderungen kaum einen direkten Einfluß auf die energetischen Strukturen haben. Im Hinblick auf die Entwicklung des Energiesystems ist es somit allenfalls von mittelbarer Bedeutung, ob man sich den Pfad S mit oder ohne einen Wertwandel in so ausgeprägter Form und gestützt auf die negative Einkommenssteuer vorstellt.

7. Energiepolitischer Handlungsbedarf und Veränderungen des Wirtschaftsstils durch Atomenergie und Sonnenenergie

Ökonomisch vermittelte Sozialverträglichkeitsprobleme können nicht nur dadurch entstehen, daß die Energiepolitik Auswirkungen auf die gesamtwirtschaftliche Entwicklung hat, sondern auch durch die jeweils erforderlichen energiepolitischen Maßnahmen. Wir haben deshalb den energiepolitischen Handlungsbedarf der beiden Entwicklungen K und S untersucht, um die wichtigsten energiepolitischen Konfliktfelder zu ermitteln, mit denen jeweils zu rechnen wäre (Abschnitt 7.1). Unsere Ergebnisse in diesem Bereich sind hauptsächlich der Arbeit von H. Meixner zu verdanken.

Angesichts des zeitlichen Rahmens der Szenario-Analyse wäre eine solche Untersuchung aber unvollständig, wenn sie nicht durch Überlegungen zur Einordnung der energiepolitischen Konzeptionen in die weiterreichende Perspektive langfristiger Entwicklungen von Wirtschaft und Gesellschaft ergänzt würde. Den Ansatz hierzu liefert die Untersuchung von Zusammenhängen zwischen den beiden Szenarien und den ihnen jeweils zugeordneten energiepolitischen Konzeptionen einerseits und möglichen Veränderungen des Wirtschaftsstils andererseits (Abschnitt 7.2).

7.1 Energiepolitische Konzeptionen und Konfliktfelder

(1) Energiepolitischer Handlungsbedarf und Energiekosten

Soweit sich das Energiesystem nach rein marktwirtschaftlichen Gesetzen aufbaut, bedarf jeder Referenzfall einer spezifischen Politik zu seiner Durchsetzung, denn weder das Szenario K noch das Szenario S stellt eine kostenoptimale Kombination von Bereitstellungs- und Anwendungstechnologien dar.

Die in den Referenzfällen vorgegebenen Entwicklungen für die wichtigsten Energiemärkte entsprechen den erkennbaren Preis- und Kostentrends nicht in allen Bereichen, so daß energiepolitische Korrekturen erforderlich wären, um einen Ablauf in Richtung des K- oder des S-Szenarios in Gang zu setzen (Meixner 1984). Da die Märkte des

Energiesystems jedoch kaum nach den Regeln vollkommener Konkurrenz funktionieren und der Staat seit Jahrzehnten interveniert, handelt es sich nicht so sehr darum, den Gegenstandsbereich der Energiepolitik zu erweitern oder ihre Intensität zu erhöhen, als – in gewissen Grenzen – ihre Ziele und Mittel zu verändern, wenn die Realisation eines der Pfade angestrebt werden soll.

Wie Abschnitt 6.2 gezeigt hat, ist der Steuerungsbedarf in einer Übergangsphase um das Jahr 2000 besonders hoch, weil mehrere Technologien zumindest unter den in den Modellrechnungen gemachten Annahmen erst gegen Ende unserer Bezugsperiode die Rentabilitätsschwelle überschreiten. Die folgenden Überlegungen orientieren sich jedoch nicht nur an den in den Modellrechnungen abgeleiteten Kostenverläufen, sondern es werden auch Einschätzungen technologischer Entwicklungen berücksichtigt, wie sie sich aus aktuellen, technologiespezifischen Diskussionen ergeben. Hervorzuheben sind jene Bereiche, wo die Rentabilität neuer Verfahren zwar gesichert ist, ihre Einführung aber von institutionellen Hemmnissen, Ungewißheit, Unkenntnis oder einfach Trägheit der Investoren behindert wird.

Beide Strategien sind zuallererst gleichermaßen darauf angewiesen, daß die Energiepolitik sinkenden Ölpreisen entgegenwirkt, damit der Einsparungs- und Substitutionstrend der letzten Jahre nicht abbricht. Denn beide Szenarien sehen vor, daß das Mineralöl seine dominierende Rolle langfristig verliert. Kurz- und mittelfristig sinkende Ölpreise könnten die Umstrukturierung des Energiesystems zumindest erheblich verlangsamen, was dann auf längere Sicht neuerliche Preisschübe begünstigen würde. Insofern fällt der Energiepolitik in beiden Fällen die Aufgabe zu, vor allem auf dem Markt für Niedertemperaturwärme (Raumheizung) schon mittelfristig die Konkurrenzfähigkeit von Energietechnologien zu gewährleisten, die das Mineralöl verdrängen. Im Fall S sind dies insbesondere Einsparungstechnologien, Fern- bzw. Nahwärmesysteme, Gaswärmepumpen und längerfristig auch Systeme zur solaren Warmwasserbereitung und Heizung. Im Fall K gilt dies analog für Strom-Wärmepumpen sowie für die Einschleusung von Produkten der nuklearen Kohleveredelung in den Heizwärmemarkt.

Im Bereich der industriellen Prozeßwärme müßten im Fall K die Bedingungen für einen verstärkten Einsatz von Elektrizität geschaffen werden – speziell bei elektrothermischen Verfahren in der Grundstoffproduktion. Die S-Strategie würde demgegenüber eine Politik erfordern, die der Entwicklung und dem Einsatz brennstoffsparender Verfahren Priorität gibt. Beide Szenarien setzen im übrigen eine weitgehende Substitution von Mineralöl durch Kohle im industriellen Wärmemarkt voraus, wofür nicht nur steigende Ölpreise, sondern wahrscheinlich auch energiepolitische Einführungshilfen erforderlich wären.

Beim Einsatz von Elektrizität für den Bereich Licht und Kraft erfordert der Fall S Maßnahmen zur Förderung der Elektrizitätseinsparung. Die in K angenommenen Verbesserungen der Effizienz elektrischer Anlagen und Geräte sind demgegenüber schon als Folge der technischen Normalentwicklung denkbar und erfordern keine weitergehenden politischen Anstöße.

Auch die relativ hohen Einsparungen an Kraftstoffen, wie sie das S-Szenario vorsieht, werden sich wahrscheinlich nur im Rahmen einer Energiepolitik ergeben können, die für den Verkehrsbereich dauerhafte und wirksame Anreize zur Erhöhung der Energieeffizienz setzt. Zudem müßte die Energiepolitik in beiden Fällen gewährleisten, daß längerfristig neue Treibstoffe in zunehmendem Maß zur Deckung des Bedarfs beitragen. Im Fall K ginge es dabei um die Förderung der Einführung von Flüssigprodukten aus der nuklearen Kohleveredelung, während das S-Szenario eine sukzessive Einschleusung von aus Biomasse erzeugten Kraftstoffen unterstellt.

Ganz ähnlich liegen die Verhältnisse beim nicht-energetischen Verbrauch. Im Fall K müßte auch hier auf lange Sicht die Verwendung von Energierohstoffen aus der teuren nuklearen Kohleveredelung gefördert werden, was zuallererst den Ausbau entsprechender Versorgungstechnologien voraussetzt. Analog wäre im Fall S der Einsatz von Synthesegas aus Biomasse energiepolitisch zu fördern, der dort allerdings quantitativ eine ungleich geringere Rolle spielt als die Veredelungsprodukte aus Braunkohle und Kernenergie im Fall K.

Hinsichtlich der Elektrizitäts- und Fernwärmeerzeugung liegt die wichtigste Steuerungsaufgabe einer Politik zugunsten des S-Szenarios in der Förderung stromsparender Technologien sowie in der Verhinderung eines breiten Vordringens der Elektrizität im Heizwärmemarkt. Zudem müßte eine an S orientierte Energiepolitik durch die Gestaltung der rechtlichen Rahmenbedingungen für die Elektrizitäts- und Fernwärmewirtschaft die Integration von dezentralen Anlagen der Stromerzeugung und insbesondere von dezentralen Anlagen der Kraft-Wärme-Koppelung mit vorrangiger Nutzung von Steinkohle ermöglichen, um den Ausbau eines angemessenen Fern- bzw. Nahwärmesystems zu forcieren. Erforderlich wäre darüber hinaus eine innovationspolitische Förderung von Verfahren zur Nutzung regenerativer Energien für die Stromerzeugung.

Umgekehrt müßte bei einer Orientierung an den Entwicklungslinien des K-Szenarios die Energiepolitik vor allem Anreize zum verstärkten Einsatz von Elektrizität für thermische Zwecke geben. Stromsparende

Technologien dürften keine spezielle Begünstigung erfahren. Außerdem wäre die innovationspolitische Förderung der Entwicklung und Einführung neuer Reaktorlinien und der Wiederaufarbeitungstechnologie fortzuführen sowie tendenziell auszuweiten. Ein zügiger Ausbau der Kernenergie wäre zudem auf eine an diesem Ziel ausgerichtete staatliche Regulierung des Elektrizitätsbereichs angewiesen. Auch im Fall K wäre wahrscheinlich eine energiepolitische Förderung des Fernwärmeausbaus notwendig, die allerdings verstärkt Großkraftwerke einbeziehen müßte.

(2) Energiepolitischer Handlungsbedarf und Marktstrukturen

Neben den Kosten von Technologien und Energieträgern ist für den energiepolitischen Handlungsbedarf von maßgeblicher Bedeutung, daß beide Szenarien deutliche Veränderungen der Marktstrukturen voraussetzen. Insbesondere nimmt der Anteil leitungsabhängiger Systeme an der Deckung des Raum- und Prozeßwärmebedarfs erheblich zu. Denn sowohl im Fall K wie im Fall S werden Heizsysteme auf Mineralölbasis, die heute die wichtigste Substitutionskonkurrenz für leitungsgebundene Energien sind, von diesen weitgehend verdrängt.

Das gilt in extremer Weise für den Fall K, denn hier übernehmen leitungsabhängige Systeme bis 2030 nicht nur die Deckung des gesamten Bedarfs an Niedertemperaturwärme der Haushalte und des Kleinverbrauchs, sondern es ergibt sich auch ein deutliches Übergewicht von Technologien auf Strombasis. Der Wettbewerb auf diesem Markt müßte sich somit weitgehend auf eine Konkurrenz zwischen Strom einerseits und Fernwärme oder Gas andererseits beschränken, da bei den beiden letzteren Systemen eine Doppelversorgung höchstens als Ausnahme vorstellbar ist. Besonders problematisch wird die dominante Position von Elektrizität bei der Versorgung mit Niedertemperatur-Wärme, weil das K-Szenario davon ausgeht, daß die Stromversorgung langfristig überwiegend durch Atomenergie bestritten wird, und weil diese gleichzeitig auch in andere Märkte hinein expandiert. Angesichts der technischen Charakteristika der Nukleartechnologie, die große und größte Leistungseinheiten erforderlich macht, dürfte dies zu einer im Vergleich zu heute noch verstärkten Dominanz der wenigen großen, überregionalen Verbundunternehmen führen, die über einen entsprechenden Absatzmarkt und die notwendige Investitionskraft verfügen.

Mit einer deutlichen Verminderung des Anbieterwettbewerbs infolge des Vordringens leitungsabhängiger Systeme auf dem Markt für Niedertemperatur-Wärme ist aber auch im Fall S zu rechnen. Im Vergleich zur Entwicklung im Fall K gibt es allerdings eine Reihe von Faktoren, durch die negativen Folgewirkungen für den Wettbewerb abgemildert, ja in ihr Gegenteil verkehrt werden können. Erstens verbleibt im Fall S ein signifikanter Anteil von nicht-leitungsgebundenen Systemen. Teilbereiche (Biomasseproduktion) können dem traditionellen Leitbild vollkommenen Wettbewerbs nahe kommen. Zweitens ist ein stärkerer Konkurrenzdruck durch Einsparungstechnologien anzunehmen. Drittens begünstigt die Entwicklung im S-Szenario weniger die Herausbildung konglomerater Unternehmensstrukturen, da die für den Fall K absehbaren Verflechtungstendenzen infolge des Vordringens der Atomenergie in sämtliche Bereiche der Energieanwendung entfallen. Der deutliche technologische Schwerpunkt der S-Entwicklung im Bereich der Energieanwendung und -einsparung im Vergleich zum Fall K dürfte außerdem bei der Herstellung der jeweiligen Technologien zu einer stärkeren Begünstigung von Branchen führen, die einen geringeren Konzentrationsgrad aufweisen.

Auch wenn man nicht einem uneingeschränkten marktwirtschaftlichen Credo zuneigt und deshalb bereit ist, die positiven Effekte einer solchen Umstrukturierung auf dem Wärmemarkt gegen die entstehenden Wettbewerbsprobleme bzw. die dadurch erforderlichen Eingriffe abzuwägen, so muß man sich doch darüber klar sein, daß auf die politischen Instanzen mit einer solchen Entwicklung langfristig eine schwierige Regulierungsaufgabe zukommt. Dabei wären die Probleme, die der Durchsetzung einer effizienten Kontrolle entgegenstehen, unter den Bedingungen des K-Szenarios erheblich größer als im Fall S. Denn der (Rest)Wettbewerb auf dem Wärmemarkt wäre in K geringer, und die regulierenden Instanzen stünden hier wahrscheinlich einem höher konzentrierten und stärker verflochtenen Unternehmensbereich gegenüber.

Die Unterschiede in den Marktformen zeigen sich auch deutlich bei den Investitionen in die Energiesysteme. Es ist von zentraler Bedeutung für den energiepolitischen Handlungsbedarf der Optionen K und S, daß die erforderlichen Investitionen für das Energiesystem zwar etwa gleich groß wären, daß sie sich aber in ihrer Struktur deutlich unterscheiden würden (vgl. Tabelle 10).

Die Strukturverschiedenheit der Energieinvestitionen in den Fällen K und S, die sich in den Ergebnissen des ZENCAP/D-Modells wie auch in den Rechnungen von Bauerschmidt zeigt (vgl. Abschnitt 6.1), ist für die Energiepolitik deshalb so wichtig, weil es sich nicht nur um Investitionen in unterschiedliche Technologien handelt, sondern auch um andere Gruppen von potentiellen Investoren.

Während für die K-Entwicklung die erforderlichen Energieinvestitionen zum überwiegenden Teil in der Energiewirtschaft sowie im Indu-

Tabelle 10: Verhältnis der Energieinvestitionen im Anwendungsbereich zu den Energieinvestitionen im Erzeugungsbereich nach den Rechnungen mit dem ZENCAP/D-Modell.

	1990	2000	2030
K – hoch	0,33	0,60	0,34
K – niedrig	0,33	0,50	0,34
S – hoch	0,95	1,88	1,41
S – niedrig	0,76	1,35	1,56

strie- und Dienstleistungsbereich erfolgen müßten, läge der Schwerpunkt im Fall S bei den privaten Haushalten bzw. der Wohnungswirtschaft, weil hier neue Verbrauchs- und Einsparungstechnologien die zentrale Rolle spielen. Pointiert ausgedrückt bedeutet dies, daß es für K um Investitionen in andere Versorgungstechnologien geht, ohne daß sich die Investoren grundlegend ändern müßten. Dagegen erfordert die S-Entwicklung nicht nur eine Umschichtung der Energieinvestitionen zugunsten neuer technologischer Schwerpunkte, sondern auch eine wesentliche Verschiebung der Gewichte zu neuen Investoren.

Auf der einen Seite handelt es sich im Extremfall um Großunternehmen der Versorgungswirtschaft, die nicht nur über das erforderliche energietechnische Know-how und jahrzehntelange Erfahrung verfügen, sondern auch über eine gute Eigenkapitalausstattung und über beste Möglichkeiten der Fremdfinanzierung. Polar dazu stehen im Fall S Haushalte ohne besondere energietechnische und ökonomische Kenntnisse, mit begrenzten Eigenmitteln und vergleichsweise schlechten Zugangsmöglichkeiten zum Geldkapitalmarkt. Hinzu kommt, daß nur bei den Eigenheimbesitzern die Erträge von Einsparungsinvestitionen direkt dem Investor zugute kommen (Luhmann 1981). Im Bereich der (Miet-) Wohnungswirtschaft, die zu den erforderlichen Investitionen eher in der Lage wäre als die auf Mietwohnungen angewiesenen Haushalte, ist der Investitionsanreiz hingegen nur gering.

Eine energiepolitische Konzeption, die sich an den Entwicklungslinien des S-Szenarios orientiert, müßte deshalb viel stärker, als dies im Fall K notwendig ist, Hemmnisse für Investitionen in den dezentralen Teilen des Energiesystems abbauen. Und sie müßte nach Möglichkeiten suchen, die ökonomisch potenten Unternehmen der Versorgungswirtschaft an der Durchführung von Einsparungsmaßnahmen im Bereich der Energieanwendung zu interessieren.

(3) Die Bedeutung der Energiepolitik für den Außenhandel

Für den jeweiligen energiepolitischen Handlungsbedarf ist schließlich auch die Bedeutung der beiden Referenzfälle für die Art und den Umfang der außenwirtschaftlichen Beziehungen zu berücksichtigen. Hier zeigt allerdings eine genauere Untersuchung, daß sich die Szenarien hinsichtlich der Höhe und der Struktur des jeweiligen Bedarfs an Importen von Energieträgern kaum unterscheiden. Da beide Entwicklungen denselben fossilen Sockel unterstellen, entsteht nur für den Fall K ein Mehrbedarf durch die notwendigen Uranimporte, die allerdings wertmäßig kaum ins Gewicht fallen. Von daher ist anzunehmen, daß sich in beiden Fällen mittel- und langfristig eine ähnliche Entlastung für die Zahlungsbilanz ergeben würde.

Hinsichtlich der Chancen für den Außenhandel mit Energietechnologien, die durch die beiden Entwicklungen jeweils eröffnet oder verbaut würden, ist kein eindeutiger Vorteil für eine der beiden Konzeptionen auszumachen. Insbesondere erscheinen die früheren hohen Erwartungen, die mit dem Export kerntechnischer Ausrüstungen verknüpft wurden, aus heutiger Sicht nicht mehr realistisch. Der Anteil der kerntechnischen Exporte an der gesamten Ausfuhr lag bisher bei etwa 2 Promille. Für die S-Entwicklung ist anzunehmen, daß der Umfang energietechnischer Exporte mindestens ebensohoch sein dürfte wie im Fall K. Langfristig könnten sich für die S-Strategie sogar eher Vorteile ergeben, da der Weltmarkt hier längst nicht so eingeengt ist wie bei der Nukleartechnologie und weil die stärkere Differenziertheit von S-Technologien eine bessere Anpassung des Angebots an die verschiedenartige Energiesituation in potentiellen Abnehmerländern ermöglicht. Insofern wäre auch nicht zu befürchten, daß der Ausstieg aus der Atomenergie im Fall S der Exportorientierung der Wirtschaft der Bundesrepublik Deutschland grundsätzlich entgegenstünde.

Beide Strategien ließen sich fördern, indem die Kooperation mit potentiellen Abnehmern von Energieanlagen durch die jeweilige Außenwirtschafts- und Entwicklungshilfepolitik flankiert würde. Dann müßten sich die Schwerpunkte der politischen Unterstützung von energietechnischen Exporten entsprechend unterscheiden.

(4) Die energiepolitischen Handlungsfelder

Insgesamt läßt sich die energiepolitische Konzeption der K-Strategie in groben Zügen folgendermaßen charakterisieren (Meixner 1984): Global geht es um eine primär angebotsseitig orientierte Modernisierungspolitik im Energiebereich mit einem deutlichen Schwerpunkt in der Elektrizitätserzeugung auf nuklearer Basis, die nachfrageseitig durch dazu komplementäre, regulierende Eingriffe ergänzt werden muß.

Sieht man von der Notwendigkeit ab, im Fall eines kurz- bis mittelfristigen Sinkens der Ölpreise energiepolitisch gegenzusteuern, was auch bei einer S-Strategie nicht anders wäre, dann ergeben sich als spezifische Ansatzpunkte und Maßnahmen der Energiepolitik im Fall K:

- Förderung des Elektrizitätseinsatzes im Bereich der Niedertemperatur-Wärme über die Tarifgestaltung für Heizstrom und/oder durch Subventionierung von elektrischen Wärmepumpen in allen potentiellen Anwendungsbereichen;
- Stimulierung des Stromeinsatzes in der Industrie durch eine geeignete Gestaltung der Rahmenbedingungen für die Verträge der Elektrizitätswirtschaft mit Großabnehmern, z.B. durch eine entsprechende Handhabung der Mißbrauchsaufsicht sowie durch eine gezielte Förderung der Entwicklung und Einführung neuer elektrothermischer Verfahren;
- Vereinfachung und Beschleunigung der Genehmigungsverfahren für den Zubau von Atomenergie-Anlagen, um die Planungs- und Bauzeiten zu verkürzen;
- Beibehaltung bzw. Ausweitung der Förderung von Forschung und Entwicklung mit dem Ziel der Einführung des Brüters sowie der Wiederaufarbeitungstechnologie;
- Ausweitung und Beschleunigung von Forschung und Entwicklung bei Verfahren der nuklearen Kohleveredelung zur Erzeugung von gasförmigen Brennstoffen, von Kraftstoffen und von Energierohstoffen für den nicht-energetischen Verbrauch;
- Maßnahmen zur langfristigen Einschleusung von Produkten der nuklearen Kohleveredelung in die jeweils relevanten Märkte;
- Förderung des Exports kerntechnischer Anlagen durch die zwischenstaatliche Kooperation insbesondere mit Entwicklungs- und Schwellenländern, um die inländische Produktionskapazität auszulasten und um die Anlagenkosten durch Serienbildung zu senken;
- Regulierung des Heizwärmemarkts unter Bevorzugung von Elektrizität, um die Verdrängung des Mineralöls durch leitungsgebundene Energien zu fördern;
- Förderung eines Fernwärmeausbaus der ›großen Schiene‹ unter Einbezug von Atomkraftwerken;
- eine allenfalls moderate Einsparungspolitik zur Unterstützung der technologischen ›Normal-Entwicklung‹, welche die bisherigen Ansätze ohne wesentliche Intensivierung der Maßnahmen fortschreibt.

Insgesamt werden die notwendigen energiepolitischen Maßnahmen somit deutlich von den technischen Charakteristika und den Nutzungsmöglichkeiten der Kernkraft bestimmt. Dies ist nicht auf Maßnahmen zur Gestaltung der Angebotsseite beschränkt. Denn die tendenzielle Ablösung des heute noch dominierenden Mineralöls erfordert zwar keine technisch neuartigen Verteilungseinrichtungen und nur in beschränktem Maß neue Anwendungssysteme; die Kernkraft kann jedoch die ihr im K-Szenario zugedachte Rolle nur übernehmen, wenn ihr durch eine Umstrukturierung in der Energieanwendung Bedarfsfelder jenseits der konventionellen Einsatzbereiche von Elektrizität erschlossen werden. Die dazu erforderlichen Rahmenbedingungen und Anreize müßten durch eine umfassende und koordinierte Energiepolitik erst geschaffen werden.

Die energiepolitische Konzeption der S-Entwicklung erfordert demgegenüber eine primär nachfrageseitig orientierte Modernisierungspolitik, die einen deutlichen Schwerpunkt im Bereich der Energieeinsparung hat und eine dazu komplementäre Diversifikation des Energieangebots durch den Einbezug verschiedener Formen der Sonnenenergie-Nutzung fördert.

Die spezifischen Handlungsfelder einer dem Fall S angemessenen Energiepolitik wären vor allem:

– eine deutlich forcierte Einsparungspolitik für sämtliche Bereiche der Energieanwendung, die nicht allein auf zeitlich begrenzte Förderungsprogramme abstellt, sondern auch durch Veränderung der Rahmenbedingungen auf energierelevanten Märkten dauerhaft wirksame Anreize für Investitionen in energiesparende Technologien schafft (z. B. Umlage der Kfz-Steuer auf die Mineralölsteuer, Linearisierung der Stromtarife, Änderung mietrechtlicher Regelungen etc.);
– eine begleitende Strukturpolitik, die Umschichtungen in Richtung auf eine niedrige Energieintensität von Produktion und Konsumtion nicht bremst, sondern fördert;
– eine Intensivierung der innovationspolitischen Förderung von Einsparungstechnologien durch Unterstützung von Forschung, Entwicklung und Markteinführung;
– eine deutliche Ausweitung der Innovationsförderung und eventuell auch eine längerfristige Subventionierung für Systeme zur dezentralen Nutzung von Solar- bzw. Umgebungsenergie sowie von Verfahren zur Stromerzeugung auf der Basis regenerativer Quellen bei gleichzeitiger Zurücknahme der Förderung von Forschung und Entwicklung im Atomenergiebereich;

– eine Regulierung des Heizwärmemarkts, die den Einsatz von Stromwärmepumpen begrenzt und die Verwendung von Gaswärmepumpen in den Bereichen fördert, die nicht durch Fernwärme erschlossen werden sollen, wobei die Ausbauplanung für leitungsgebundene Systeme mit den Maßnahmen der Einsparungspolitik im Heizwärmebereich eng koordiniert werden müßte;
– eine Weiterentwicklung der gesetzlichen Rahmenbedingungen für den Bereich der Elektrizitäts- und Fernwärmeerzeugung, um die Möglichkeiten für die Einsparung von dezentral gewonnener Energie in das Netz zu verbessern (kleine Wasser- und Windkraftanlagen, Blockheizkraftwerke, kleinere Heizkraftwerke auf Kohlebasis, Nutzung der industriellen Kraft-Wärme-Kopplung etc.);
– eine generelle Verbesserung der Rahmenbedingungen für Investitionen in dezentral nutzbare Energietechnologien durch gezielte Hilfen für potentielle Investoren oder durch Regelungen, die solche Investitionsbereiche für die Versorgungsunternehmen attraktiv machen;
– eine Förderung des Exports von Einsparungs- und Solarsystemen insbesondere im Rahmen der Kooperation mit Schwellen- und Entwicklungsländern als flankierende Maßnahme zu Markteinführungshilfen im Inland.

Insgesamt würde dies eine Verlagerung des Schwerpunkts der Energiepolitik von der Angebots- zur Nachfrageseite bedeuten. Die Steuerung der Entwicklung des Versorgungssystems wäre der energiepolitischen Beeinflussung der Energieanwendung nachgeordnet. Denn die für den Fall S spezifischen Maßnahmen zur Gestaltung der Angebotsseite leiten sich erst aus der Priorität für die rationelle Energieanwendung und die dezentrale Nutzung regenerativer und fossiler Quellen ab. Insofern läge die Aufgabe der Energiepolitik auf der Angebotsseite hier – anders als im Fall K – vor allem in der Gewährleistung einer möglichst friktionsarmen Anpassung der Versorgungsstrukturen auf zentraler Ebene an den energiepolitisch zu induzierenden Wandel in den Sektoren der Energieanwendung.

(5) Energiepolitische Konfliktfelder bei Kernenergie und Sonnenenergie

Der für die beiden Entwicklungen K und S absehbare energiepolitische Handlungsbedarf ist im Vergleich zu dem in der Vergangenheit sicherlich nicht geringer, sondern eher höher, zumal die Probleme in den traditionellen Interventionsbereichen der Energiepolitik (wie der heimischen Steinkohleproduktion) in beiden Fällen nicht einfach verschwinden würden. Deshalb besteht aber die energiepolitische Alternative auch keinesfalls in einem weitgehenden Verzicht auf staatliche Steuerungsmaßnahmen einerseits und massiven Eingriffen andererseits. Allerdings unterscheiden sich, wie oben gezeigt, die energiepolitischen Erfordernisse der beiden Pfade signifikant. Von daher ist mit jeweils verschiedenartigen Typen von Problemen und Konflikten zu rechnen.

Öffentlichkeitswirksam war bereits die Befürchtung, daß insbesondere die S-Strategie einen ›energiepolitischen Dirigismus‹ erfordere, der mit den ordnungspolitischen Grundsätzen der Sozialen Marktwirtschaft nicht zu vereinbaren sei. Eine genauere Untersuchung zeigt allerdings, daß diese These nicht zutrifft (Meixner 1984). Weder durch einzelne noch durch die Gesamtheit der für die S-Strategie absehbaren erforderlichen Maßnahmen der Einsparungspolitik wird die Entscheidung über Umfang und Struktur des Energieeinsatzes einer direkten staatlichen Mengenplanung und -rationierung überantwortet. Indirekte Planung aber im Sinn einer Verbrauchsabschätzung hat es bei der Konzessionierung des Ausbaus des Versorgungssystems immer gegeben.

Eine forcierte Einsparungspolitik muß sich keineswegs überwiegend auf ›nicht-marktkonforme‹ Instrumente stützen. Insofern ist nicht damit zu rechnen, daß die einsparungspolitischen Maßnahmen der S-Entwicklung eine substantielle Verletzung ordnungspolitischer Grundsätze nach sich ziehen müssen, zumal in vielen Bereichen instrumentelle Alternativen mit differenzierbarer Ausgestaltung zur Verfügung stehen. Und selbst wenn die S-Strategie im Bereich der Einsparungspolitik Maßnahmen erfordern würde, deren Umfang und Eingriffsintensität unter ordnungspolitischen Gesichtspunkten problematisch wären, so gälte es doch auch zu berücksichtigen, daß die K-Strategie gleichermaßen ordnungspolitische Probleme aufwirft, da sie Konzentrationstendenzen im Energiebereich wahrscheinlich stärker begünstigt.

Da beide Fälle zu keinem dramatischen Anstieg der globalen Kostenbelastung der Volkswirtschaft führen (vgl. Abschnitt 6.2), könnten sich Verteilungsprobleme im wesentlichen nur auf der Ebene von einzelnen Technologien und vor allem durch die für ihre Einführung jeweils erforderlichen energiepolitischen Maßnahmen ergeben. Unerwünschte Verteilungswirkungen infolge finanzieller Mehrbelastungen von einkommensschwachen Teilen der Bevölkerung könnten im Prinzip bei einer Reihe von energiepolitischen Maßnahmen auftreten. Ein Beispiel wären im Fall S die Verteilungswirkungen einer einsparungsfreundlichen Gestaltung der Besteuerung im Verkehrsbereich durch die Umlage der Kfz-Steuer auf die Mineralölsteuer. Eine vergleichbare Konstellation wäre im Fall K etwa zu erwarten, wenn die Subventionierung von Wärmepumpen-Strom über eine geeignete Umstellung der Tarifstruktur angestrebt würde.

Prinzipiell sind im Fall von unerwünschten Verteilungswirkungen einzelner Maßnahmen allerdings immer kompensatorische Regelungen vorstellbar, die einen Ausgleich herstellen, ohne die Effizienz der Maßnahmen zu gefährden. Diese Problematik stellt sich für beide Entwicklungen gleichermaßen, und in beiden Fällen gibt es einen erheblichen Gestaltungsspielraum für die staatliche Politik. Allerdings ist davon auszugehen, daß die S-Strategie wegen der hier notwendigen Umschichtung von Energieinvestitionen zugunsten von Einsparungs- und Anwendungstechnologien von der Energiepolitik ein höheres Maß an Planungs- und Konfliktfähigkeit erfordert, wenn soziale Folgeprobleme vermieden werden sollen, wie sie etwa durch Kostenerhöhungen im Gefolge einer energietechnischen Sanierung von Altbaubeständen auftreten können.

Generell stellt die S-Strategie höhere Anforderungen an die Energiepolitik auf kommunaler Ebene. Zwar erfordern beide Konzeptionen – schon wegen des Ausbaus leitungsgebundener Systeme – eine Regulierung, wie sie im Rahmen von örtlichen bzw. regionalen Versorgungskonzepten angestrebt wird. Das Anforderungsprofil aber ist in beiden Fällen recht unterschiedlich, und dem müßte durch eine jeweils angemessene institutionelle und instrumentelle Ausgestaltung von Versorgungskonzepten Rechnung getragen werden.

Versorgungskonzepte hätten im Rahmen einer K-Strategie im wesentlichen die Aufgabe, durch eine entsprechende Regulierung des Wärmemarkts auf kommunaler Ebene die rasche Verdrängung von Mineralöl durch leitungsgebundene Energien zu ermöglichen. Dieser Aufgabe würde institutionell ein Typ von Versorgungskonzept entsprechen, in dem über die künftige Entwicklung der Struktur des Energieangebots im Zug einer Abstimmung zwischen den Versorgungsunternehmen und der jeweiligen Kommune entschieden wird.

Hingegen müßten Versorgungskonzepte im Rahmen der S-Strategie weiter entwickelt werden, um mehr als nur eine Ausweitung des Anteils leitungsgebundener Energien zu ermöglichen. Neben der Gestaltung der Angebotsseite, die auf eine andere Versorgungsstruktur abzielt als im Fall K, stünde hier als mindestens ebenso wichtiger Schwerpunkt die Förderung von Energieeinsparungen. Daraus erwächst die Notwendigkeit einer engen Koordination von Maßnahmen auf der Angebots- und der Nachfrageseite. Denn die im Fall S angestrebten höheren Einsparungsraten machen eine detaillierte Abstimmung der Angebotsentwicklung erforderlich, weil der Wärmebedarf, der zu Lasten des Mineralöls künftig neu verteilt werden kann, vom Umfang der Einsparungen abhängt, und weil davon die Wirtschaftlichkeit der verschiedenen leitungsgebundenen Systeme berührt wird.

Die notwendige Abstimmung der Versorgungsplanung mit einer wirksamen Einsparungspolitik auf kommunaler Ebene erfordert deshalb eine frühzeitige Einbeziehung der Gebäudeeigentümer – und eventuell auch der Nutzer – bei der Aufstellung und Umsetzung von Versorgungskonzepten. Damit kompliziert sich die Struktur der absehbaren Interessenkonflikte, denn bei den Gebäudeeigentümern als den potentiellen Investoren in Einsparungstechnologien handelt es sich um eine relativ große Zahl von Entscheidungsträgern, die sehr heterogen zusammengesetzt sind, was eine direkte und verbindliche Abstimmung, wie sie zwischen Kommunen und Versorgungsunternehmen möglich zu sein scheint, erheblich erschwert. Zudem sind die Anforderungen an die energiepolitische Kompetenz der Kommunen im Fall S höher. Denn von ihnen müßte erwartet werden, daß sie das Ziel der Energieeinsparung im Rahmen selbstgestellter Versorgungskonzepte zur Geltung bringen, weil das Interesse der Versorgungsunternehmen und der Eigentümer vermieteter Gebäude an Einsparungsinvestitionen unter den gegebenen Rahmenbedingungen nur begrenzt ist.

In engem Zusammenhang mit dieser Problematik stehen die verschiedenartigen Anforderungen an das staatliche Regulierungssystem für den Elektrizitätsbereich und die daran gekoppelte Fernwärmeerzeugung, die sich für die beiden Szenarien ergeben. Hier stellt sich zunächst in beiden Fällen die Frage, ob eine Ausschaltung des Substitutionswettbewerbs durch einen Anschluß- und Benutzungszwang für den Ausbau der Fernwärme notwendig und vertretbar ist, nachdem leitungsgebundene Energien schon eine Regulierung erfordern, die den direkten Wettbewerb zwischen verschiedenen Anbietern weitgehend ausschließt. Bei einem Umfang des Fernwärmeausbaus, wie ihn die beiden Szenarien unterstellen, darf man jedoch in erster Näherung davon ausgehen, daß jedenfalls eine durchgängige Anwendung dieses Instruments entbehrlich ist, wenn mit weiterhin hohen und steigenden Ölpreisen gerechnet werden kann. Denn die bisherigen Erfahrungen mit Fernwärmeplanungen zeigen, daß unter solchen Bedingungen eine Anschlußpolitik ausreichend sein dürfte, die sich weniger umstrittener Steuerungsinstrumente bedient.

Wie schon betont, wäre die K-Strategie auf eine Handhabung der Regulierung für den Elektrizitätsbereich angewiesen, die sich an dem Ziel der Förderung des Stromeinsatzes orientiert und die als Voraussetzung dafür einen zügigen Ausbau der Erzeugung – vor allem im Bereich der nuklearen Kapazität – gewährleistet. Vorstellbar wäre hier eine Kombination von Maßnahmen auf dem Gebiet des Tarifrechts (Sondertarife für

Heizstrom) sowie bei der Handhabung der Mißbrauchsaufsicht (Preisgestaltung für Sondervertragskunden) mit einer Vereinfachung und Beschleunigung von Genehmigungsverfahren bei Atomenergie-Anlagen.

Ökonomische Risiken ergeben sich hier einmal durch die relativ großen technischen Einheiten bei nuklearen Anlagen und infolge der damit wahrscheinlich zunehmenden Dominanz der Verbundunternehmen, wodurch sich die Konzentrations- und Wettbewerbsproblematik im Energiebereich verschärfen dürfte. Zum anderen wäre eine solche Konzeption der Stimulierung des Stromeinsatzes in Kombination mit einer Förderung des Ausbaus der Atomenergie mit dem Risiko der Entstehung von Überkapazitäten behaftet. Falls nämlich die Maßnahmen auf der Nachfrageseite nicht den beabsichtigten Erfolg hätten und der Elektrizitätseinsatz nicht in dem Maß stiege, wie es die notwendigerweise langfristigen Investitionsplanungen für das nukleare Versorgungssystem vorsehen, dann erwiese sich die technologische Charakteristik der Kernkraft als problematisch. Denn bei den vergleichsweise großen Leistungseinheiten und den langen Vorlaufzeiten ist eine flexible Anpassung der Angebotsseite an einen geringeren Bedarf schwierig.

Die Regulierung des Elektrizitätsbereichs im Rahmen einer S-Strategie müßte einerseits die ökonomischen Voraussetzungen für die Verwendung stromsparender Technologien verbessern. Andererseits müßte sie die Nutzung regenerativer Energien zur Elektrizitätserzeugung sowie die Errichtung dezentraler Anlagen mit Kraft-Wärme-Kopplung fördern.

Dazu wäre auf der Nachfrageseite eine Erhöhung der Anreize zur Einsparung von Strom – etwa durch eine Linearisierung der Tarife – erforderlich, die sich eventuell mit einer zeitabhängigen Tarifierung kombinieren ließe. Auf der Angebotsseite müßte durch eine entsprechende Handhabung der Preis- und Mißbrauchsaufsicht bzw. durch eine Ergänzung des Energiewirtschaftsrechts dafür gesorgt werden, daß sich die Entscheidungen über Investitionen in dezentrale Anlagen zur Stromerzeugung an den langfristigen Grenzkosten der Elektrizitätsproduktion orientieren können, die bei einem durch Nachfragesteigerung gerechtfertigten Ausbau oder der notwendigen Erneuerung der zentralen Erzeugung entstehen würden. Dadurch würde ein wesentliches Hemmnis für die Errichtung von verbrauchernahen, kleineren Heizkraftwerken abgebaut. Denn deren Wirtschaftlichkeit leidet bisher vor allem unter der Regelung für die Vergütung des eingespeisten Stroms.

Ansätze zu einer der S-Strategie angemessenen Regulierungspraxis, die unter Beachtung der Last- und Reserveproblematik auf eine an den langfristigen Grenzkosten orientierte Vergütung der Einspeisung von dezentral erzeugtem Strom abstellen, gibt es seit kurzem bereits in einigen Ländern (USA, Großbritannien, Schweiz). Zweifellos hätten aber analoge Regelungen für die Bundesrepublik mit der ablehnenden Haltung zu kämpfen, die solchen Vorschlägen von seiten der Elektrizitätswirtschaft und insbesondere von den großen Verbundgesellschaften entgegengebracht wird.

Die Verteidigung der vertikal integrierten Erzeugungs- und Verteilungsstruktur stützt sich vor allem auf das Argument der Versorgungssicherheit. Der Einwand ist in dieser Form zwar nicht zu rechtfertigen, weil das heutige Verbundsystem im Prinzip eine Integration von Anlagen zur dezentralen Stromerzeugung ohne größere Risiken für die Versorgungssicherheit ermöglichen würde. Gerade daran aber zeigen sich die Probleme einer politischen Durchsetzung von Konzeptionen, die mit etablierten Absatzinteressen kollidieren. Dies gilt noch mehr, wenn man die für eine S-Strategie interessante, weitergehende Lösung einer organisatorischen Trennung der Erzeugung und Verteilung von Elektrizität ins Auge faßt, und es gilt in ähnlicher Form für Vorschläge, die auf eine einsparungsfreundliche Gestaltung von Tarifen und von Verträgen mit Sonderabnehmern zielen.

Ein weiteres, wichtiges Konfliktfeld ist die Forschungs- und Entwicklungspolitik im Energiebereich. Auch wenn nur schwer abschätzbar ist, welcher Finanzbedarf mit einer ausreichenden Förderung der für die Fälle K und S jeweils charakteristischen technologischen Entwicklungslinien verbunden wäre, so ist doch anzunehmen, daß forcierte Anstrengungen zur gleichzeitigen Entwicklung beider Optionen eine erhebliche Ausweitung der staatlichen Fördermittel erfordern würden. Angesichts der Restriktionen, die durch die Situation der öffentlichen Haushalte auf absehbare Zeit gesetzt werden, ist es äußerst zweifelhaft, ob eine Vermehrung der staatlichen Mittel auf längere Sicht eine realistische Möglichkeit wäre. Unter diesen Randbedingungen könnte deshalb eine gegenüber der gegenwärtigen Zurücksetzung verstärkte Förderung von Forschung und Entwicklung der S-Technologien unter Beibehaltung des Umfangs der Föderung für die Kerntechnik nur eine Übergangslösung sein. Langfristig führt wohl kein Weg an einer Prioritätensetzung im Energie-Forschungshaushalt vorbei, durch die eine der beiden Strategien eindeutig präferiert wird.

Welche der beiden Energiestrategien die höheren finanziellen Anforderungen an die Forschungs- und Entwicklungspolitik stellen würde, läßt sich nicht mit hinreichender Sicherheit angeben. Zwar sprechen viele Argumente dafür, daß der Finanzbedarf der S-Strategie niedriger liegt, weil hier nicht die Notwendigkeit besteht, Demonstrationsanlagen in einer Größenordnung zu bezuschussen, wie sie beim Brüter und beim

Hochtemperatur-Reaktor erreicht wird. Allerdings müßte sich die Forschungs- und Entwicklungspolitik im Fall S bei einer größeren Zahl von verschiedenen Technologien engagieren. Der Finanzbedarf für Forschung und Entwicklung im Rahmen der S-Strategie würde sich außerdem erheblich erhöhen, wenn Technologien einbezogen würden, die – analog zum Brüter – praktisch unbegrenzte Energiemengen bereitstellen könnten, weil dann eventuell Demonstrationsanlagen für großtechnische Systeme zur solaren Wasserstofferzeugung in sonnenreichen Gebieten mit entsprechenden Transporteinrichtungen in Betracht zu ziehen wären.

Eine Forschungs- und Entwicklungspolitik im Rahmen der K-Strategie, die ihre Schwerpunkte bei wenigen, aber komplexen Technologien setzen müßte, scheint sich angesichts der bereits vorhandenen Infrastruktur und der eingespielten Institutionen zunächst relativ einfach verwalten zu lassen. Die bisherigen Erfahrungen mit Großprojekten dieser Art zeigen jedoch, daß gute Verwaltung allein keineswegs einen problemfreien Ablauf garantiert. Die Bedeutung möglicher negativer Lerneffekte wurde in Abschnitt 6.1 schon hervorgehoben. Vor allem aber beinhaltet die Konzentration auf die wenigen zentralen Komponenten eines künftigen Kernenergiesystems ein hohes Risiko, weil Mißerfolge bei auch nur einer der relevanten Technologien die gesamte Konzeption in erhebliche Schwierigkeiten bringen können. Hier erweisen sich die fortgeschrittenen Reaktorlinien als das kritische Element. Die betriebswirtschaftlichen Chancen bleiben vor allem für den Einsatz kommerzieller Brutreaktoren auch in langfristiger Perspektive äußerst zweifelhaft.

Ebenso läßt sich für den Fall S zwar nicht ausschließen, daß einige der angenommenen neuen Technologien die Wirtschaftlichkeitsgrenze trotz der Förderung von Forschung und Entwicklung nicht innerhalb des von den Szenarien vorgegebenen Zeitrahmens erreichen. Die Risiken für die Forschungs- und Entwicklungspolitik sind jedoch erheblich breiter gestreut. Denn die S-Strategie beruht bei den neuen Technologien auf einer Vielzahl von verschiedenartigen Verfahren und Konzepten.

Die größere Zahl von verschiedenen, innovativen Einzeltechnologien impliziert aber nicht nur eine bessere Risikoverteilung, sondern eventuell auch einen höheren administrativen Aufwand infolge der dann notwendigen Förderung einer Vielzahl von kleineren Entwicklungsvorhaben. Allerdings würde dies durch den Vorteil aufgewogen, damit ein höheres Maß an Reversibilität bei Entscheidungen über Förderungsschwerpunkte erreicht zu haben, da weniger langfristige und umfängliche Bindungen eingegangen werden müßten als im Fall K. Zudem dürfte es unter den Bedingungen der S-Strategie eher möglich sein, zumindest in Teilbereichen indirekte, selektiv wirkende Instrumente der Forschungs- und Entwicklungspolitik einzusetzen.

Schließlich wäre – anders als im Fall K – auch nicht damit zu rechnen, daß sich die Förderung auf wenige Sektoren und relativ große Unternehmen konzentriert. Denn durch die Schwerpunktsetzung bei Technologien zur Einsparung und rationellen Verwendung von Energie würde ein breites Spektrum von Branchen und Unternehmen am Prozeß der innovativen Umgestaltung des Energiesystems beteiligt.

7.2 Die Energiepfade Kernenergie und Sonnenenergie als Paradigmen unterschiedlicher Entwicklungen des Wirtschaftsstils

Die Energiewirtschaft im konventionellen Sinn bildet natürlich nur einen kleinen Teil der gesamten Ökonomie, und auch die Energiepolitik ist nur ein Ausschnitt aus dem großen Spektrum wirtschaftspolitischer Maßnahmen des Staats. Zunächst bestätigen die im Rahmen des Projekts durchgeführten Modellrechnungen und ökonomischen Einzeluntersuchungen dementsprechend, daß sehr verschiedenartige Entwicklungen des Energiesystems vorstellbar sind, ohne daß dies zu tiefgreifenden Unterschieden in der gesamtwirtschaftlichen Entwicklung führen muß. Andererseits ist offensichtlich, daß die Befürworter der beiden Pfade mit der jeweiligen künftigen Entwicklung im Energiebereich Erwartungen und Hoffnungen verknüpfen, die sich auf gesamtgesellschaftliche Perspektiven beziehen.

Und in der Tat hat die Annahme, daß das Energiesystem eine paradigmatische Rolle für die gesamtgesellschaftliche Entwicklung spielt, ihre Berechtigung. Denn das Funktionieren eines bestimmten Energiesystems über einen längeren Zeitraum ist nur vorstellbar, wenn es sich in die wirtschaftlichen Funktionsbedingungen einfügt und wenn es den allgemeinen gesellschaftlichen Entwicklungszielen und den vorherrschenden Bedürfnissen entspricht. Deshalb läßt sich eine Untersuchung der Sozialverträglichkeit von künftigen Energiesystemen nicht auf die Prüfung der unmittelbaren Folgewirkungen des Einsatzes bestimmter Energieträger und -technologien beschränken, sondern muß darüber hinausgehen und die jeweiligen Energiestrategien in wirtschaftspolitische Leitbilder einordnen.

Die von den Protagonisten von Atomenergie einerseits, Sonnenenergie und Einsparung andererseits vertretenen Vorstellungen über künftige Welten, in welchen sich ihre Energiesysteme vorteilhaft bewähren sollen, sind freilich in sich je recht heterogen und reichen von utopischen

Überzeichnungen bis zu geringfügigen Modifikationen des Status quo.

Demgegenüber haben wir angesichts der Ansprüche an die gesellschaftliche Anpassungsfähigkeit, die auch mit über unsere Referenzfälle hinausgehenden Formen der Einsparung verbunden sein können, zunächst nur den Nachweis erbracht, daß eine an S orientierte Energiepolitik sich in den bestehenden wirtschaftlichen und gesellschaftlichen Rahmen ohne wesentliche Spannungen einfügen läßt, während der auf dem Brütersystem beruhende Fall K erhebliche Sozialverträglichkeitsprobleme aufwirft. Wir haben ferner auch bei S schon eine radikalere Variante S′ betrachtet und ein im Modell experimentell durchgerechnetes Wertwandelszenario dargestellt, die beide in verschiedener Weise deutlicher abgesetzte Zukunftsprobleme für S nachzeichnen. Im folgenden werden wir aber K und S je ein besonderes Leitbild zuordnen, indem wir annehmen, daß auch andere Wirtschaftsbereiche die Grundcharaktere von K und S haben werden.

Daß die Veränderungen im Energiesystem Parallelen in anderen Bereichen haben, wurde schon in unserem früheren Buch (1981) hervorgehoben. Sie reichen vom Produktionsbereich (z.B. künstliche versus organische Düngung in der Landwirtschaft) über Formen des Gesundheitswesens (Ausbau der Spitäler oder Ausbau der Vorsorge) bis zur Konsumorientierung. Dabei geht es in der Regel nicht um die Verwirklichung des einen oder anderen Extrems in einem polaren Gegensatz, sondern um die Schwerpunktsetzung in einem Kontinuum. Im folgenden wollen wir nicht die abstrakt-allgemeinen Untersuchungsmerkmale einer ›harten‹ und einer ›sanften‹ Entwicklung nochmals herausarbeiten, in die Atomenergie und Sonnenenergie von verschiedenen Autoren eingeordnet worden sind, sondern die Leitbilder ausschließlich anhand des Energiesystems veranschaulichen. Dabei werden allerdings die hervorgehobenen Unterschiede durch die Annahme, daß sie nicht nur einen einzigen Zweig, sondern daß ihre Parallelen weite Bereiche der Wirtschaft betreffen, gewissermaßen nicht nur proportional vergrößert, sondern potenziert, weil sie in Wechselwirkung treten.

Dies zeigt sich bereits auf der Ebene des Konsums. Über ein bestimmtes Energiesystem zu verfügen, ist kein unmittelbares Bedürfnis, sondern ein abgeleitetes. Es erwies sich deshalb nicht als sinnvoll, unmittelbare Haushaltspräferenzen für Endenergieträger in verschiedenen Formen zu postulieren. Vielmehr gibt es eine Nachfrage nach Energiedienstleistungen, die gemäß den vorhandenen Produktionsprozessen des Haushalts dazu verwendet werden, die unmittelbaren Bedürfnisse nach Nahrung, Kleidung, Wärme usf. zu befriedigen. Die durch verschiedene Formen der Energiedienstleistungen gewährte Befriedigung wiederum hängt vom – guten oder schlechten – ›Lebensstil‹ des Haushalts selber ab. Beispielsweise müssen Energieeinsparungen durch architektonische Maßnahmen mit dem Baustil verträglich sein. Wir haben es somit nicht nur mit dem einen Sektor Energiewirtschaft zu tun, in welchem sich unter Marktgesichtspunkten die billigste Technologie durchsetzen müßte, solange nicht die Verwendung einer anderen politisch diktiert wird. Wer den Blick nur auf die Einführung von Einzeltechnologien lenkt, übersieht, daß sie einzeln nicht nur von Bedürfnissen abhängig sind, sondern in ihrem Zusammenhang Bedürfnisse auch bedingen. Die Bewohner von Manhattan fahren Taxi und Untergrundbahn, aber in Los Angeles kommt man mit öffentlichen Verkehrsmitteln nicht weit. Beide Städte sind moderne Wachstumszentren.

In ähnlichem Sinn verstärken sich die politischen Lenkungsmechanismen, wie sie für K und S charakteristisch sein können. Zentrale und dezentrale Lösungsansätze in der Verwaltung werden nicht nur durch Erziehung tradiert, sondern auch im Gebrauch verfestigt. Wenn den Organisationsstrukturen technische entsprechen, wird es schwer sein, den Kurs zu wechseln. Ebenso muß es eine Übereinstimmung zwischen der wirtschaftlichen Organisation eines Energiesystems und der allgemeinen Arbeitsorganisation geben, die ihrerseits gesetzliche Regelungen, gewerkschaftliche Strukturen und Arbeitstraditionen voraussetzt.

Die Interdependenz besteht sogar bereits auf der technologischen Ebene. Die Ursache dafür ist in der Erfahrungstatsache begründet, daß Innovationen gewöhnlich gebündelt in der Form technologisch verknüpfter, in ihren wissenschaftlichen Grundlagen verwandter und in den Anwendungen einander stützender Neuerungen daherkommen. K und S verweisen so je auf Möglichkeiten für die künftige Wirtschaftsentwicklung besonders charakteristischer oder ›dominanter‹ Zukunftstechnologien.

Ein systematischer Begriff zur Charakterisierung der unterschiedlichen Entwicklungslinien mußte in der Wirtschaftsgeschichte gesucht werden. Offensichtlich sind nicht Stufen gesellschaftlicher Entwicklung gemeint, denn Kernenergie und Sonnenenergie können je auf der gleichen Stufe der industriegesellschaftlichen Entwicklung angewendet werden. Es handelt sich auch nicht um Unterschiede im Wirtschaftssystem, insofern der Begriff ›System‹ auf einen Lenkungsmechanismus (Markt/Plan) verweist und sich die Alternative, mit oder ohne Kernkraft auszukommen, sowohl in Markt- als auch in Planwirtschaften stellt. Vielmehr geht es bei gegebenem Lenkungsmechanismus um ein Ineinandergreifen heterogener Zielsetzungen.

Die Vermischung von durch Entwicklungsstrategien, Funktionsmechanismen und Grundregeln des Eigentums charakterisierten Wirtschaftsordnungselementen in spezifischen Wirtschaftsstilen mit typischen ›nationalen‹ Ausprägungen ist historisch nicht die Ausnahme, sondern die Regel (Meyer-Abich/Schefold 1981).

Wie man weiß, verbindet schon die Soziale Marktwirtschaft das über den Markt durchgesetzte Leistungsprinzip mit dem der Umverteilung durch den Staat. Dabei ist es in erster Linie Funktion des Markts, durch monetäre Bemessung der Effizienz die materielle Produktivität zu steigern, und des Staats, durch Umverteilung die soziale Gerechtigkeit zu fördern. In zweiter Linie tritt der Staat in Fällen von Marktversagen entsprechend seinen Möglichkeiten korrigierend ein, so daß erst durch die Verbindung beider Prinzipien der größtmögliche gesellschaftliche Wohlstand erreicht wird. Deshalb wurde auch der in den Institutionen der Wirtschaft und der Werthaltung der Bevölkerung verankerte Kompromiß zwischen diesen heterogenen Funktionsprinzipien von Müller-Armack (1974) ein Wirtschaftsstil genannt.

Die Unterscheidung von Stilen erlaubt, neben abstrakte, funktionelle Merkmale, die durch formelle Definitionen und deduktive Theorien beschrieben werden, anschauliche und beschreibende Begriffe treten zu lassen. Dadurch wird eine Flexibilität gewonnen, die in jeder Anwendung des Stilbegriffs anzutreffen ist. So wie sich im Stil der Renaissance regionale und zeitliche Varianten bestimmter Merkmale beschreiben lassen, kann man – wie es schon Müller-Armack getan hat – Phasen in der Entwicklung der Sozialen Marktwirtschaft unterscheiden. Die Arbeit am Projekt stand deshalb unter der Hypothese, die Diskussion über die Entwicklungsrichtung der Energiesysteme sei paradigmatisch für Diskussionen um die Entwicklungsrichtung der Sozialen Marktwirtschaft und deren Eintreten in eine neue Phase.

Da in der Energiediskussion die Kernkraft vor allem mit der Notwendigkeit, ein hohes, exportorientiertes Wachstum zu stützen, verteidigt worden ist, während Befürworter der Sonnenenergie aus Gründen des Umweltschutzes und in der Hoffnung auf eine angepaßtere Lebensweise eine Begrenzung des Wachstums, jedenfalls der Industrialisierung in Kauf zu nehmen bereit sind, wurde in einer früheren Phase des Projekts der Versuch unternommen, Kernenergie und Sonnenenergie gedanklich je in einen ›harten‹ bzw. einen ›sanften‹ Wirtschaftsstil einzubetten. Für den ›harten‹ Wirtschaftsstil wurde tendenziell eine Beschleunigung des Wachstums über die in den Szenarien vorgesehenen Raten hinaus erwartet unter Fortsetzung des Prozesses wirtschaftlicher Konzentration und Zentralisierung, für den ›sanften‹ Pfad hingegen eine Abschwächung und Verstetigung des Wachstums bei einer gewissen Dezentralisierung.

Nun hat sich ergeben, daß die Stilunterschiede zwischen K und S etwas anders gelagert sind, da es sich um industriegesellschaftliche Entwicklungen handelt, die trotz z.T. unterschiedlicher Träger der Investitionen und trotz z.T. unterschiedlicher Investitionsmotive ungefähr die gleiche Wachstumskraft aufweisen können. Weder die Annahme gleichen Wachstums noch die Annahme, daß in beiden Fällen moderne Technologien zur Anwendung gelangen, schließen aber Differenzen der Wirtschaftsordnungen aus. Sogar Länder, die verschiedenen Wirtschaftssystemen angehören, können mit ähnlichen Raten wachsen, wie Beispiele in West- und Osteuropa belegen.

Man könnte einwenden, daß die Variationsbreite innerhalb entwickelter kapitalistischer Industrienationen gering sei, da sie sich im Welthandel wirtschaftlich durchdringen und sich zunehmend auch gesellschaftlich an internationale Trends anpassen. Die Assimilierung läßt sich selbst bei sprachlichen Ausdrucksformen beobachten. Stilunterschiede können aber bestehen oder sich neu entwickeln, obwohl es zutrifft, daß die Möglichkeiten zur regionalen Stilvariation in offenen Volkswirtschaften begrenzt sind.

Der Markt wirkt nämlich nicht durchweg homogenisierend. Soweit nicht Sonderbedingungen historischen oder topographischen Ursprungs vorliegen (z.B. Venedigs Kanäle), sehen sich moderne Städte zwar nicht nur ähnlich, sondern gleichen sich auch einander an. Aber manche Charaktere erhalten sich trotz internationaler Einflüsse oder werden durch diese sogar noch schärfer differenziert, weil komplementäre Strukturen sich durch Wechselwirkungen deutlicher ausprägen. Unter bestimmten Umständen bewirken die Marktkräfte nicht Angleichung, sondern Vielfalt (Schefold 1985). Unvollkommene Konkurrenz führt zur Differenzierung von Produkten und Märkten, wenn jeder Konkurrent sein Produkt von dem des anderen abheben möchte. Städte, die vor allem von Handel und Verwaltung leben, zeigen nicht nur ein anderes Stadtbild als industrielle Agglomerationen, zu denen sie komplementär sind, sondern entwickeln ihre eigene Sozialstruktur. Schließlich wird eine dynamische Wirtschaft mit raschem technischem Fortschritt im Export erfolgreich sein und die Wirkung steigender Produktivität kumulieren; denn mit der Vergrößerung der Absatzmärkte bildet sich die Möglichkeit zur Nutzung der Massenproduktion und steigender Skalenerträge, so daß die Grundlage für die Exportkraft sich weiter verbessert. Im umgekehrten Fall schrumpfender Außenmärkte besteht die Gefahr, daß Versuche zur heimischen Nachfragestimulierung durch den Importsog die Außenhandelsposition verschlechtern, so daß die Regierung bei schwacher Zahlungsbilanz gezwungen wird, deflationäre Maßnahmen einzuleiten. Der

Nachfragesog des einen Landes ist dabei die Bedingung des Exporterfolgs des anderen, so daß der Marktprozeß über den Außenhandel zwei unterschiedliche sozioökonomische Entwicklungen teils verstärkt, teils von ihnen bedingt wird.

Dieser letzte Gegensatz deutet zwei mögliche Wirtschaftsstile an, die durch die Nachkriegsentwicklungen der Bundesrepublik und Großbritanniens illustriert werden. Der Kontrast zwischen K und S betrifft freilich nicht so sehr Unterschiede der Wirtschaftsdynamik, als vielmehr solche der Wirtschafts- und Gesellschaftsverfassung. Ein eindeutiger innerer Zusammenhang mit dem Außenhandel hat sich nicht ergeben.

Der innere Zusammenhang von Wirtschaftsstilen muß sich in den Dimensionen verschiedener Subsysteme wie dem der Wirtschaft in engerem Sinn, der Politik usf. nachweisen lassen. Diesen Dimensionen sind wissenschaftliche Disziplinen wie Ökonomie, Politikwissenschaft usf. zugeordnet. Ein von Arthur Spiethoff (1932) vorgeschlagener Merkmalskatalog für Wirtschaftsstile ist in unserem früheren Buch beschrieben und kommentiert; er wird im folgenden mit gewissen Abwandlungen übernommen. Der von Weber, Sombart und anderen als grundlegend an den Anfang gestellte »Wirtschaftsgeist« wird von uns als »Wertedimension« geschlossen zuletzt behandelt, weil er in seiner geschichtsspezifischen Ausprägung mit dem ganzen Wirkungsgefüge des Wirtschaftsstils in Wechselwirkung steht und wir ihm nicht einseitig eine kausale Bedeutung unterstellen wollen, um voluntaristische Deutungen zu vermeiden.

Die Elemente des Wirtschaftsstils sind hier (1) die natürlichen und technischen Grundlagen, (2) die Wirtschaftsverfassung, (3) die Gesellschaftsverfassung, (4) die Wirtschaftsstruktur und Wirtschaftsdynamik und (5) die Wertedimension. Wir illustrieren diese Elemente durch Beispiele aus den Energiesystemen K und S, wobei eine vollständige Symmetrie in der Behandlung beider Pfade nicht immer erreicht werden kann und auch nicht anzustreben ist. So würde nach unseren Untersuchungen beispielsweise die Gesellschaftsverfassung besonders stark durch K verändert, während die Einführung von S einem bestehenden Wertwandel stärker entgegenkommt und ihn teilweise voraussetzt. Die Asymmetrie in der Wahl der nun folgenden Beispiele entspricht daher – soweit sie nicht nur um der Deutlichkeit und der Prägnanz willen hervorgehoben werden – ihrer vermuteten Bedeutung für den Stilcharakter und die Entscheidungsfindung.

Die von uns diskutierten Stilkonzepte knüpfen damit an Vorstellungen an, die in Deutschland entwickelt wurden und ihre unmittelbare Anwendung nur auf bundesrepublikanische Verhältnisse finden sollen. Aber das Stilkonzept kann breitere Anwendung finden, einschließlich der Entwicklungsländer, wo sich Parallelen zu unserer Problematik finden, die darauf hinweisen, daß es hilfreich – wenn auch nicht notwendig – wäre, K- und S-Strategien jeweils nicht nur für ein einzelnes industrialisiertes Land zu verfolgen.

In der Dritten Welt werden Großtechnologien, traditionelle Methoden und moderne, an die Entwicklungsbedingungen durch Dezentralisierung angepaßte Verfahren oft auf engem Raum nebeneinander betrieben. Das indische Beispiel (Bharadwaj 1983) belegt die Notwendigkeit der Einfügung solcher Energiesysteme in gewachsene Dorfstrukturen, da sonst Spannungen entstehen und es zu erheblichen Verlusten kommt. Selbst die Einführung von Biogas setzt beispielsweise eine soziale Umwälzung voraus, denn nur verhältnismäßig reiche Bauern verfügen über genügend Vieh, um eine eigene Anlage zu beschicken. Zwar läßt sich das traditionelle Dilemma, ob Dung getrocknet als Brennstoff oder als Dünger zu verwenden sei, überwinden, indem die Biogasverwendung sowohl effiziente Energie als auch guten Dünger liefert. Dung, der nach traditionellem Recht gemeinschaftlich genutzt wurde, würde so aber zur Ware und den ärmeren Schichten entzogen. Gemeinschaftlich betriebene Biogasanlagen überfordern andererseits das Dorf sowohl organisatorisch als auch beim Unterhalt des technischen Systems. Die Entwicklungsstrategie kann deshalb entweder die zur Einführung solcher verhältnismäßig angepaßter Technologien notwendigen sozialen Veränderungen auf breiter Basis durchzusetzen suchen oder auf schmaler Basis Großtechnologien einsetzen und die Anpassungsleistung des traditionellen Sektors hinausschieben. Auch das wären zwei Wirtschaftsstile.

(1) Die natürlichen und technischen Grundlagen

Die auf Daten über Ressourcen sowie auf Prognosen über das Bevölkerungswachstum aufbauenden und im Kapitel 3 zusammengefaßten Szenarien bilden je ein Rückgrat zu zwei Wirtschaftsstilen, die beide an die bestehende liberale Wirtschaftsordnung anknüpfen. Da diese eine umfassende Planung ausschließt, könnte man meinen, die Szenarienmethode wäre von vornherein unangemessen; wer eine liberale Wirtschaftsordnung will, dürfe höchstens Randbedingungen setzen, durch die umweltschädigende und nicht sozialverträgliche Entwicklungen ausgeschlossen werden.

Aber dies hieße, unser Vorgehen zu mißverstehen. Wie Keynes einmal meinte, ist auch der auf sein praktisches, unabhängiges Denken stolze Wirtschaftspolitiker oft in Wirklichkeit der Sklave eines längst verstorbenen ökonomischen Theoretikers, von dessen überholten Begriffen seine

Vorstellungsweise noch immer abhängt. Nach dem traditionellen Ansatz sind Umweltprobleme in der Tat ›externe Effekte‹ – also Wechselwirkungen zwischen den Teilnehmern am Marktprozeß oder zwischen diesen und der Umwelt, die aus irgendeinem Grund dem Marktprozeß selbst nicht unterworfen sind, so daß keine oder unangemessene Kompensationszahlungen für schädigende Einflüsse erfolgen.

Aber das konventionelle (neoklassische) Konzept, eine Optimierung über Marktmechanismen zu ermöglichen, indem negative Externalitäten durch vorgeschriebene Zahlungen, Lizenzen usw. belastet und ›internalisiert‹ werden, schlägt fehl, wenn sich wegen der Komplexität des Sytems die Wechselwirkungen außerhalb des erwünschten Optimums nicht beschreiben lassen. Wenn man die funktionale Abhängigkeit der Gütermengen von den Preisen nicht kennt und übersieht, können die durch eine Behörde beeinflußten Preise so wenig als Kontrollvariable benutzt werden, um ein Optimum zu finden, in welchem sich Kosten und Nutzen der Schadensvermeidung gerade ausgleichen, als das Lenkrad genügt, das Ziel auf dem *kürzesten* Weg zu erreichen, wenn man nicht *alle* fahrbaren Wege und Abkürzungen dorthin kennt. Kompensationszahlungen können deshalb in der Regel höchstens dazu dienen, erkennbare Externalitäten einzugrenzen; ob die so erreichten Korrekturen optimal sind, ist unbekannt.

Jedenfalls läßt sich die Energiepolitik nicht auf den Ausschluß negativer Externalitäten reduzieren, weil die zugrundeliegenden Wechselwirkungen viel zu komplex sind. Die Szenarienmethode gestattet aber, wenigstens zwei Pfade zu vergleichen. Dazu werden, wie in Ansätzen der klassischen Ökonomie, zwei *Mengensysteme* (Energiemengen, Zuwachsraten von Wirtschaftssektoren) zunächst unabhängig von Preisen vorgegeben. Es ist die Stärke unserer Konstruktion, daß die Szenarien zu einer disaggregierten Technologiecharakteristik (Bauerschmidt 1985, Meixner 1984) fortentwickelt sind, in der die zur Anwendung kommenden Technologien aufgeführt werden. Abgesehen vom Brüter befinden sich fast alle Technologien bereits im Anwendungsstadium, jedenfalls in dem des Prototyps, so daß den beiden Wirtschaftsstilen in technischer Hinsicht sehr detaillierte Bilder unterliegen.

Diese hat man früher unter technischen und Umweltgesichtspunkten gern mit Gegensätzen wie: hart – sanft, zentral – dezentral, ökologisch gefährlich – ökologisch angepaßt, charakterisiert. Etwas besser objektivierbar sind die Begriffe, die auf die Wiederverwendbarkeit von Materialien, die Langlebigkeit von Gütern oder, besonders bei der Energie, auf Einsparung zielen.

Die beiden Pfade sind so heterogen, daß sie in bezug auf nur ein derartiges Kriterium keiner völlig eindeutigen Charakteristik fähig zu sein scheinen. Nicht einmal der Begriff der Zentralität ist unzweideutig, denn ein Netz verstreuter Windmühlen mag durch die Einbindung ins Verbundsystem zusammengeschlossen sein. Die Szenarienmethode wird ja gerade verfolgt, weil eine Optimierung auch nur des Energiesystems nach einem einzigen Kriterium, also z.B. eindimensional gemäß der Minimierung des Primärenergieeinsatzes oder der Kosten, selbst unter Berücksichtigung vieler Randbedingungen nur Hinweise zu Wegen des Energieausbaus liefert, aber sie allein nicht definiert.

Was also erklärt unsere quasi spontane Zuordnung dieser Technologie zu diesem, jener Technologie zu jenem Szenario? Das Zusammenwirken von Mensch und Umwelt muß gestaltet werden, die Planung kann sich nicht begnügen, einem mechanischen Schema zu folgen. Deshalb ist die im Kapitel 2 angekündigte Stilanalyse angemessen. Sie läßt neben die ›rationale‹ Methode ›anschauliche‹ Begriffe treten. Und als anschauliche haben die Bezeichnungen ›sanft‹, ›dezentral‹, ›angepaßt‹ in der Anwendung auf S und im Gegensatz zu K eine gewisse Berechtigung. Die Anpassung drückt sich bei S vor allem darin aus, daß die Befriedigung eines bestimmten Anspruchsniveaus an Energiedienstleistungen erstrebt wird, so daß Primärenergie gespart werden kann, während hinter K noch immer die Vorstellung der Notwendigkeit eines ›reichlichen‹ Energieangebots per se steht.

Dabei ist auch die Technologie des Referenzfalls S ohne Zweifel ›modern‹, insofern industrielle Serienfabrikation, Regelungstechnik usw. bei Einsparungstechnologien, bei kleinen Kraft-Wärme-Koppelungsanlagen usw. zur Anwendung gelangen; und selbst die Biomasseproduktion stellt in Relation zur konventionellen Landwirtschaft einen Industrialisierungsschritt dar. Umgekehrt ist es in der Analyse der Kosteneskalation kerntechnischer Anlagen ein Paradoxon, daß hier auf großer Stufenleiter Einzelfabrikation betrieben wird, in der es bisher wegen des Erfahrungsgewinns im Umgang mit einer potentiell gefährlichen Technologie noch kaum zu echter Standardisierung auch nur beim Bau von Leichtwasserreaktoren gekommen ist und die ›negativen Lerneffekte‹ bei der Kommerzialisierung von Brüter und Wiederaufbereitung erst noch bevorstehen, so daß R. Dickler 1981 hier angesichts der wuchernden Komplexität des technischen Systems von »Energiebarock« sprechen konnte.

Andererseits beinhaltet das Szenario S im Vergleich zu K keine Anpassungsleistung im Sinn eines individuellen Konsumverzichts oder gar einer Askese, da ja derselbe Standard erreicht wird. Industriegesellschaftliche Entwicklung heißt bei beiden, daß das in Wissenschaft und Technik verfügbare Bemächtigungswissen über die Natur instrumental zur Hebung der *menschlichen* Wohlfahrt eingesetzt wird. Auch im Fall S sind mit 26,2 Mio. t SKE Biomasse und 15 Mio. t SKE Wasser- und Windenergie etc. erhebliche Natureingriffe vorgesehen, welche die Landschaft nachhaltig verändern würden. Großtechnische Nutzungen wie das reihenweise Verstellen ganzer Alpentäler mit Sonnenspiegeln sind in diesem Referenzfall nicht enthalten, aber es handelt sich auch nicht um die romantische Mühle, deren kleiner Kanal hinter einem bewachsenen Erddamm fließt und deren Bauwunde im Wald rasch vernarbt, weil Rad und Gebäude von Moos überzogen werden.

Auch im Fall S ist Wachstum also ein Prozeß »schöpferischer Zerstörung« (Schumpeter). Dennoch sehen wir den Unterschied zwischen den beiden Pfaden nicht bloß in den Größen und Kombinationen der in die Gegend gestellten, aber sonst gleichermaßen die Bequemlichkeit erhöhenden, die landschaftliche und architektonische Schönheit mindernden Artefakte. Abgesehen von verschiedenen spezifischen Umweltwirkungen (unter denen das Gefährdungspotential der Kernkraft eine Sonderstellung einnimmt, vgl. Kap.4), kommt es hauptsächlich auf den Umgang mit den Technologien an, also auf den inneren Zusammenhang des Wirtschaftsstils, der allerdings erst zuletzt mit der Darstellung des ›Wirtschaftsgeists‹ klarwerden und damit die Szenariokonstruktionen rechtfertigen wird.

Die wesentlichen technischen Gegensätze der Szenarien sind jedoch vorgegeben und seien nur knapp noch einmal angedeutet (vgl. Kap. 3.2): Der im Fall K im Jahr 2030 gegenüber S um 86% höhere Strombedarf wird nur zu 8% aus Heizkraftwerken und industrieller Kraft-Wärmekopplung gedeckt; 65% entstammen Leichtwasser- und Brutreaktoren, während im Fall S 24% aus Heizkraftwerken und der Kraft-Wärmekopplung kommen; 12% sind Wasser, Wind und etwas Biomasse, der Rest wird aus mit fossilen Kraftstoffen befeuerten Kraftwerken gedeckt. Bei der Fernwärme, die in beiden Szenarien in ähnlicher Menge erzeugt wird, im Fall S aber eine relativ größere Bedeutung hat, sind im Fall K Atomkraftwerke zu 30% beteiligt, so daß große, integrierte Fernwärmesysteme aufzubauen wären, während die ausschließlich auf Kohle beruhende Fernwärmeversorgung im Fall S sich auf kleinere Netze stützt.

Je spezifisch für die Szenarien ist der Einsatz von Atomenergiestrom zur Wasserstofferzeugung und zur Braunkohleveredelung im Fall K und die in sich auf die Ausnutzung ganz verschiedener Quellen und Technologien gestützte Biomassenutzung für Niedertemperaturwärme, Treibstoffe, Elektrizität und den nichtenergetischen Verbrauch im Fall S. Damit deutet sich die aus einer S-Strategie folgende breitere Diversifikation und die größere Dezentralität im Versorgungsbereich von S an, während die höheren Einsparraten eine Anpassungsleistung voraussetzen. Insbesondere ist bis 2030 eine Senkung des spezifischen Endenergieeinsatzes um fast 50% in den Haushalten vorgesehen, der zu mehr als zwei Dritteln durch bauliche Maßnahmen erreicht werden soll, also eine entsprechende architektonische Gestaltung erfordert.

(2) *Die Wirtschaftsverfassung*

Die Wirtschaftsverfassung kann auf vier Ebenen betrachtet werden: denen des Betriebs, des Wettbewerbs (insbesondere des Substitutionswettbewerbs), der regionalen und der nationalen Wirtschaftspolitik.

Aus der Technologiecharakteristik läßt sich zunächst unschwer erschließen, wie vorhandene Trends zur Veränderung der Betriebsorganisation und der Arbeitsprozesse durch die Realisierung von K und S beeinflußt werden:

Das Vordringen von Elektrizität in neue Anwendungsbereiche, wie es das K-Szenario vorsieht, ist gleichbedeutend mit einer relativen Zunahme kapitalintensiver Industrien mit hochspezialisierten technischen Berufen sowohl in der Herstellung als auch beim Betrieb und bei der Entsorgung der Kraftwerke. Hingegen dürften die im S-Szenario dominierenden Einsparungstechnologien und die neuen Energieanwendungssysteme die Betriebsorganisation und die Arbeitsprozesse im Sinn einer relativen Zunahme der Zahl selbständig Tätiger und der Verbreitung ökologisch angepaßter Berufe beeinflussen. Denn auch diese Technologien müßten zwar zum überwiegenden Teil durch industrielle Großbetriebe hergestellt werden, doch dürften die Eintrittsbarrieren für solche Branchen niedriger liegen als bei der Fertigung kerntechnischer Ausrüstungen; und außerdem ist von einem erheblich größeren Spielraum für Mittel- und Kleinbetriebe bei der Produktion und der Installation solcher Technologien auszugehen.

Da die Elektrizitätserzeugung im Fall K 2030 zu 70% auf Kernkraft beruht, müßte die durchschnittliche Kraftwerksgröße gegenüber der heutigen Situation deutlich zunehmen. Und solche Betriebe wären dann voraussichtlich Bestandteil weniger Großunternehmen im Bereich der Elektrizitätswirtschaft und damit in eine zentralisierte Verwaltungsstruktur eingebunden. Zwar unterscheidet sich die Organisationsform der Elektrizitätserzeugung im Fall S davon nicht grundsätzlich, aber der Strombedarf ist nur etwa halb so groß wie im Fall K, und durch den Einsatz regenerativer Energiequellen (einschließlich Biomasse) sowie durch die größere Bedeutung von dezentralen Anlagen der Kraft-Wärmekopplung, die 24% des Strombedarfs liefert, gibt es auch hier mehr

Spielraum für kleinere Unternehmen auf kommunaler Ebene bis hin zu genossenschaftlichen Betriebsformen.

Nun mögen in den anderen Bereichen der Bereitstellung und Anwendung von Energie die für die Wirtschaftsverfassung bedeutsamen Unterschiede zwischen den Szenarien nicht so deutlich ausfallen, doch lassen sich auch hier einige charakteristische Differenzen ausmachen. So würde etwa die – wenn auch mengenmäßig begrenzte – Herstellung von Treibstoffen aus Biomasse im Fall S für landwirtschaftliche Betriebe ein neues Betätigungsfeld eröffnen. Im Unterschied zur K-Strategie, nach der auf diesem Markt als neuer Kraftstoff nuklear veredelte Kohle aus ganz wenigen Großanlagen zum Zuge käme, wäre hier somit wiederum ein Sektor begünstigt, in dem vergleichsweise kleine Unternehmenseinheiten dominieren.

Dabei ist selbstverständlich nicht allein die Unternehmensgröße, auch nicht nur die Erhaltung von Arbeitsplätzen in der Landwirtschaft von Bedeutung, sondern auch der Charakter der bäuerlichen Bewirtschaftung, der von der Form der Biomasseproduktion abhängt. In der Ausarbeitung des Referenzfalls S wurde der sinnvollen Verwertung von Nebenprodukten wie Stroh usw. größerer Raum zugemessen als der Einrichtung von Biomassemonokulturen. Immerhin könnte dank der Biomasseproduktion ca. 25% der heutigen landwirtschaftlich genutzten Fläche der Bewirtschaftung erhalten bleiben, während sie sonst wegen gestiegener Landproduktivität und gesunkener Bevölkerung vermutlich aufgegeben werden müßte (Thiele 1983).

Ähnliche Erweiterungen der Arbeitsperspektiven lassen sich als Folge der divergierenden energetischen Entwicklung im Haushaltsbereich erwarten. Die um rund 50% höheren Einsparungsraten durch bauliche Maßnahmen im Fall S und der Einsatz von solarthermischen Verfahren eröffnen Möglichkeiten für Handwerksbetriebe, aber auch für Eigenarbeit. Diese erweitern sich im Szenario S'. Und selbst zur Herstellung der zugehörigen technischen Geräte sind Großbetriebe nicht unbedingt erforderlich. Bei der energietechnischen Umrüstung des sehr heterogenen Bestands an Wohngebäuden, wie sie das Szenario im Rahmen des normalen Erneuerungszyklus vorsieht, könnten Großbetriebe mit ihren standardisierten Verfahren sogar der Ausnutzung von Einsparungsmöglichkeiten entgegenstehen, die sich aus der spezifischen örtlichen Situation ergeben.

Man muß die Existenz von Großbetrieben nicht unbedingt und in jeder Hinsicht negativ werten; aber die fortschreitende Erosion im Bereich der kleinen und mittleren Unternehmen stellt einen Wandel der realen Wirtschaftsordnung dar, auf den durch die beiden Energiestrategien K und S Einfluß genommen wird. Und zumindest nach dem traditionellen Leitbild der Sozialen Marktwirtschaft wären kleinere und unabhängige Betriebe vorzuziehen, denen der Referenzfall S mehr Raum läßt. Dabei geht es schon in der traditionellen Wirtschaftsordnungsdiskussion nicht nur um die (teilweise zweifelhaften) Vorteile eines Anbieterwettbewerbs bei großer Anzahl der Produzenten, sondern auch um die Arbeitsbedingungen.

Energieszenarien sind leider bisher außerhalb des Haushaltsbereichs kaum unter dem Gesichtspunkt der Arbeitsorganisation und der Arbeitsinhalte betrachtet worden. Da sich die Person im Rahmen des Möglichen in ihrer Arbeit ausdrücken können sollte und der Betrieb in jedem Fall weit über Ausbildungszeiten hinaus ein Organ der Persönlichkeitsbildung und Erziehung ist – im Guten wie im Schlechten und was immer das Ethos der Betriebsführung sei –, ist unter heutigen Bedingungen eine Zunahme von Tätigkeitsfeldern zu begrüßen, die eine Anpassung an Umweltbedingungen zum Ziel haben.

Auf das Vordringen leitungsgebundener Energien im Rahmen beider Energiestrategien und den daraus folgenden Niedergang der Substitutionskonkurrenz ist im Abschnitt 6.1 schon hingewiesen worden. Auch hier ergibt sich – gemessen an der konzeptionellen Vorstellung von Sozialer Marktwirtschaft – ein günstigeres Abschneiden der S-Strategie. Denn die dominierende Rolle der Atomenergie im Fall K, in dem 2030 Leichtwasserreaktoren und Brüter mit rund 40% an der Deckung des Primärenergiebedarfs beteiligt sind, dürfte schon wegen der Vernetzung über den Brennstoffkreislauf in diesem Bereich wohl kaum Märkte mit einem wirklich funktionsfähigen Wettbewerb zulassen. Während Leichtwasserreaktoren mit Uranbezug aus dem Ausland und direkter Endlagerung noch eher einem System konventioneller Großkraftwerke gleichen, würde ein entwickeltes Brütersystem mit Wiederaufarbeitung einen Grad von technologischer Interdependenz aufweisen, der die Vermutung nahelegt, daß nicht nur aus sicherheitspolitischen, sondern schon aus ökonomischen Gründen eine Verstaatlichung des gesamten Systems erforderlich würde.

Dies ist wiederum von Bedeutung für die dann noch vorhandenen Möglichkeiten einer Beeinflussung der Energiepolitik auf der Ebene von Ländern und Gemeinden. So dürften sich die Spielräume für die Kommunen im Rahmen der Energiestrategie K in der Praxis als recht eng erweisen. Denn bei den nicht kommunalen Versorgungsunternehmen ist zwangsläufig mit einem hohen Konzentrationsgrad zu rechnen, so daß der Gemeindeautonomie Gestaltungsmöglichkeiten genommen sind. Hingegen ergeben sich für die Kommunen im Fall S, obwohl auch hier der Konzentrationsgrad auf der Erzeugerseite zunehmen dürfte, deutlich größere Handlungsspielräume – aber auch anspruchsvollere Aufgaben zur energiepolitischen Steuerung der Entwicklung von Versorgungsstrukturen.

Auf der nationalen Ebene verschärft sich der Kontrast, da es in S keine dominante Technologie gibt, die zentral zu verwalten wäre, während die Befürworter von K bisher den Beweis schuldig geblieben sind, daß sich das Brütersystem in ein Regime funktionalen Wettbewerbs innerhalb eines Staats einbinden ließe. Im Gegenteil zeichnet sich, zumindest für die Entwicklung der Brütertechnologie, sogar eine zukünftige Internationalisierung ab. Andererseits flossen etwa gut zwei Drittel der Mittel des Bundes für Erzeugung, Verteilung und Nutzung von Energie in den nuklearen Bereich, und im verbleibenden Drittel sind die Ausgaben für die Forschung neuer Kohletechnologien enthalten, so daß S bisher insofern offenkundig relativ wenig staatliche Stützung erfahren hat.

Daraus ist für die Zukunft nicht etwa zu schließen, daß man die Strukturen, die für K zu entstehen im Begriff sind, für S duplizieren, also z.B. zentrale Großforschungsanlagen bauen sollte, die in diesem Fall kaum effizient wären, sondern daß ein im Energiebereich auf S abgestützter Wirtschaftsstil auf Werthaltungen beruhen müßte, die eine dezentrale Entwicklung von S-Technologien erlaubten.

Wie wir schon festgestellt haben, erfordert der Aufbau des Energiesystems in beiden Fällen eine aktive Strukturpolitik. Sie läßt sich jedoch für S nicht nur im administrativen Vollzug, sondern auch in der aktiven Gestaltung politisch stärker dezentralisieren, wobei die Gefahr eines Umschlags in passive Strukturpolitik wegen der größeren Flexibilität bei heterogenen Bereitstellungs- und noch mehr bei den Anwendungstechnologien geringer ist. Wenn dagegen das Brütersystem einmal eingerichtet wäre und sich – wie wir vermuten – gegenüber zu erwartenden Fortschritten in Solartechnologien dereinst als Fehlinvestition erwiese, würde es für den Staat außerordentlich schwierig sein, sich aus dem Engagement zu befreien, denn es würden nicht nur, wie sonst bei niedergehenden Industriezweigen, regional- und sozialpolitische Gründe, sondern auch technische (Rückbau der Anlagen, Wiederaufbereitung des Brennstoffs) den möglicherweise einmal allseitig gewünschten Ausstieg aus der Kernenergie verhindern.

Diese Sachzwänge sind es, die schließlich sogar die Gesellschaftsverfassung verändern dürften (vgl. Kap. 5.1).

(3) *Die Gesellschaftsverfassung*

Wie sich die Gesellschaftsverfassung mit der Wirtschaftsverfassung verschränkt, ist seit Max Weber eine Kernfrage der Soziologie. Es ist jedoch schwieriger, ein strukturiertes Bild der Gesellschaftsverfassung der den Szenarien zuzuordnenden Wirtschaftsstile zu entwerfen, als beispielsweise ihre ökonomische Funktionsweise zu beschreiben oder die ihnen entsprechenden Wertsysteme zu postulieren. Man kann sich leicht vorstellen, daß im Übergang von einer ›sozialen‹ zu einer ›ökosozialen‹ Marktwirtschaft zu den Sozialberufen ›Ökoberufe‹ mit ›ökologischen Berufsbildern‹ hinzuzutreten hätten – d. h. daß die Arbeit im wirtschaftlichen Bereich inhaltlich die Einführung einer ›angepaßten‹ Technologie zu spiegeln hätte; ebenso läßt sich – vielleicht noch leichter – denken, daß dann entsprechende Werte hochzuhalten wären; daß also ein Techniker ein Berufsethos zu entwickeln hätte und dadurch im Verhältnis zur Gesamtheit der Natur eine Verantwortung zum Ausdruck käme wie selbst beim spezialisierten Arzt im Verhältnis zur Gesundheit des ganzen Menschen.

Aber was würde eine solche Wertentwicklung für die Gesellschaft bedeuten, wenn sie allgemein wird? Jede nicht aufgezwungene Rechtsordnung geht fließend in Konvention und Sitte über. Berufsverbände mit dem Ausschluß als Sanktion verfügen z. B. über ein eigenes Normensystem, welches das staatlich sanktionierte ergänzt, und Entsprechendes gilt für die Familie. In unserer Untersuchung wird die in Konvention und Gesetz kodifizierbare Seite der Gesellschaftsverfassung wegen ihrer besseren Faßlichkeit in den Vordergrund gestellt (Kap. 5.1); man hat sie sich jedoch bis in den informellen und privaten Bereich derart ›analytisch fortgesetzt‹ zu denken, daß sie schließlich ohne wesentlichen Bruch in der Ordnung der gesellschaftlichen, aber von Individuen getragenen Werte mündet. Wenn also in einer an ökologische Erfordernisse angepaßten Marktwirtschaft der Erwerb von umweltschädlichen Gütern gesetzlich eingeschränkt würde, dürfte die Mode deren Erwerb nicht nahelegen, und die Mehrheit der Bevölkerung dürfte auch keine hohe Präferenz für sie entwickeln.

Auf der Ebene der durch das Rechtssystem gegebenen Ziele hat Roßnagel nun eindeutig gezeigt, daß das Freiheitsideal einer beliebig verfügbaren Energie mit Freiheitsbeschränkungen zur Absicherung vor Risiken erkauft werden muß. Die spezifischen Gefahren der Kernenergie im Rahmen eines Brütersystems liefern dabei die Grundlage für drastische Beispiele und entschiedene Schlußfolgerungen, aber die Problematik läßt sich auch in anderen Bereichen verfolgen und betrifft somit Entwicklungen des zukünftigen Wirtschaftsstils, nicht nur des Energiesektors.

Die Diskrepanz zwischen der Dynamik der Technik und der Regelungskapazität des Rechts wird in der Tendenz überhaupt immer dann zunehmen, wenn mit dem Übergang zu größeren technischen Einheiten ein eingeengtes Produktionsziel verfolgt wird, statt unter einer Vielzahl möglicher Technologien jene Kombination zu verfolgen, deren Verbindung sich am ehesten der gesellschaftlichen Entwicklung und der Umwelt, und damit einer Vielzahl heterogener Ziele, einfügt. Wie wir gesehen haben, führt K, unabhängig vom Risikopotential und der Tendenz zum ›Überwachungsstaat‹, zu einem zunehmenden zentralstaatlichen Planungsbedarf und schränkt die Initiativfunktion des Parlaments für die staatliche Willensbildung ein, während sich im Fall S das Feld demokratischer Willensbildung bis hinunter zur Gemeindeebene erweitert und der Föderalismus gestärkt wird. So setzen sich die schon festgestellten Unterschiede der Wirtschaftsverfassung in der Gesellschaftsverfassung fort.

(4) Die Wirtschaftsstruktur und Wirtschaftsdynamik

Unter den Szenarioannahmen und ohne Berücksichtigung der Auswirkungen der Wirtschafts- und Gesellschaftsverfassung auf die Investitionsbereitschaft ist die Wirtschaftsdynamik auf beiden Pfaden zunächst dieselbe. Dies wurde im Kapitel 6 ausführlich dokumentiert (vgl. Apel). Die Gleichheit der Wachstumsraten widerspricht den Unterschieden im Strukturwandel nicht (relativ stärkere Ausdehnung des Dienstleistungssektors bei nach 2000 stagnierender Grundstoffindustrie im Fall S); der Strukturwandel paßt aber zu dem bei S angenommenen ausgeprägteren Wertwandel.

Die Diskussion der bei der Szenario-Konstruktion zugrundegelegten Annahmen über die gesamtwirtschaftliche Entwicklung und die Ergebnisse der Simulationsrechnungen zu den beiden Pfaden zeigen einen deutlichen Bruch mit der starken Wachstumsdynamik in der Nachkriegszeit. Die Ökonomen nehmen heute überwiegend an, daß die Wachstumsraten in Zukunft erheblich niedriger liegen werden als während der ersten Nachkriegsjahrzehnte. Also kann sich die gesamtwirtschaftliche Entwicklung nicht mehr in der früher gewohnten Form vollziehen, bei der viele ökonomische Aufgaben dank kräftigen Wachstums ohne große Verteilungskonflikte erfüllt werden konnten. Insbesondere ist unter längerfristiger Perspektive damit zu rechnen, daß auch bei weiterhin wachsenden Exporten und trotz der dadurch zunehmenden Einbindung der Bundesrepublik Deutschland in die internationale Arbeitsteilung hartnäckige Beschäftigungsprobleme auftreten werden, wenn dafür nicht Lösungen gefunden werden, die weniger stark auf Wachstum bauen.

Wie die durchgeführten Modellrechnungen (Kap. 6.2) zeigen, können die Investitionen im Energiebereich weder im Fall K noch im Fall S die Gesellschaft innerhalb des kommenden Jahrzehnts von der Arbeitslosigkeit befreien. Auch präjudiziert die Wahl des Referenzfalls nicht unmittelbar, wie die Arbeitsmarktprobleme bei verringertem Wachstum schließlich angegangen werden. Jedoch ist mit einigem Recht zu vermuten, daß die für die beiden Energiestrategien jeweils leitenden Motive und Ziele auch die spezifischen Lösungen für die generellen Probleme der ökonomischen Entwicklung bestimmen würden. Und hier kann man sagen, daß der Referenzfall K eher darauf ausgerichtet ist, im Energiebereich die Voraussetzungen für ein erneutes, exportinduziertes Wachstum mit höheren Raten zu schaffen, als sie nach den Ergebnissen der Untersuchungen im Rahmen dieses Projekts postuliert werden. Hingegen stellt sich der Referenzfall S von vornherein auf die wahrscheinliche Zukunft geringerer Wachstumsraten als in der Vergangenheit ein und läßt sich damit eher gesamtwirtschaftlichen Strategien zuordnen, die eine Lösung von Beschäftigungsproblemen jedenfalls nicht mehr in erster Linie von der raschen Steigerung des Sozialprodukts erwarten, sondern verstärkt auf die Verkürzung der Arbeitszeit setzen.

Auch die Notwendigkeit der dezentralen Entscheidungsfindung im Fall S, die über die für S spezifischen Technologien hinaus für einen zugehörigen Wirtschaftsstil charakteristisch wäre, könnte das Wachstum hemmen. Andererseits ist ein funktionsfähiger Wettbewerb für den Innovationsprozeß förderlich, manche S-Technologien können als ausgesprochen ›modern‹ gelten, und das S zugeordnete Umweltbewußtsein im Sinn einer unmittelbaren Umweltgestaltung, also der Überbrückung der Trennung zwischen Wildnis und Wachstumszentren, kann viele Tätigkeitsfelder erschließen. Der hohe Beschäftigungseffekt von Umweltschutzinvestitionen ist bekannt (Meißner/Hödl 1983).

Die Zuordnung einer tendenziell stärkeren Wachstumsdynamik zum Referenzfall K entspricht damit zwar einer von Befürwortern und Gegnern weithin geteilten Vorstellung, man kann aber dem zugehörigen Wirtschaftsstil nicht ohne weiteres quantitativ höhere Wachstumsraten zuordnen, so sehr sich die Investitionen selbst, die Wachstumspolitik und ihre Motive im einzelnen unterscheiden mögen. Schließlich ist denkbar, daß die S zuzuordnende technologiepolitische Grundorientierung zu schwächeren, aber häufigeren Schwankungen im Konjunkturzyklus führt, als sie in einer auf höherer Konzentration beruhenden Wirtschaft vorkommen; solche Aussagen über die Investitionsdynamik bleiben jedoch immer in gewissem Grade spekulativ.

(5) Die Wertedimensionen

In der Demokratie kann der Fall K von einer kleinen Mehrheit gegen eine große Minderheit durchgesetzt werden; eine Durchsetzung von S dagegen ist kaum denkbar, wenn die zugrundeliegenden Werte nicht von einer breiten Mehrheit getragen, ja aktiv gefordert werden. Beide Szenarien führen so zu einem erheblichen energiepolitischen Handlungsbedarf; im Fall S entscheiden die unteren Instanzen aber nicht nur, ob eine bestimmte Strategie verfolgt wird, sondern sie haben auch weitergehende Möglichkeiten und Aufgaben bei ihrer inhaltlichen Gestaltung.

Daß die Motivation in der Politik entscheidet und daß die Politik für die Verfolgung eines bestimmten Pfads wichtig ist, bedarf keiner weiteren Begründung. Die das Handeln der Individuen bestimmenden Motive werden aber nicht nur politisch wirksam. Auch wenn wir die Wertedimension oder den Wirtschaftsgeist heute nicht voluntaristisch-kausal für die charakteristischen Ausprägungen des Wirtschaftssystems verantwortlich machen, sollte ihre Verankerung in der Kultur zu den notwendigen Grundlagen eines bestimmten Wirtschaftsstils gerechnet werden.

Die wirtschaftliche Motivation läßt sich wegen der Vielfalt der Funktionen ihrer Träger nicht auf eine einzige Dimension reduzieren. Gewiß weist seine Funktion dem Unternehmer das Gewinnmotiv zu – wer es nicht verfolgt, hört bald auf, Unternehmer zu sein. Indessen zeigt die Anschauung, daß es erhebliche Modifikationen selbst dort gibt, wo die Funktion das Motiv klar zu umgrenzen scheint. Deshalb gibt es auch keine einheitliche Erklärung des Investitionsverhaltens. In der Bevorzugung bestimmter Industrien und bestimmter Regionen, in der Abwägung von Fristigkeiten und der Gestaltung von Verträgen sowie in der Repräsentation vor einem bestimmten Publikum wird sich ausdrücken, wem gegenüber der Unternehmer sich vor allem verantwortlich fühlt, ob gegenüber einer Familie, gegenüber dem Unternehmen als Körperschaft oder den Anteilseignern und der Börse. Kein Unternehmer funktioniert ausschließlich als solcher.

Die Probleme der Umwelt- und Sozialverträglichkeit werden vielleicht in beinahe dem Maß weniger dringend, in dem Umwelt- und Sozialverträglichkeit als Aspekte der Solidität unternehmerischen Handelns aufgefaßt werden, weil der Unternehmer – oder wer sonst die Unternehmerfunktion ausübt – auch einen Platz in der Gesellschaftsordnung einnimmt, dem er gerecht werden möchte. Der Wunsch nach Selbstdarstellung, Pflichtgefühl, moralischer Druck oder religiöses Ethos haben juristisch freie Unternehmer in der Geschichte immer wieder zu einer Schicht werden lassen, deren Beitrag zum ›Gemeinwohl‹ unter dem Druck der Umstände, aber auch nach den Änderungen des Wirtschaftsgeists und des Verständnisses von Gemeinwohl, stark wechselte.

Die Bürger der Polis wetteiferten im öffentlichen Geben, waren grausam zu Bergwerkssklaven und verhielten sich patriarchalisch zu denen im Haushalt, während der klassische Unternehmer des 19. Jahrhunderts Sparsamkeit, Gerechtigkeit und Strenge proklamierte. Der Unternehmer der Renaissance stieg im sozialen Rang, wenn ihm zunehmender Reichtum erlaubte, seine ursprüngliche Sparsamkeit abzulegen und mit der Prachtentfaltung der Fürsten zu wetteifern. Der viktorianische Unternehmer fiel mit demselben Übergang in der allgemeinen Achtung. Dabei gingen jeweils die für uns sichtbaren, durch Repräsentation übersteigerten Formen der Verausgabung des Einkommens in die ihnen entsprechenden Formen der Unternehmensleitung und damit der Produktion über, so daß sich Wirtschaftsgeist und Unternehmensziel gegenseitig bedingten. Sie standen auch mit der Wirtschaftsverfassung und den Institutionen des Sozialwesens (z.B. Formen der Armenfürsorge) in Zusammenhang.

Heute haben Umweltprobleme im Bewußtsein von Unternehmensführern bereits einen hohen Stellenwert, aber ihnen fehlt es noch an den institutionellen Rahmenbedingungen, die es erlauben würden, jene Ziele konsequent zu berücksichtigen. Nach einer Befragung von Rosenstiel (in Klipstein/Strümpel 1984, 29f/204) wurden Wachstums- und Umwelterhaltung auf der *Soll*seite je etwa 50% der Stimmen eingeräumt, während auf der *Ist*seite fast 90% meinten, Wirtschaftswachstum werde angestrebt, und nur 10% bestätigten, daß auch Umwelterhaltung ein Unternehmensziel sei. Durch die Entscheidung für die Produktion mit einer umweltgerechten Technologie würde das postulierte Unternehmensziel aber ein Stück weit realisiert. So würde ein konsequentes Verfolgen der energiepolitischen Handlungsfelder im Fall S (Kap. 7.1 (4)) es Unternehmern erleichtern, die Soll- und die Ist-Vorstellung zur Deckung zu bringen.

Auch auf der Seite der Beschäftigten scheint zunächst nur eine materielle Werthaltung zu dominieren. Der Abbau des Zunftwesens und der industrielle Arbeitsprozeß haben Energien freigesetzt für die Verfolgung der materiellen Motive zu Lasten der Erfüllung verinnerlichter Qualitätsnormen und auf Kosten der künstlerischen Befriedigung durch handwerkliche Gestaltung. Aber mit neuen Berufen in der Abfolge sich erneuernder technologischer Revolutionen ist auch immer wieder ein neues Berufsethos geschaffen worden. Die pedantische Genauigkeit des Buchhalters ist, in gleicher Konsequenz durchgehalten, keine Tugend für den Kindererzieher. Die erwünschte Phantasie des Letzteren hat beim Ersteren keine professionelle Anwendung. Das Berufsethos erfüllt sich nicht in individueller Tätigkeit, sondern in der für andere, es heischt Anerkennung.

Eine solche Anerkennung kann – jeder auf seine Weise – sowohl der intelligente Kerntechniker wie der geschickte Architekt, der ein einigermaßen ansehnliches Energiesparhaus entwirft, finden. Selbst im Haushalt wird nicht eine rein individuelle Bedürfnisbefriedigung gesucht, sondern eine gesellschaftliche (Schmuck, Gastfreundschaft usw.). Somit werden auch die utilitaristisch verstandenen Ziele individueller Einkommens- und Nutzenmaximierung durch den ›Wirtschaftsgeist‹ modifiziert.

Die integrative Funktion der Arbeitsteilung (Durkheim) und des Berufsethos', der fürsorgenden Haushaltung und der caritativen Aufopferung für andere ist oft mißbraucht worden, um inhaltsleere Tätigkeiten und nackte Unterdrückung zu rechtfertigen. Daher könnte man auch uns vorwerfen, wir wollten mit der Berufung auf das Arbeitsethos die Ausbeutung der Arbeit mit idealistischen Zielen verbrämen. Unter dem Gesichtspunkt der Sozialverträglichkeit ist es jedoch ein Argument gegen eine Technologie, wenn sie die Zahl der unvermeidlichen monotonen oder körperlich allzu schweren Arbeiten vermehrt und die erwünschten Gestaltungsmöglichkeiten von Gruppen und Individuen verringert. Umgekehrt können die Erfordernisse der Anpassung an die Natur und zur Erfüllung eines sozialen Engagements, besonders wenn der Nutzen unmittelbar erfahren wird, Tätigkeiten einen Wert geben, dessen Anerkennung durch andere wirtschaftliche Motivationen nicht verdrängt werden darf.

Nach der Wohlstandssteigerung der Nachkriegszeit werden die postmateriellen Werte heute stärker artikuliert. Die in der Gegenwartsgesellschaft relevanten Wertdimensionen sind im Kapitel 5 tabellarisch zusammengefaßt und auf die Referenzfälle K und S bezogen worden. Daß die Szenarien K und S dabei dasselbe Niveau des Sozialprodukts versprechen, bedeutet noch keine Gleichheit der Werte. Einmal gibt es die lebensstilorientierte Variante S′, die den Unterschied im Konsumbereich verdeutlicht. Zum anderen aber sind die dezentrale Energiepolitik und die Investitionen in zahlreiche Einzeltechnologien von S gar nicht denkbar, wenn sie – bei ungefähr gleichen Kosten der schließlich gelieferten Energiedienstleistungen – nicht gewünscht werden. Man wird die Risiken von K hinnehmen, wenn man auf Kosten eines höheren Preises der Energieversorgung vor allem Elektrizität zu beziehen wünscht, um sich um Renovationen zur Isolation des Hauses und den Unterhalt von Solarkollektoren nicht kümmern zu müssen. Man wird S befürworten, wenn die Abnehmer von Energie und insbesondere die Haushalte bereitwillig in verbesserte Anwendungstechnologien investieren – und ›bereitwillig‹ kann dabei nur heißen, daß man sich von der Verbesserung – wie von einem Konsumgut – eine Befriedigung verspricht, die neben der Rentabilitätsberechnung berücksichtigt sein will.

Die Werte, in denen der Wirtschaftsgeist sich ausdrückt, stehen deshalb nicht ›außerhalb‹ der Wirtschaft, sondern erfüllen sich entweder direkt in der wirschaftlichen Tätigkeit oder stehen mit dieser in Zusammenhang. Damit erhalten die in Kapitel 5.2 zusammengefaßten Überlegungen, wonach der Referenzfall S im Ganzen den heute sich entwikkelnden Werten besser entgegenkommt, eine über den Energiebereich hinausweisende Bedeutung. Wenn der Naturbezug und das Sozialverhalten Fähigkeiten wie Gestaltungskraft, Altruismus, Selbstdisziplin und jedenfalls Zuverlässigkeit verlangen, können die ästhetischen, moralischen und selbst die religiösen Dimensionen des Wirtschaftsgeists nicht übergangen werden. Auf seine Art hat das auch Weinberg betont, wenn er die Techniker und Wächter zukünftiger Zentren der Energiegewinnung durch Brüter von der Außenwelt abschirmen und wie Priester leben lassen wollte (Weinberg 1972).

Das Projekt ging jedoch von dem Verdacht aus, daß Energiesysteme sich eben nicht nach Art der Weinbergschen Energieinseln aus dem Natur- und Gesellschaftszusammenhang herauslösen lassen. Der Begriff des Wirtschaftsstils hebt die Einheit der fünf Dimensionen von natürlichen und technischen Grundlagen (Szenarien), Wirtschaftsverfassung, Wirtschaftsdynamik, Gesellschaftsverfassung und Wirtschaftsgeist (gesellschaftliche Werte) hervor. Der Sozialwissenschaftler kann die Werte zwar immer bei einzelnen Individuen erheben, wir haben in Kapitel 5.2 dennoch von gesellschaftlichen Werten gesprochen, weil die Werthaltungen der Individuen sich gegenseitig stützen und sich durch die wirtschaftliche und gesellschaftliche Lage der Individuen reproduzieren.

Von einem Wirtschaftsstil kann man sprechen, wenn die Werthaltungen sich wenigstens soweit ordnen, daß die gegensätzliche Ziele verfolgenden Gruppen sich gemäß übergeordneten Zielen zu einigen verstehen. Die Einheitlichkeit eines Wirtschaftsstils schließt eine Gegensätzlichkeit wie die zwischen der Ausbeutung von Naturschätzen und Umweltbewahrung nicht aus, aber es muß ein einheitstiftendes Element im Sinn eines in Institutionen und Werthaltungen verankerten Kompromisses, also ein Leitbild, vorhanden sein, das übertriebene Pendelausschläge verhindert.

(6) Die Wirtschaftsstile als Paradigmen

Die Aktualität der Verzweigungssituation in der Bundesrepublik zeigt sich vor allem in der Diskussion um die Leitbilder der zukünftigen Wirtschafts- und Gesellschaftsordnungspolitik. Die traditionellen Denkmuster wurden in Frage gestellt, seit sich der Druck der das 19. Jahrhundert beherrschenden sozialen Frage vermindert hat, das Konsumniveau bedeutend gehoben worden ist und sich die Werthaltungen ändern, so daß einerseits freier Zeit mehr Gewicht beigemessen, andererseits den zugespitzten Umwelt- und Gesundheitsproblemen mehr Aufmerksamkeit geschenkt wird. Niemand glaubt, daß das geltende Leitbild, also das der Sozialen Marktwirtschaft, den Herausforderungen ganz unverändert gewachsen sein werde, aber inwieweit und mit welchen Mitteln es zu verändern sei, bleibt umstritten.

Eine Reaktion bestand im Ruf nach Abschaffung des Markts. Die Vorstellung, Planwirtschaften seien zwar diktatorisch, aber grundsätzlich leichter fähig, Umwelt- und insbesondere Energieprobleme zu bewältigen als marktwirtschaftliche Systeme, kann jedoch als überholt gelten. In der Sowjetunion ist man seit Lenin davon ausgegangen, daß die gesellschaftliche Entwicklung nur im Zusammenhang mit der Dynamik der Produktivkräfte verstanden werden kann, und daß die (harte) Energietechnologie eine hervorragende Stellung im System der Produktivkräfte einnimmt. Umweltrisiken und Beeinträchtigungen der Sozialverträglichkeit werden z.B. bei Atomkraftwerken oder großen hydroelektrischen Anlagen im Hinblick auf die entwicklungspolitische Zielsetzung in Kauf genommen; die im Westen getroffenen Vorsichtsmaßnahmen gelten als übertrieben und höchstens im Hinblick auf die Unzuverlässigkeit einer kapitalistischen Monopolwirtschaft erklärlich. Komarov (1979) behauptet, einige der großen russischen Niederdruckkraftwerke seien so unrentabel, daß auf den Feldern der durch die Stauseen überschwemmten Dörfer durch die Erzeugung von Biomasse ohne Vertreibung der Menschen mehr Energie hätte gewonnen werden können als durch die Wasserkraft. Jedenfalls läßt sich belegen (vgl. auch Smil 1982 über China), daß in östlichen Zentralverwaltungswirtschaften schwere Umweltprobleme auftreten und die im Westen umstrittene Kernkraft auch dort kontrovers ist.

Die hier diskutierten Wirtschaftsstile sind beide nicht systemverändernd, sondern geben die Bedingungen an, unter welchen zusammenhängende Reformen sinnvoll sind. Als Fazit dieses Kapitels ist festzuhalten, daß die Referenzfälle K und S je in eine denkbare Entwicklungsrichtung der Sozialen Marktwirtschaft verweisen – allerdings noch ohne selbst über die offenkundige Verschiedenheit im Energiesektor hinaus schon klar unterscheidbare Stile zu konstituieren. Unter Heranziehung der durch die Proponenten von K und S jeweils vertretenen Leitbilder ergeben sich, wie in unserem früheren Buch gezeigt wurde, zwei deutlich voneinander abgesetzte Stile. Stützt man sich wie hier primär nur auf die vorgegebenen Technologien, sind immerhin folgende auseinanderlaufende Tendenzen feststellbar:

Mit dem Referenzfall K wird der Trend zu wirtschaftlicher Konzentration, zu einer hierarchischen Gesellschaftsverfassung und zu zentraler Lenkung des Investitionsprozesses fortgesetzt, so daß die Wertvorstellungen der Sozialen Marktwirtschaft im Produktionsbereich erodiert, im Konsumbereich dagegen bewahrt werden. Im Referenzfall S, und deutlicher noch bei S′, verhält es sich umgekehrt. In der Beurteilung technologiepolitischer Entscheidungen unter dem Gesichtspunkt der Wettbewerbspolitik kann man – selbst wenn der Konzentrationsprozeß nicht überall völlig aufgehalten wird – eine Vertiefung ordnungspolitischer Vorstellungen erkennen, in der Hinwendung zu neuen umweltpolitischen Imperativen im Fortgang eines sich abzeichnenden Wertwandels dagegen eine Verlagerung, die – konsequent fortgesetzt – die Herausbildung einer ›Ökosozialen Marktwirtschaft‹ bedeuten könnte.

Die planerischen Tätigkeiten und die strukturpolitischen Aktivitäten staatlicher Organe haben auf Grund von Sachzwängen, aber auch von politischen Aspirationen in der Sozialen Marktwirtschaft zugenommen. Sie erhalten durch relativ umwelt- und sozialverträgliche Technologien wie diejenigen des Referenzfalls S einen sinnvollen Inhalt und können sich weitgehend auf Formen indikativer Planung in der Entwicklung von Versorgungskonzepten beschränken. Das Angebot einer breiten Palette von Einsparungsmöglichkeiten kommt sogar einer partiellen Deregulierung gleich. So können sich in S private und staatliche Aktivität in ordnungspolitisch sinnvoller Weise ergänzen, während der zentrale Staat in der Planung, Leitung und Überwachung des Energieversorgungssystems von K mehr direkte Verantwortung zu übernehmen hätte.

Obwohl auch die Befürworter der K-Strategie behaupten, eine umweltfreundliche Technologie zu verteidigen, läßt sich dieser Anspruch für S besser untermauern. Was eine ›umweltgerechte‹, ›naturangepaßte‹ Technologie bedeuten soll, wissen wir freilich noch längst nicht in allen konkreten Einzelheiten. Wir sind auf seiten der Solarenergie zwar besser mit Sinnesorganen ausgestattet, um die Lebenswelt schönen Zielen gemäß gestalten zu können, aber so wie es keine Dichtung ohne sprachliche Bildung gibt, gibt es auch nicht die mit den dürren Begriffen von ›Umwelt- und Sozialverträglichkeit‹ gemeinte Veränderung von Produktion und Konsum ohne eine kulturgebundene Vorstellung davon, wie wir in der Natur und miteinander leben möchten.

Da auch der Fall S die gesetzten Ziele keineswegs fraglos erfüllt, sind die Vorteile dieses Pfads zu relativieren. Sie bestehen in einer Herabsetzung der objektiven Gefahrenpotentiale, in einer Minderung der Konzentrationstendenz bei sonst vergleichbaren wirtschaftlichen Möglichkeiten usw. Damit verweist S aber durchaus auf den Hauptcharakter einer Ökosozialen Marktwirtschaft, die nämlich auch ständig einen Kompromiß zwischen den Erfordernissen der Umwelt- und Sozialverträglichkeit und denen der Erwerbswirtschaft zu finden hat.

So wie in der gegenwärtigen Sozialen Marktwirtschaft der Konflikt zwischen Leistungs- und Umverteilungsprinzip verinnerlicht sein muß, so daß Unternehmer und Beamte jeweils das in ihrem Verantwortlichkeitsbereich liegende Prinzip verfolgen, ohne das andere ganz aus den Augen zu verlieren, also Unternehmer das Steuerwesen nicht sabotieren oder Beamte den Investitionsprozeß nicht zu sehr behindern dürfen, müßten in der Ökosozialen Marktwirtschaft die sich in den S-Technologien ausdrückenden Werte personell und institutionell so verankert sein, daß Konflikte über die Bewertung einzelner Maßnahmen unter fairen Bedingungen ausgetragen werden können. Deshalb sehen wir in der Auseinandersetzung über die Details der Energiepolitik, wie sie im Fall S auf unterer politischer Ebene jedenfalls stattfinden müßte, trotz der Mängel von S (relativ zu weitergehenden umweltpolitischen und ästhetischen Forderungen) eine Chance.

Insofern kann man S als Paradigma eines neuen Wirtschaftsstils betrachten. Der Frage, ob dieses Paradigma auch zum konkreten Leitbild in der aktuellen Situation werden kann, ist das letzte Kapitel gewidmet.

8. Bewertung der Sozialverträglichkeit der Referenzfälle und energiepolitische Schlußfolgerungen

Niemand wird glauben, eines der beiden entworfenen Szenarien müsse genau in der hier beschriebenen Weise verwirklicht werden. Betrachtet man die gegenwärtige Entwicklung, dann deutet zunächst einiges auf eine Mischstruktur hin; denn neben der Nukleartechnik werden auch heute schon Verfahren zur Nutzung der Solarenergie vorangetrieben, und modernste Technologien zur Einsparung von Energie kommen bereits in vielen Bereichen zum Einsatz. Daraus darf man aber nicht schließen, bei den beiden Szenarien handle es sich um Extrempositionen, zwischen denen die ›realistischen‹ Fälle anzusiedeln seien. Die Gegenüberstellung der zwei Referenzfälle behält ihren Sinn, auch wenn gewisse Mischformen vorstellbar sind; denn zumindest in der Grundstruktur wurden damit die relevanten Alternativen für die künftige Entwicklung abgebildet.

(1) Die Logik von Atomenergie und Sonnenenergie

Gewiß stehen mit den Energietechnologien, die in den beiden Szenarien enthalten sind, eine Vielzahl von technischen Optionen zur Verfügung. Die unterschiedlichen Verfahren lassen sich jedoch nicht beliebig kombinieren, weil es schon im technisch-betriebswirtschaftlichen Rahmen eine Reihe von Kopplungen gibt. Daß etwa ein ausgebautes Atomenergiesystem mit Anreicherung, Leichtwasserreaktoren, Brütern, Wiederaufarbeitung und Endlagerung wenig Substitutionsmöglichkeiten enthält, liegt auf der Hand; und ein solches System erfordert zudem eine dazu passende Gestaltung der Energieanwendung. Aber auch im S-Szenario gibt es Komplementaritäten: Der extensive Einsatz von Einsparungstechnologien streckt nicht nur die Vorräte an fossilen Energieträgern, sondern macht auch die Anwendung von dezentraler Solartechnik durch die Herabsetzung des Energiebedarfs oft erst möglich und wirtschaftlich.

Darüber hinaus ist eine beliebige Kombination der in K und S enthaltenen technologischen Elemente durch die Beschränktheit der verfügbaren Mittel für Forschung und Entwicklung sowohl im Bereich der staatlichen

Förderung wie auch der privaten Unternehmen begrenzt. Untersucht man schließlich – wie in diesem Projekt geschehen – die Einbettung künftiger Entwicklungen des Energiesystems in gesamtgesellschaftliche Entwicklungsperspektiven und Leitbilder, dann zeigt sich, daß die Annahme einer echten Verzweigungssituation durch eine Vielzahl von weiteren wirtschaftlichen, institutionellen und politischen Faktoren gestützt wird. Die beiden Energieszenarien verweisen auf jeweils verschiedene Wirtschaftsstile, die man den Fällen K und S zuordnen kann; auch aus diesem Grund lassen sich aus ihnen keine beliebigen Mischformen konzipieren.

Dies gilt, obwohl die beiden Energiepfade in Relation zu den denkbaren Extremen schon stark gemäßigte Optionen darstellen. Insbesondere das Atomenergieszenario wurde gegenüber früheren euphorischen Prognosen ganz erheblich zurückgenommen. Würde man allerdings den Beitrag der Atomenergie im Hinblick auf die jüngsten Diskussionen noch weiter reduzieren, so wäre bald eine Schwelle erreicht, bei deren Unterschreitung sich die spezifische Qualität der Nukleartechnik im Hinblick auf ihre Sozialverträglichkeit, aber auch im Hinblick auf die mit ihr angestrebte Versorgungssicherheit auf sehr lange Frist nicht mehr darstellen ließe.

Denn konzeptionell ist und bleibt die Atomenergie auf die Überwindung der Begrenztheit fossiler Energieressourcen durch den Übergang auf eine quasi unerschöpfliche Quelle angelegt, was langfristig den Einsatz von Brutreaktoren erfordert. Diese ›Logik der Kernenergie‹ (Meixner 1983) wäre verletzt, würde man sich auf Leichtwasserreaktoren für eine Übergangszeit beschränken, denn damit wäre die Rolle der Atomenergie auf die einer Energiequelle unter anderen reduziert. Deshalb muß in einem Atomenergieszenario die Perspektive des Übergangs auf brütende Systeme noch erkennbar bleiben; auch wenn sich inzwischen selbst bei den Befürwortern dieser Technologie die Einsicht durchsetzt, daß es damit keine Eile hat.

Die ›Logik der Sonnenenergie‹ ist weniger eindeutig. Sie bewegt sich zwischen zwei extremen Varianten: Gemäß der ersten läßt sich ein Sonnenenergie-Szenario vorstellen, das großtechnische Lösungen wie die Wasserstoffproduktion mit Hilfe von Solarzellen in Wüstenregionen einschließt, was dann analog zur Nukleartechnik gigantische Forschungs- und Entwicklungsanstrengungen erfordern würde. Solche Systeme bergen zwar nicht das spezifische Gefährdungspotential der Brütertechnologie, sie sind allerdings von der Wirtschaftlichkeitsschwelle noch weiter entfernt als Brutreaktoren und Wiederaufarbeitung.

Großtechnische Solarsysteme dieser Art haben noch weitgehend utopischen Charakter; sie bilden auch wegen mancher Aspekte des ihnen zuzuordnenden Wirtschaftsstils nicht im gleichen Sinn eine Alternative zur Atomenergie, wie die hier gewählte Verbindung sparsamer Anwendungstechnologien mit Formen der dezentralen Solarenergienutzung. Die konkrete Ausprägung des S-Szenarios als zweiter denkbarer Variante innerhalb der ›Logik der Sonnenenergie‹ berücksichtigt somit bereits, daß die technologische Strategie von ihren Befürwortern im Zusammenhang mit sozialen Entwicklungen gedacht wird.

Angestrebt ist dabei kein ›Ausstieg‹ aus der Industriegesellschaft, sondern ein Wandel von Strukturen, der sich an neuen Prioritäten orientiert. Insofern beruht das S-Szenario auf einer industriellen Basis und setzt einen allenfalls gemäßigten Wertwandel voraus. Es ist ein Versuch, ohne radikalen Bruch mit den bestehenden Institutionen und Verhaltensweisen in einem exemplarischen Bereich zu einer Form industrieller Produktion und privaten Konsums zu gelangen, die auch über längere Frist als umwelt- und sozialverträglich angesehen werden kann. Der Fall S verbaut jedoch auch nicht die Möglichkeit eines weiterreichenden gesellschaftlichen Wandels, sondern kommt ihm entgegen (Kapitel 5.2, 6.2 (4) und 7.2).

Das hier diskutierte S-Szenario ist sicher kein Reservat für anspruchslose, der Stadt entflohene Schafzüchter und auch keine Handwerksidylle, sondern ein Paradigma für die Fortentwicklung von vorhandenen technologischen Ansätzen unter Herabsetzung ihres Gefährdungspotentials mit einem jedenfalls relativ zu K – wenn auch nicht unbedingt zum heutigen Stand – größeren Potential für die Tätigkeiten mittlerer und kleinerer Unternehmen und für eine an ökologischen Zielen orientierte, dabei jedoch durchaus technische Lebensraumgestaltung.

Um anzudeuten daß die Freiheit des Konsums nicht eingeschränkt werden soll und daß eine solche Einschränkung auch gar nicht notwendig ist, wurde das S-Szenario so konstruiert, daß das Konsumniveau dem des Falls K entspricht. Allerdings wird dabei mitgedacht, daß die Erfahrung künftiger Umweltkrisen und die geringe Befriedigung eines nur konsumorientierten Freizeitverhaltens dazu führen, daß sich an Umweltzielen orientierte Verhaltensweisen verstärkt durchsetzen und daß politische Prozesse sowie wirtschaftliche Verfahren konsequenter an dieser Zielsetzung ausgerichtet werden.

Man erkennt daraus, daß auch das Energiesystem S zu seiner Verwirklichung auf seiten der Konsumenten im wesentlichen nur einer deutlicheren Ausprägung von bereits sichtbaren Tendenzen des Wertwandels bedarf. Nicht anders steht es auf der Seite der Produktion. Die hier erforderliche Technologiepolitik bedeutet keinen Bruch mit der Vergangenheit, sondern nur im Fall von K eine schärfere, im Fall von S eine veränderte Akzentuierung.

Zwar herrscht in der Öffentlichkeit die Vorstellung, die technologische Entwicklung sei bisher im wesentlichen frei und ungeregelt gewesen; demgegenüber wirken Entwicklungsperspektiven, wie sie die beiden Szenarien für den Energiebereich vorgeben, als dirigistische Attentate auf den technischen Fortschritt und seine Träger. Aber weder das eine noch das andere trifft zu. Es geht vielmehr um die Frage, an welchen Zielen und Prioritäten die in der Industriegesellschaft sowieso erforderliche und immer schon erfolgende Steuerung ausgerichtet werden soll.

Um einen Neubeginn geht es hier allerdings insoweit, als die vorliegende Untersuchung gezeigt hat, von welch zentraler Bedeutung es ist, einer breiten Einführung neuer Technologien und vor allem ganzer Technologiesysteme nicht nur eine Umwelt-, sondern auch eine Sozialverträglichkeitsprüfung voranzustellen. Der zwar niemals unbeeinflußte, aber seit der industriellen Revolution wenig gezügelte Vormarsch der Technik kann so einer neuen Form gesellschaftlicher Kontrolle unterworfen werden. Und dies wird zunehmend erforderlich, denn nur eine technologische Entwicklung, die im Hinblick auf das Kriterium der Sozialverträglichkeit verantwortbar ist, wird sich ihre Akzeptanz auf Dauer sichern können.

(2) Soziale oder Ökosoziale Marktwirtschaft

Die von uns skizzierten Wirtschaftsstile (Abschnitt 7.2) sind zunächst nur wissenschaftliche Paradigmen denkbarer Zukunftsentwicklungen, die zwar keine völlige Harmonie versprechen, aber doch je eine innere Konsistenz der verschiedenen Dimensionen des Wirtschaftslebens aufweisen und die bestimmte grundsätzliche Vorstellungen und konkrete Verfahrensregeln zur Lösung wiederkehrender Konflikte, wie z.B. zwischen gesicherter Energieversorgung und Umwelterhaltung in einer wachsenden Wirtschaft, enthalten. Die Paradigmen konnten nicht nach allen Richtungen untersucht werden. Ob die Werbung lügt und Jugendliche zum Zynismus erzieht, oder ob sie informiert und die Konsumentensouveränität stützt, und was dies für die Entwicklung des Wertesystems bedeuten könnte, blieb ebenso unerforscht wie die Frage, ob der Gegensatz zwischen Kapital und Arbeit sich nicht wieder gesellschaftlich zuspitzen könnte.

Aber obwohl hier nicht vertieft, sind solche Fragen von uns doch mitbedacht worden. Der allseits konstatierte, in seiner Richtung nicht eindeutig bestimmbare Wertwandel und eine Verzweigungssituation der technischen, wirtschaftlichen und gesellschaftlichen Entwicklung, die sich im Energiebereich objektiv nachweisen ließ, verlangen eine Erneuerung der bestehenden Leitbilder. Aus den Paradigmen lassen sich dazu kohärente Vorstellungen für das allgemeine Bewußtsein und konkretisierbare Vorschläge für die Politik gewinnen. Man kann zweifeln, ob sie ausreichen werden, um eine skeptische, gespaltene Öffentlichkeit noch einmal zusammenzuführen. Immerhin zeigen die Paradigmen wesentliche Alternativen auf, wie aus einer abgeschwächten ›spätkapitalistischen‹ Entwicklung mit ihren Widersprüchen je eine gewisse, die Widersprüche befriedende Einheit für das Wirtschaftsleben gewonnen werden könnte.

Wie andere Fragen mitbedacht wurden und unsere Antworten über den Energiebereich hinausweisen, kann an den erwähnten Beispielen gezeigt werden. Kritik an der Werbung ist nicht Kritik an den Bedürfnissen, sondern an der Art, wie mit Bedürfnissen umgegangen wird. Eine verfehlte Energiepolitik richtete sich auf zu hohe Energieumsätze ein, weil die Energieträger selbst als die Güter, welche Bedürfnisse befriedigen, behandelt wurden, um den Mehrverbrauch zu rechtfertigen. Die eigentlichen Mittel der Bedürfnisbefriedigung sind aber die Energiedienstleistungen, die eben auch mit geringerem Endenergieaufwand und höherer Energieproduktivität erbracht werden können. Eine Verbraucherpolitik, die solche Zusammenhänge aufdeckt, ist eine Erziehung zu rationaler Kritik (Fleischmann 1982); die Behandlung der Energieeinsparung im Fall S liefert dazu ein Paradigma.

Schwieriger ist die Frage, ob das Privileg des Kapitals, scheinbar nur aus dem Besitz eine Einkommensforderung zu begründen, sich gegen das durch Arbeit legitimierte Einkommen weiterhin wenig angefochten behaupten wird, wie das der Umgang mit dem Ausdruck ›Marktwirtschaft‹ nahelegt. Sinkende Wachstumsraten bei weiter steigenden Ansprüchen und der Zunahme planerischer Tätigkeit des Staats, die private Initiativen verdrängt, sprechen dagegen, das Versagen der Verstaatlichungsmodelle dafür. Überall bilden sich – auch im Osten – zunehmend differenzierte (Kosta 1984) Mischsysteme von Markt- und Planelementen heraus, welche die Elemente des liberalen Kapitalismus und der frei funktionierenden Märkte im Westen zudecken, wobei der Zuwachs der Planung meist berechtigten Anliegen wie dem des Umweltschutzes entspringt. Ob Eigentums- und Verteilungskonflikte bewältigt werden, hängt in einem solchen Umfeld auch davon ab, ob es gelingt, in der scheinbar wildwüchsigen Entwicklung eine Ordnungsperspektive sichtbar zu machen, wie sie als Wirtschaftsstil in Erscheinung treten kann. Wir werden also zurückgeführt auf die Frage, welche Leitbilder aus den Paradigmen eines Wirtschaftsstils folgen.

Die im Energiebereich gewonnenen Antworten weisen über diesen hinaus. Der Sozialen Marktwirtschaft, wie wir sie heute kennen, kann man die Vorstellung zuordnen, Umweltprobleme seien primär durch technologische Durchbrüche zu lösen. Der Fall K paßt sich einer solchen Strategie an. Die Konzeption einer Ökosozialen Marktwirtschaft, wie sie dem Fall S angemessen wäre, will dagegen das Wirtschaftsleben im weiteren Sinn (einschließlich der Motivation) an natürliche Restriktionen anpassen, ohne auf eine umfassende Naturbeherrschung abzuzielen.

Übersetzt auf den Energiebereich, führen solche unterschiedlichen Leitbilder zu einem jeweils anderen Herangehen an die Problematik. Konventionelles Denken betrachtet das Energieproblem als das einer reichlichen Versorgung mit im Ganzen als gleichwertig angesehenen Energieformen. Anpassung heißt dagegen nach dem Leitbild der Befürworter von S, von den gewünschten Energiedienstleistungen auszugehen und damit die Energieeffizienz in den Vordergrund zu stellen.

Dieser grundlegende Ansatz findet dann seinen Ausdruck in einer Vielfalt von Einzellösungen, die, ausgehend vom jeweiligen Bedarfsprofil, primär eine sparsame Verwendung von Energie sichern sollen. Hingegen stellt das Leitbild für den Fall K das mögliche Versorgungspotential in den Vordergrund und fragt dann, wie die verschiedenen Bedarfsfelder damit abgedeckt werden können.

Der Zusammenhang zwischen den verschiedenartigen allgemeinen Leitbildern und der jeweils angestrebten Entwicklung des Energiebereichs zeigt sich auch in der Wettbewerbsproblematik und in der Rolle staatlicher Politik: Entgegen ihrer ursprünglichen Konzeption hat die Soziale Marktwirtschaft eine starke Konzentration unter Zentralisierung staatlicher Funktionen hervorgebracht. Diese Tendenz würde im Fall K ihre Fortsetzung finden, auch wenn dies von den meisten Befürwortern der Atomenergie in der Bundesrepublik nur ungern zugegeben wird. In der Konzeption der Ökosozialen Marktwirtschaft wäre die Technologiepolitik hingegen ein Instrument der Wettbewerbspolitik und könnte dazu beitragen, einen funktionsfähigen Wettbewerb und föderalistische Strukturen zu erhalten sowie eine direkte Beteiligung der Bürger an der Gestaltung ihrer Lebensumstände zu fördern.

Ähnliches gilt auch für die Berufsstruktur. Das heutige Leitbild der Sozialen Marktwirtschaft impliziert eine Förderung des Wachstums mittels der Ausdehnung hierarchisch organisierter, intellektuell abgehobener und entfremdeter Formen der Arbeit. Zum Leitbild einer Ökosozialen Marktwirtschaft gehört hingegen die Schaffung ›ökologisch angepaßter Berufe‹. Dieser Konzeption einer aktiven Gestaltung von Technologien unter der Zielsetzung, eine bestimmte Qualität des Arbeitsprozesses zu gewährleisten, kann auch die Energiepolitik dienen.

Zwischen den allgemeinen Leitbildern und den Bedingungen der Realisierung der Szenarien bestehen allerdings auch mancherlei Diskrepanzen. Eine betrifft im Fall K den Konflikt zwischen marktwirtschaftlicher Ideologie und der faktischen Verstärkung von Konzentrationstendenzen. Im Fall S überzeichnet das Leitbild die in der Realität gegebenen Möglichkeiten z.B. durch die Betonung von ›ökologisch angepaßten Berufen‹. Denn die in den Referenzfällen diskutierten Technologien führen tatsächlich nur in wenigen, speziellen Bereichen zu deutlichen Unterschieden der Berufsbilder und der Arbeitsorganisation. Die ›ökologische Anpassung‹ dürfte sich oft nur in abgehobener Form vollziehen können. Es wird die Einhaltung von Grenzwerten für Emissionen verlangt, es werden Richtlinien für die Wärmedämmung entworfen usw.. Daher tritt im Umgang mit der Natur eine Formalisierung ein, die in mancher Hinsicht der institutionellen Ordnung zwischenmenschlicher Beziehungen durch die Norm von Gesetz und Vertragsbindung analog ist.

Aber immerhin: So wie beispielsweise der Ersatz der Altersfürsorge in der Großfamilie durch ein System der Rentenversicherung in menschlicher Hinsicht nicht nur als Verlust – nämlich der Vielzahl der Bezüge der Großfamilie – angesehen werden darf, weil die erreichte persönliche Unabhängigkeit auch eine freiere und zwanglosere Begegnung zwischen den Generationen ermöglicht, birgt die Gestaltung des Wirtschaftslebens entsprechend dem Leitbild einer Ökosozialen Marktwirtschaft über legale Normen auch die Möglichkeit der Entwicklung eines neuen Naturgefühls: Nicht aus der Abhängigkeit, sondern der gemeinsamen Fürsorge.

(3) Neue Leitbilder und überkommene politische Positionen

Im Rahmen des konventionellen Leitbilds der Sozialen Marktwirtschaft haben sich bis zum Eintreten der Umweltkrise und des Ölschocks keine systematisch neuen Konzepte des Umgangs mit Umweltproblemen und sozialen Risiken durchgesetzt, außer daß dem Staat neue Lenkungsfunktionen zugewiesen wurden. Man wollte andererseits keinen Dirigismus. Es war deshalb logisch, die Entwicklung der Nukleartechnologie mit staatlichen Mitteln zu fördern, während die Investitionen in kommerzielle Anlagen sich über den Elektrizitätspreis finanzieren sollten.

Matthöfers Vorschlag einer Energiesteuer zur Beschleunigung der Einsparung und Substitution von Mineralöl ging dem undifferenzierten Dirigismusverdacht schon zu weit. Weil offenbar die Zeit für durchgreifende Maßnahmen der Anpassung des Wirtschaftslebens an Umweltbedingungen noch nicht reif war, konnte der Vorschlag nicht zuletzt mit solchen Argumenten zu Fall gebracht werden. In der Demokratie läßt sich eine Umstellung wie der Übergang zu einer Ökosozialen Marktwirtschaft eben nicht durchsetzen, wenn sich kein entsprechender Wertwandel vollzieht.

Es gibt eine Reihe von Indizien dafür, daß ein solcher Wertwandel inzwischen – schneller als erwartet – in Gang gekommen ist; nicht zuletzt weil ernste und zugleich spektakuläre Probleme wie das Waldsterben zu politischem Handeln zwingen und damit zum Auslöser für eine umfassendere Neuorientierung werden können.

Dabei läßt sich eine solche Umgestaltung von Prioritäten durchaus nicht eindeutig bestimmten Teilen des parteipolitischen Spektrums zuordnen. Denn wie sich auch in der Energiediskussion zeigt, stehen die neuen Elemente, die das Leitbild einer Ökosozialen Marktwirtschaft auszeichnen könnten, in einer ambivalenten Beziehung zu den konventionellen Wertmustern. Der wettbewerbspolitische Vorteil des Falls S, der eine geringere Konzentration nach sich ziehen dürfte, wird traditionell von konservativer Seite eher gewürdigt, die andererseits davor zurückschreckt, sich ebenso stark wie die Linke technologiepolitisch zu engagieren. Der Widerspruch löst sich jedoch auf, wenn man bedenkt, daß Wettbewerb gegenüber leitungsgebundenen Energien sich praktisch nur durch Förderung von Substitutionskonkurrenz durchsetzen läßt, Wettbewerbspolitik ohne Technologiepolitik hier also so inhaltsleer bleibt wie das Seerecht ohne Schiffe. Ebenso hätte der Naturschutz traditionell ein konservatives Anliegen sein können (Kapitel 2), ist von anderen Parteien aber stärker forciert worden.

So wie die Orientierung von S kohärent ist, aber an überkommenen politischen Maßstäben gemesssen widersprüchlich wirkt, zeigen sich scheinbare Diskrepanzen in den Werten selbst. Obwohl etwa das S-Szenario in mancher Hinsicht der Herausbildung postmaterieller Werte entgegenkommt, wird die materielle Orientierung als solche nicht in Frage gestellt, denn es ist ja eine private Rentabiliätsrechnung erforderlich, damit Einsparungsgewinne überhaupt wahrgenommen werden und z.B. staatliche Anreize zum Handeln motivieren können. Der Wertwandel betrifft deshalb weniger die Frage, ob man Gewinnmöglichkeiten wahrnehmen soll und ob man sich in materiellem Konsum repräsentieren möchte, sondern wo und wodurch dies geschieht.

So wie es keine völlig eindeutige Zuordnung von K und S auf das parteipolitische Spektrum gibt, so ist auch keine Einordnung der beiden Referenzfälle in das vereinfachende Schema von ›Markt versus Plan‹ möglich. Denn eine aktive, interventionistische Energiepolitik erfordern beide Strategien – auch wenn sich die energiepolitischen Erfordernisse und Konfliktfelder im einzelnen signifikant unterscheiden. Wie in den vorausgegangenen Kapiteln gezeigt wurde, weisen beide Szenarien sogar einen erhöhten energiepolitischen Handlungsbedarf auf.

Die in Kapitel 7.1 (2) aufgelisteten energiepolitischen Handlungsfelder, die bei Meixner (1986) näher diskutiert werden, zeigen dies deutlich. Offenbar ist grundsätzlich und in beiden Fällen Energiepolitik als eine aktive Strukturpolitik zu verstehen, in der dem Staat wichtige Steuerungsaufgaben zufallen. Eine solche Rolle des Staats für die Entwicklung im Energiebereich dürfte für die Befürworter der S-Strategie in ihrer Mehrzahl wohl akzeptabel sein – auch wenn sie sich über deren Detailprobleme manchmal nicht völlig im klaren zu sein scheinen. Auf seiten der Befürworter einer K-Strategie stellt sich dieses Problem prinzipiell gleich dar. Zwar findet sich hier oft in der Theorie eine eher skeptische Einstellung zu einer staatlichen Strukturpolitik; faktisch werden die entsprechenden Maßnahmen einer K-Strategie jedoch in der Regel befürwortet, auch wenn damit manchmal politische Grundsatzäußerungen und politische Taten zueinander im Widerspruch stehen.

(4) Die Rolle der Öffentlichkeit

Wir haben versucht, objektive Kriterien zur Beurteilung der Referenzfälle zu gewinnen, die wissenschaftlich fundiert sind. Unter einzelwissenschaftlichen Gesichtspunkten ergaben sich Zielbeiträge, die in einem zweiten Schritt im Prinzip gegeneinander zu werten sind. Es gibt jedoch kein einfaches Verfahren, um einen Zielbeitrag zu einem ökonomischen Wert wie dem der Vermeidung unnötiger wirtschaftlicher Konzentration gegenüber einem anderen wie dem ideellen Wert der Erhaltung landwirtschaftlicher Flächen *wissenschaftlich* aufzurechnen. Eine alle positiv und negativ zu bewertenden Zielbeiträge auf eine einzige Dimension reduzierende Betrachtung würde im vorliegenden Fall vermutlich mehr verschleiern als aufdecken.

Die Bewertung auf der zweiten, vergleichenden und damit interdisziplinären Ebene wurde deshalb in der Beschreibung der Gesamtentwicklung als zweier alternativer Wirtschaftsstile zusammengezogen. Es gibt kein anderes Verfahren, als die Bilder zu entwerfen, um sie einer intuitiven Beurteilung durch die Öffentlichkeit auszusetzen, aber es gibt eine Systematik der Darstellung, die teils den beteiligten wissenschaftlichen Disziplinen, teils der Wirtschaftsstilforschung entspringt.

Nun möchte man gerne im vorhinein wissen, wie die Bürger, bei denen die Entscheidung letzten Endes liegt, die Alternative aufnehmen werden.

Eine dazu relevante Befragung ist in einem, zu unserem parallelen Projekt einer Sozialverträglichkeitsuntersuchung unternommen worden, das an der KFA-Jülich durchgeführt wurde (Peters, Stegelmann, Albrecht, Renn 1984).

Zwar hat man nicht unsere Wirtschaftsstile zum Gegenstand der Erhebung gemacht, aber durchaus verwandte Konzeptionen. Nach dem Stichprobenverfahren wurden ausgewählte Personen in sogenannten Planungszellen (Dienel) mit der Möglichkeit alternativer Energiezukünfte konfrontiert. Nach gründlicher Unterrichtung während mehrerer Tage über die Eigenschaften der Energiepfade hat man sie dann darüber befragt, ob und unter welchen Voraussetzungen sie dieser oder jener Zukunft den Vorzug geben würden. Durch die Selbstauswahl der an einer solchen Befragung Teilnehmenden – 20% der Stichprobe – ist deren Repräsentativität von vornherein zweifelhaft. Immerhin können die Jülicher Resultate, die durch Diskussion der Pfade der Enquête-Kommission zustande kamen, für unsere Zwecke folgendermaßen zusammengefaßt werden (Mitteilung von O. Renn):

1. Wenn die wirtschaftliche Entwicklung, vor allem die Versorgung mit Energiedienstleistungen, zwischen den Pfaden 2 und 3 der Enquête-Kommission (die den Pfaden K und S bei uns weitgehend entsprechen) tatsächlich nicht divergiert, dann ist Pfad 3 derjenige, bei dem die wenigsten Wertverletzungen zu erwarten sind.

2. Von den Teilnehmern wurde nachdrücklich hervorgehoben, daß die damit ausgedrückte Priorität unter der Voraussetzung ausgesprochen wurde, daß der Verzicht auf Kernenergie keine wirtschaftlichen Einbußen zur Folge hat und daß sich die positiven Erwartungen hinsichtlich der Wirtschaftlichkeit der regenerativen Quellen und Einsparungstechnologien verwirklichen lassen.

3. Sollte politisch der Atomenergiepfad 2 die Priorität erhalten, müßte zuerst die Entsorgungsfrage technisch und politisch zweifelsfrei gelöst werden, und es müßten soziale Nischen für alternative Lebensformen erhalten werden können.

4. Wie die Diskussionen ergaben, sahen die Beteiligten zwischen sozialer Wünschbarkeit, eigenen Verhaltensintentionen und staatlich postulierten Zielen erhebliche Konflikte. So wären insbesondere erhebliche Frustrationen zu erwarten, wenn nach der Kernenergie auch die Einsparung nicht hielte, was sie verspricht.

Diese Resultate bestätigen, daß der objektiven, von uns dargestellten Verzweigungssituation eine ambivalente Haltung der Bürger entspricht. Mit der nötigen Vorsicht können sie dahingehend ausgelegt werden, daß ein erhebliches Sympathiepotential für die im Referenzfall S zum

Ausdruck kommenden Zielsetzungen, technischen Mittel und politischen Strategien besteht, und daß sich diese Sympathien nur erhalten können, wenn die politische Umsetzung unter konsequenter und sichtbarer Herausstellung der ökonomischen Machbarkeit unternommen wird.

Obwohl die hier entfalteten Vorstellungen einer solaren Zukunft bei nachhaltiger Verbesserung der Energieeffizienz in ihrer Einbettung in den Wirtschaftsstil einer Ökosozialen Marktwirtschaft nicht allen Wunschvorstellungen genügen und für andere drängende Zukunftsprobleme (wie dem der Hilfe für die Dritte Welt und der kulturellen Desintegration) keine fertigen Lösungen anbieten, fühlen wir uns nach den Ergebnissen der vorliegenden Untersuchung berechtigt, für den Fall S einzutreten. Zugleich ist nach unserer Einschätzung klar erwiesen, daß das Brütersystem mit Wiederaufarbeitung die Kriterien der Sozialverträglichkeit nicht erfüllt.

(5) Mittelfristige Perspektiven

Fragt man vor diesem Hintergrund nach möglichen Zwischenlösungen für die mittlere Frist, so ist auszugehen von einer Situation, in der die Atomenergie mit Hilfe von Leichtwasserreaktoren bereits in großem Umfang genutzt wird. Die Errichtung dieser Reaktoren hat z. T. großen Widerstand hervorgerufen, aber ihr Betrieb ist nie wesentlich gestört worden. Ihr Anteil an der für die Erzeugung von Grundlast-Strom verfügbaren Kapazität dürfte bis 1990 auf etwa ein Drittel steigen. Kann man verantworten, sie abzuschalten?

Offenbar kommt ein Abschalten auf kurze Frist nicht in Frage. Zu entscheiden ist zunächst nur, wie die bestehenden Kernkraftwerke weiterlaufen sollen, d. h., wie sie zu entsorgen sind und wie lange noch neue gebaut werden sollen. Die Diskussionen der letzten Jahre und die inzwischen gesammelten Erfahrungen belegen, daß die Wiederaufarbeitung für den Betrieb von Leichtwasserreaktoren entbehrlich ist, da die direkte Endlagerung voraussichtlich billiger und sicherer sein wird, obwohl sie ein größeres Volumen beansprucht. Wie unsere Untersuchung zeigt, hängen die hauptsächlichen sozialen Unverträglichkeiten des Falls K jedoch gerade mit dem Brennstoffkreislauf (Plutoniumwirtschaft) zusammen. Die Probleme der Sozialverträglichkeit ließen sich durch eine strikte Beschränkung auf Leichtwasserreaktoren und bei direkter Endlagerung in ihrer Intensität gegenüber dem Fall K deutlich verringern. Die verbleibenden Probleme könnten wohl zumindest übergangsweise toleriert werden, soweit Leichtwasserreaktoren tatsächlich billiger Elektrizität liefern als fossile und insbesondere mit heimischer Steinkohle befeuerte Kraftwerke.

Da Umwelt- und Sozialverträglichkeitsprobleme aber sowohl von der Atomenergie als auch von fossilen Energien, insbesondere der Kohle, ausgehen, bleibt die Einsparung ein dringendes Gebot. Die Einsparungserfolge der letzten Jahre belegen, daß eine forcierte Einsparpolitik auf fruchtbaren Boden fallen müßte, da sie einem sich teilweise schon vollziehenden Wertwandel entgegenkommt; sie kann durch viele politische Maßnahmen kurzfristig gefördert werden (Meixner 1984).

Selbst die beste Übergangslösung wirft ihre eigenen, spezifischen Probleme auf. Die Nutzung von Leichtwasserreaktoren betrifft zwar wenige Prozent des Energiemarkts insgesamt, wenn man sie strikt auf den Grundlastbereich beschränkt; aber bei einem durch Einsparungen verlangsamten Wachstum der Stromnachfrage wird dadurch tendenziell die Steinkohle weiter verdrängt, die sich ohnehin aus Kostengründen und durch das Vordringen billigen Naturgases bedroht findet. Allerdings könnte man aus Gründen der Umweltverträglichkeit dafür plädieren, durch einen Ausbau von Leichtwasserreaktoren die besonders umweltgefährdende Braunkohle zu ersetzen, die zum Teil stark schwefelhaltig ist und durch den Tagebau die Landschaft verwüstet.

Zum Zeitpunkt des Abschlusses der vorliegenden Untersuchung stellt sich die Situation auf den Energiemärkten ganz anders dar als bei ihrem Beginn. Der Optimismus bezüglich des Kostenvorteils der in Kernenergie umgetauften Atomenergie hat erheblich nachgelassen und scheint beim Brüter weitgehend verflogen zu sein. Überall ist die Planung von Atomkraftwerken stark zurückgenommen worden, und in den Vereinigten Staaten werden – nicht zuletzt wegen der dort verfügbaren billigen Kohle – sogar schon vergebene Aufträge storniert und halbfertige Kraftwerke auf Kohle umgerüstet. Der Energiemarkt ist wieder zu einem Käufermarkt geworden, auf dem die Anbieter von Energieträgern um ihre Marktanteile kämpfen müssen. Der Bedarf an zusätzlichen Atomkraftwerken ist somit auch in der Bundesrepublik sehr gering.

Aus unseren Darlegungen über die Umwelt- und Sozialverträglichkeitsprobleme von Energiesystemen folgt, daß der Weg der Einsparung und Erschließung alternativer Energiequellen gleichwohl weiter verfolgt werden sollte. Unsere Untersuchung bleibt schon deshalb aktuell, weil die Verzweigungssituation sich allenfalls in die Zukunft verlängert, was kein Nachteil ist. Auch für eine pragmatische Energiepolitik hier und heute bleiben die Schlußfolgerungen relevant, denn wichtige Entscheidungen fallen jetzt. Noch wird am Brüter in Kalkar weitergebaut; selbst das Projekt einer Nachfolgeanlage (SNR 2) ist noch keineswegs aufgegeben worden. Die Elektrizitätswirtschaft scheint entschlossen zu sein, eine Wiederaufarbeitungsanlage zu errichten, deren Sinn sich erst mit dem Ausbau des Brütersystems erfüllen kann. Aber auch über künftige Einsparungen wird jetzt entschieden, denn die dafür erforderlichen Maßnahmen benötigen Zeit zur Vorbereitung und bis sie wirksam werden.

Gleichzeitig tauchen Probleme wieder auf, die in der Konstruktion der Szenarien K und S gelöst schienen. Zwar sind die beiden Referenzfälle nicht gleichermaßen geeignet, die heimische Kohle zu verwerten. Im Brütersystem hatte die Steinkohle im Grunde bereits keinen Platz mehr: Weil man den Brüter wollte und weil man zugleich das Ziel der Ölsubstitution verfolgte, unterstellt das Szenario ein Vordringen der Elektrizität in den Heiz-Wärmemarkt. Aber das Kohleproblem wurde durch nukleare Kohleveredelung ›gelöst‹, die der Steinkohle den Zugang zu neuen Einsatzbereichen eröffnen sollte. In S findet hingegen die Kohle ihren natürlichen Platz in der Strom- und Fernwärmeerzeugung sowie in der Bereitstellung von Prozeßwärme für industrielle Zwecke. Wenn sich nun faktisch ein Ausbau der Kernenergie unter ausschließlicher Nutzung von Leichtwasserreaktoren einstellt und der Trend zur Energieeinsparung sich weiterhin kraftvoll fortsetzt, müssen für die Kohle neue Lösungen gefunden werden.

Die Enquête-Kommission ›Zukünftige Kernenergiepolitik‹ des Deutschen Bundestags hatte 1980 empfohlen, vorerst an den Leichtwasserreaktoren festzuhalten und erst um 1990 abschließend zu entscheiden, ob auf den Einsatz von Atomenergie langfristig verzichtet werden solle. Heute sehen wir, daß sich der Zeitpunkt, zu dem eine Entscheidung über die großtechnische Einführung des Brüters fallen müßte, um mehrere Jahrzehnte hinausschiebt. Es läßt sich aber nicht nur diese Verzögerung mit Erkenntnissen über die Wirtschaftlichkeit brütender Systeme sowie über die Verfügbarkeit anderer Energien und über das Einsparungspotential besser begründen, sondern wir haben über die Umwelt- und Sozialverträglichkeit sowie über die ökonomischen Voraussetzungen und Folgen der Pfade so viel gelernt, daß für einen Pfad S (unter begrenztem Einbezug der Kernkraft) gegenüber dem Pfad K eindeutige Vorteile reklamiert werden können. Wir haben zudem gute Gründe für die Annahme, daß sich die Brütertechnologie letztlich als überflüssig erweisen wird. Demonstrationsanlagen für Brutreaktoren und für die Wiederaufarbeitung von Spaltstoffen zu bauen, erscheint danach nicht nur verfrüht, sondern als Fortsetzung eines Irrwegs.

Die politische Einschätzung der Enquête-Kommission wird damit im wesentlichen bestätigt: Solange eine eindeutige Mehrheit für S sich nicht durchsetzen kann und die volle Entfaltung des K-Szenarios aus guten

Gründen blockiert wird, bleibt gar nichts anderes übrig, als an dem von der Kommission vorgeschlagenen Junktim festzuhalten, das nun allerdings folgende Form annimmt:

1. Der Energieeinsparung und der Sonnenenergienutzung muß eine glaubhafte Chance gegeben werden. Für die Kommission bedeutete dies, die Realisierung ihres Katalogs von 62 Sofortmaßnahmen zu verlangen; heute bedeutet es, darüber hinaus auf allen wichtigen energiepolitischen Handlungsfeldern des Referenzfalls S tätig zu werden (Kap. 7.1).

2. Dann kann die Option Atomenergie aufrechterhalten werden, was (a) den Zubau der Leichtwasserreaktoren anbelangt. Die Kommission schlug auch vor, (b) die fortgeschrittenen Reaktorlinien und den Brennstoffzyklus durch den Bau entsprechender Demonstrationsanlagen weiterzuentwickeln. Aber nach unseren neueren Erkenntnissen spricht nichts mehr dafür, den zweiten Teil (b) dieses Programms aufrechtzuerhalten. Die Leichtwasserreaktoren mit direkter Endlagerung reichen jedenfalls aus, um die Tragfähigkeit des Referenzfalls S wirtschaftlich vorteilhaft und ohne Engpaß im Lauf von mehreren Jahrzehnten praktisch zu prüfen, ohne daß die weitergehende Option der Atomenergie verlorenginge.

Die Entwicklung von Brütern und Wiederaufarbeitungsanlagen sowie der Bau von Demonstrationsanlagen für diese Technologien sollte dementsprechend nunmehr eingestellt werden.

9. Zusammenfassung der Ergebnisse

9.1 Thesen

1. Das Kriterium der Sozialverträglichkeit ist geeignet, technische Innovationen in ihrer Tragweite für die gesellschaftliche Ordnung und Entwicklung zu beurteilen, und sollte in Zukunft bei allen technologiepolitischen Entscheidungen berücksichtigt werden.

2. Die Bundesrepublik Deutschland befindet sich energiepolitisch in einer Verzweigungssituation. Zur Ablösung der fossilen Energieträger besteht die Wahl zwischen einem auf Atomenergie beruhenden Energiesystem »K« und einem auf Sonnenenergie sowie auf Einsparungsmöglichkeiten beruhenden System »S«. Beide sind gleichermaßen geeignet, um in einem wachsenden Maß Energiedienstleistungen für die Wirtschaft und für die privaten Haushalte bereitzustellen. Dabei werden die fossilen Energieträger in beiden Fällen noch auf Jahrzehnte hinaus den größten Teil unserer energiebezogenen Bedürfnisse zu decken haben.

3. Beide Wege sind gesamtwirtschaftlich vertretbar, unterscheiden sich jedoch charakteristisch in bezug auf Konzentration und Wettbewerb, die Investitionsstruktur und die Art der Beschäftigung. In beiden Richtungen zeichnen sich unterschiedliche Entwicklungen des Wirtschaftsstils ab. Unter Kostengesichtspunkten ergibt sich ein leichter Vorteil für den Sonnen- und Einsparweg S.

4. Sonnenenergie und die Energiequelle Energieeinsparung sind hinsichtlich der Verfassungsziele eindeutig sozialverträglicher als Atomenergie. Ein auf dem Plutoniumkreislauf (Wiederaufarbeitungsanlagen, Brutreaktoren) beruhendes Atomenergiesystem wäre unter den heutigen Verfassungszielen nicht sozialverträglich. Die innere Ordnung würde durch das Energiesystem K nachhaltig gefährdet, nachdem die internationale Ordnung es durch die Atomwaffen schon ist.

5. Das Energiesystem S ist auch unter Gesichtspunkten der gesellschaftlichen Werte und ihres derzeit tiefgreifenden sowie schnellen Wandels ebenfalls sozialverträglicher als das System K. Dabei spielt die größere Anpassungsfähigkeit an unabsehbare Entwicklungen eine besondere Rolle.

6. Die im öffentlichen Bewußtsein verbreitete Hoffnung, auf dem Weg S zu einer lebens- und bedürfnisorientierten Technik zu kommen, ist berechtigt, wenn entsprechende Wege auch in anderen Bereichen einge-

schlagen werden. Damit erweist sich der Fall S als ein Wegweiser der Entwicklung zum Wirtschaftsstil einer Ökosozialen Marktwirtschaft, während der Fall K den Wirtschaftsstil der Sozialen Marktwirtschaft negativ beeinflußt.

7. Soweit sich die direkte Endlagerung abgebrannter Brennstäbe als praktikabel erweist und Leichtwasserreaktoren wirtschaftlich sinnvoll sind, ist aus Gründen der Sozialverträglichkeit nichts dagegen einzuwenden, auch im Fall S diese Reaktoren neben der Sonnenenergienutzung, der Energieeinsparung und der Nutzung fossiler Energieträger übergangsweise weiter zu betreiben.

8. Das von der Enquête-Kommission 1980 empfohlene Junktim zwischen einer prioritären Förderung der Nutzung von Sonnenenergie bzw. Einsparungsmöglichkeiten einerseits und der Aufrechterhaltung der Option Atomenergie andererseits ist dahingehend zu modifizieren, daß auch die Atomenergie nur noch unter Berücksichtigung des Kriteriums der Sozialverträglichkeit weiterentwickelt werden sollte. Brutreaktoren und Wiederaufarbeitungsanlagen dürften danach nicht gebaut und betrieben werden, auch nicht als Demonstrationsanlagen.

9.2 Erläuterungen

(1) Sozialverträglichkeit – ein neues Kriterium der Energiepolitik

Technische Innovationen verändern die Möglichkeit des Austrags der jeweils bestehenden internationalen, gesellschaftlichen und persönlichen Konflikte so, wie wenn während eines Spiels unversehens neue Züge erlaubt werden. Dies wird im allgemeinen dazu führen, daß die gesellschaftliche Ordnung den neuen Gegebenheiten angepaßt und die Entwicklung anders verlaufen wird, als es sonst der Fall gewesen wäre. Die Veränderungen der gesellschaftlichen Ordnung und Entwicklung von der vorangegangenen Situation her zu bewerten, ist die Aufgabe der Sozialverträglichkeitsanalyse. *Sozialverträglichkeit bedeutet Verträglichkeit mit der gesellschaftlichen Ordnung und Entwicklung.* Dabei geht es sowohl um die gesellschaftlichen Voraussetzungen für die Einführung bestimmter Innovationen als auch um die späteren Folgen.

Das von der Enquête-Kommission »Zukünftige Kernenergiepolitik« des Deutschen Bundestags in das politische Entscheidungsfeld eingeführte Kriterium der Sozialverträglichkeit hat sich durch die vorliegende Untersuchung als geeignet erwiesen, um verschiedene Energiesysteme vergleichend zu beurteilen. Im Rahmen der Untersuchung sind projektbegleitend Methoden entwickelt worden, derer sich auch künftige Sozialverträglichkeitsanalysen bedienen können. Die Ergebnisse des Forschungsprojekts rechtfertigen die Empfehlung, in Zukunft andere als energietechnische Innovationen ebenfalls auf ihre Sozialverträglichkeit hin zu bewerten, bevor sie eingeführt werden. Diese Bewertung stellt allerdings auch die Verwaltung und die politischen Akteure vor Anforderungen, denen sie nicht ohne weiteres gewachsen sind. Insbesondere kommt es darauf an, daß dem politischen Diskurs über die wissenschaftlichen Ergebnisse von Sozialverträglichkeitsanalysen im Entscheidungsprozeß hinreichend Raum gegeben wird. Es ist eine Frage der politischen Kultur, wie die Politik mit dem Wissen umgeht.

Das Kriterium der Sozialverträglichkeit hat mit vielen anderen politischen Entscheidungsdimensionen gemein, daß es sich nicht umfassend quantifizieren läßt. Qualitative Antworten auf die richtigen Fragen sind auch hier nützlicher als Zahlenangaben zu irreführenden oder uninteressanten Fragen. Die Aussageform der Sozialverträglichkeitsanalyse ist der Implikationskatalog, d.h.: es zeigt sich, wieweit die Entscheidung für dieses oder jenes technische System mit exogen vorgegebenen Zielen oder Werten der gesellschaftlichen Ordnung und Entwicklung verträglich bzw. konsistent ist.

Festgestellt wird also die relative *Akzeptabilität* der fraglichen Innovationen (relativ zu Zielen oder Werten), nicht ihre *Akzeptanz* im empirischen Meinungsfeld. Die Aussageform des Implikationskatalogs gewährleistet, daß hier nicht Wissenschaftler anderen Leuten vorzuschreiben versuchen, was für sie akzeptabel sei. Um die Akzeptabilität von Innovationen geht es auch in der öffentlichen Diskussion, wohingegen die Akzeptanzforschung sich an dieser Diskussion selbst nicht beteiligt.

Das methodische Instrument, um eine technische Innovation auf ihre Verträglichkeit mit der gesellschaftlichen Ordnung und Entwicklung zu beurteilen, ist die soziale Konstruktion. Dasselbe System, das zunächst in technisch-wirtschaftlichen Begriffen bestimmt war, wird durch die soziale Konstruktion z.B. als ein Rechtstatbestand beschrieben, so daß es nach juristischen Kategorien zu beurteilen ist. Der sozialen Konstruktion im weitesten Sinn dient das Prinzip der analytischen Fortsetzung. Hier gilt es festzustellen, welche sonstigen industriewirtschaftlichen Entwicklungen mit denselben exogenen Zielen oder Werten verträglich sind, unter denen die fragliche Innovation am ehesten akzeptabel wäre. Ein Beispiel ist die Erweiterung der energiepolitischen Alternative über die in diesem Buch geschilderte Verzweigungssituation hinaus auf die weiterreichende Entscheidung zwischen einem ›harten‹ und einem ›sanften‹ Weg in die industriegesellschaftliche Zukunft.

Methodisch bewährt hat sich im Rahmen der vorliegenden Untersu-

chung auch das Prinzip, die Aufgabe der wissenschaftlichen Politikberatung sei die Unterscheidung dessen,
– was wissenschaftlich richtig oder falsch ist und dementsprechend keiner politischen Erörterung bedarf, von dem,
– was nicht wissenschaftlich richtig oder falsch ist, sondern einer politischen Bewertung bedarf, in der dann freilich die Wissenschaftler keine ausgezeichnete Rolle mehr spielen dürfen.

Soweit es uns gelungen ist, in den verschiedenen Bereichen diese Unterscheidung zu treffen, hat die projektbegleitende Kritik sowohl durch zahlreiche Sachverständige als auch von seiten einer weiteren Öffentlichkeit dazu wesentlich beigetragen. Zwischenergebnisse zu publizieren und dadurch – wie auch sonst in der Wissenschaft üblich – der Kritik auszusetzen, dient der Qualität der wissenschaftlichen Politikberatung und sollte deshalb von seiten der Auftraggeber in der Regel nicht untersagt, sondern geradezu gewünscht werden.

Die politische Voraussetzung dafür, daß Studien wie die vorliegende im Entscheidungsprozeß überhaupt berücksichtigt werden, ist ein diskursiver Politikstil, in dem jenseits der Mehrheiten auch Wahrheiten Raum gegeben wird. Das politische Vorbild, an dem wir uns hinsichtlich dieses Stils orientiert haben, war die Arbeit der ersten Enquête-Kommission »Zukünftige Kernenergiepolitik« des Deutschen Bundestags.

(2) Die Realität der Verzweigungssituation

Die Ergebnisse der Enquête-Kommission werden durch die vorliegende Untersuchung zunächst dahingehend bestätigt, daß die Bundesrepublik Deutschland energiepolitisch in einer Verzweigungssituation steht. Das heißt: Es gibt wirklich zwei verschiedene Möglichkeiten, das auf dem Einsatz fossiler, nichterneuerbarer Energieträger (Kohle, Mineralöl, Erdgas) beruhende Energiesystem längerfristig allmählich durch ein anderes zu ersetzen. Der *eine Weg* K ist der der Atomenergienutzung. Dieser Weg beginnt mit dem Einsatz der heutigen Atomkraftwerke (Leichtwasserreaktoren) als einer Zwischenlösung und könnte nach diesem Vorspiel durch den Übergang zu einem auf der Erzeugung von Plutonium (oder ähnlicher Isotope) beruhenden Energiesystem zu einer Dauerlösung werden. Der *andere Weg* S nutzt die Sonnenenergie und die Energiequelle Energieeinsparung. Beide Energiesysteme sind
– technisch möglich, entsprechen dem Stand der Technik also schon jetzt (z. B. Leichtwasserreaktoren, Wärmeschutz) oder nach bereits absehbaren Entwicklungsschritten (z. B. Brutreaktoren, Photovoltaik);
– energiewirtschaftlich konsistent und gesamtwirtschaftlich vertretbar.

Dieselben Bedürfnisse können sowohl auf die eine wie auf die andere Weise, d. h. mit oder ohne Atomenergie gedeckt werden. Dies ist bisher zwar oft behauptet und zuletzt durch die Enquête-Kommission auch weitgehend begründet, in der vorliegenden Studie nun aber gegen die noch bestehenden Einwände im Detail nachgewiesen worden.

Die Realität der Verzweigungssituation spricht nicht für oder gegen einen der Wege K und S. Es ergibt sich jedoch, daß für die Entscheidung zwischen den beiden Möglichkeiten nunmehr uneingeschränkt die von der Enquête-Kommission empfohlenen Kriterien geltend gemacht werden können. Niemand braucht mehr zu befürchten, daß in Wirklichkeit ja doch nur ein einziger Weg möglich sei, so daß man sich vergleichende Überlegungen zur Sozialverträglichkeit wie zu den anderen Kriterien (Wirtschaftlichkeit, Umweltverträglichkeit, internationale Verträglichkeit) sparen könne.

Die Realität der Verzweigungssituation zeigt sich jenseits der technischen Möglichkeiten vor allem an der wirtschaftlichen Vergleichbarkeit der beiden Wege. Einer Untersuchung der beiden Referenzfälle auf ihre Wirtschaftlichkeit bedurfte es auch deshalb, weil das Kriterium der Sozialverträglichkeit Fragen der Wirtschaftlichkeit mit beinhaltet. Dabei sind zunächst die jeweiligen Kosten, Wachstumsraten und Beschäftigungseffekte zu berücksichtigen. Weitergehende Zusammenhänge ergeben sich dadurch, daß ökonomische Verhältnisse soziale Folgewirkungen haben und umgekehrt ökonomische Abläufe von gesellschaftlichen Bedingungen abhängen.

Die in den Referenzfällen unterstellten Wachstumsraten liegen im langfristigen historischen Trend und können bei der zu erwartenden demographischen Entwicklung auf mittlere Sicht zu einer Senkung der Arbeitslosigkeit führen, wenn man sie sich als Resultat von zunächst höheren Zuwächsen und einer dann rascheren Abflachung, begleitet von Arbeitszeitverkürzungen, vorstellt. Der auf dem Weg S stärkere Strukturwandel entspricht mehr der vermuteten Umschichtung der Nachfrage zugunsten von umwelt- und ressourcenschonenden Produktionen als der Wirkung höherer Energiepreise oder einer Veränderung der internationalen Wettbewerbsfähigkeit. Denn es läßt sich zeigen, daß das Energiepreisniveau und die Außenhandelsposition durch die Wahl zwischen K und S nicht wesentlich beeinflußt werden.

Eine umfassende Untersuchung zum Vergleich der Investitionskosten, die mit dem Aufbau der bis 2030 vorgesehenen Bereitstellungs- und Anwendungstechnologien in den beiden Referenzfällen verbunden wären, hat nämlich überraschenderweise nur geringfügige Unterschiede ergeben. Den Mehrkosten für Investitionen zur Ausdehnung des Energieangebots im Fall K steht nur ein ungefähr gleich großer Mehraufwand für Einsparungs- und Nutzungstechnologien im Fall S gegenüber. Nimmt man die Betriebs- und Brennstoffkosten hinzu, so zeigen sich sogar leichte Kostenvorteile für den Weg S.

Die vergleichende Rechnung beruht – abgesehen vom Brüter und der Wiederaufarbeitung – im wesentlichen auf Kostenansätzen für Technologien, wie sie schon heute verfügbar sind. Um für die Schlüsseltechnologien außerdem die Dynamik des technischen Fortschritts abzuschätzen, kann dem zu erwartenden Kapitalaufwand für das Brütersystem der für eine großtechnische Nutzung der Sonnenenergie durch Solarzellen gegenübergestellt werden. Wegen der Vorteile der Massenproduktion von Solarzellen sowie der Größendegression einerseits, und der Mehrkosten, die – wie die Kosteneskalation bei den Leichtwasserreaktoren – aus den ›negativen Lerneffekten‹ im Umgang mit inhärent gefährlichen Technologien folgen, andererseits, dürfte nach dem Jahr 2000 ein Kostenvorteil der Solarzellen gegenüber dem Brüter erreichbar sein.

In der Übergangszeit wird der Brüter sich wiederum in der Konkurrenz mit dem Leichtwasserreaktor trotz seiner Uranersparnis nicht durchsetzen können. Schon bei Preissteigerungen unterhalb der Rentabilitätsschwelle für Brüter ist Uran für viele Jahrzehnte reichlich verfügbar, um ein großes System von Leichtwasserreaktoren zu betreiben. Der Kostenvorteil des Leichtwasserreaktors wird besonders deutlich, wenn die radioaktiven Spaltprodukte nicht wiederaufgearbeitet werden (direkte Endlagerung).

Zwar könnte eine Mischung von K- und S-Technologien kostengünstiger sein als beide je für sich, doch darf man daraus nicht schließen, daß sie auch in anderer Hinsicht günstiger zu beurteilen wäre. Die Gegenüberstellung der beiden Referenzfälle mit Hilfe eines computergestützten Rechenmodells ergab unter geeigneten Annahmen über die Rahmendaten der wirtschaftlichen Entwicklung, daß beide Energiesysteme mit sehr ähnlichen gesamtwirtschaftlichen Verläufen konsistent sind. Dies bedeutet, daß die im Modell dargestellte Wirtschaftsentwicklung zu einer Energienachfrage führt, welche durch die in den Referenzfällen vorgegebenen Technologien bei den ihnen zugerechneten Kosten gerade gedeckt werden kann, und daß die vorgegebenen Energieinvestitionen sich dem Verhalten der makroökonomischen Variablen im Modell einfügen.

Dabei sind zur Sensitivitätsuntersuchung ›optimistische‹ und ›pessimistische‹ Annahmen über die Entwicklung der Preise von importierten Primärenergieträgern berücksichtigt, und es sind Hypothesen über den sektoralen Produktivitätsfortschritt, eine zunehmende Partizipationsrate, die Entwicklung der Weltwirtschaft etc. mit eingegangen. In beiden

Referenzfällen zeigt sich ein für das Wachstum nicht nachteiliger Anstieg des Anteils der Energieinvestitionen an den Gesamtinvestitionen. Obwohl die Konsumgüterpreise hinter den Energiepreisen zurückbleiben, wächst der Anteil des für nichtenergetische Zwecke verfügbaren Einkommens schneller als die Kosten des Energiekonsums der Haushalte. Langfristig errechnet sich, wie schon früher beim direkten Vergleich der Investitions- und Betriebskosten, im Modell für den Fall S eine etwas niedrigere Gesamtkostenbelastung der Wirtschaft durch die Versorgung mit Energiedienstleistungen als für den Fall K.

So ähnlich die Wirkungen der Referenzfälle auf die Gesamtwirtschaft im Modell sich präsentieren, so verschieden ist ihre Kostenstruktur. Wenn der Ersatz einer bestehenden Anwendungstechnologie durch eine andere gemäß den Szenarien zu Mehrkosten bzw. zu einer Kostenersparnis führt, können im Modell diese Mehrkosten dem Staat als Subventionsbedarf angelastet und die Kostenersparnisse als Gewinne zugerechnet werden. Die Summe dieser (fiktiven) Ausgleichszahlungen ergibt um 2000 für den Fall S einen deutlich höheren Subventionsbedarf als im Fall K, dem aber um 2030 auch entsprechend höhere Gewinne gegenüberstehen. Zugleich sind die Investoren bei S vorwiegend Haushalte und Unternehmen, welche die Energieanwendung verbessern, so daß das wesentliche ökonomische Problem der Verwirklichung von S darin besteht, diese vielen Investoren rechtzeitig von der zu erwartenden Gewinnträchtigkeit ihrer Investitionen zu überzeugen. Im Fall K fällt dies leichter, da die Mehrkosten und der Mehrertrag zeitlich nicht so stark auseinanderfallen und überdies die Kapitalbildung vorwiegend im wirtschaftlich konzentrierten Bereich der Energiebereitstellungstechnologien stattzufinden hat.

(3) Die Verträglichkeit der Referenzfälle Atomenergie und Sonnenenergie mit Verfassungszielen

So wie durch die Atombombe in der Waffentechnik ganz neue Größenordnungen der Zerstörungskraft erreicht worden sind, verbinden sich auch mit der zivilen Nutzung der Atomenergie Zerstörungskräfte in einem Ausmaß, wie es sie in keinem anderen Industriebereich bisher je gegeben hat. Die Atomtechnik ist deshalb mit einer Gewissenhaftigkeit entwickelt worden, die in der Industriegeschichte ihresgleichen sucht. Die maximalen Schadenspotentiale können jedoch auch durch einen noch so sorgfältigen Umgang mit der Atomenergie nicht aus der Welt geschafft werden, sondern diese Sorgfalt vermindert nur die Wahrscheinlichkeiten, daß es zu Unfällen kommt. Wenn einige Millionstel Gramm Plutonium zum Tod führen können, einige Kilogramm für eine Atombombe genügen und große Unfälle in atomtechnischen Anlagen Tausende von Quadratkilometern unbewohnbar machen können, ist es nicht so sehr eine technische, als eine Frage der Sozialverträglichkeit, ob wir uns den rechten Umgang mit einigen hundert Tonnen Plutonium pro Jahr zutrauen wollen.

Soweit die Industriegesellschaft auch in Zukunft mit Unterlegenheitsproblemen und politischen Perversionen – z.B. Terrorismus – rechnen muß, ist dabei zunehmend auch der Mißbrauch von Atomenergie zu berücksichtigen. Die Bundesrepublik Deutschland war bisher ein ungewöhnlich ruhiges Land. Langfristige Entscheidungen wie in der Energiepolitik dürfen nicht voraussetzen, daß dies so bleibt. Zu berücksichtigen sind sowohl politisch-ideologische als auch ökonomische und persönliche Motive zum Mißbrauch der Atomtechnik.

Analog zur technischen Risikoanalytik sind unter den sozialen Risiken eines Energiesystems diejenigen Gefahren zu verstehen, die trotz der getroffenen Sicherungsmaßnahmen gegen nichttechnische Gefahren noch bestehen. Maßnahmen sind erforderlich gegen den Plutoniumraub von außen, gegen die Freisetzung von Radioaktivität, gegen den Plutoniumraub durch Insider und gegen Sabotage. Um diesen Gefahren zu begegnen, bedarf es, wie die Untersuchung zeigt, sowohl anlagenbezogener als auch gesellschaftsbezogener Maßnahmen. Rein technische Sicherungen erweisen sich in beiderlei Hinsicht als nicht ausreichend. Insbesondere müßte die atomenergiegerechte Gesellschaft jedenfalls bei den Beschäftigten atomenergetischer Anlagen beginnen. Das Vorbild der militärischen Organisation beweist nicht, daß dies in einer stabilisierbaren Weise möglich ist. Darüber hinaus muß die Sicherungslinie stufenweise auch in das gesellschaftliche Umfeld vorverlegt werden. Die Atomtechnik hätte unvermeidlich Pionierqualitäten in Richtung auf einen Überwachungsstaat.

Eine besondere Gefahr liegt in der Kumulation von Sicherungen aufgrund von Überreaktionen der Öffentlichkeit. Es ist denkbar, daß der Austrag innenpolitischer Konflikte durch die Einführung des Energiesystems K ebenso nachhaltig verändert würde wie der der internationalen Konflikte durch die Atombombe. Nachdem die Atomenergie bereits zur maßgeblichen Determinante der inernationalen Auseinandersetzung geworden ist, gefährdet sie nun auch noch die innere Ordnung. Demgegenüber ist das Energiesystem S nicht nur erheblich weniger gefährlich als das System K, sondern auch als die unterhalb von K relativ gefährlichsten Industriebereiche. Besondere Probleme der Sozialverträglichkeit bestehen hier nicht.

Hinsichtlich der Verträglichkeit der Energiesysteme K und S mit den geltenden Verfassungszielen ergibt sich der folgende Implikationskatalog:

Rechtsstaat: Das Prinzip der Gesetzmäßigkeit der Verwaltung wird durch die Entwicklung der Industriegesellschaft dahingehend gefährdet, daß an die Stelle von Konditionalprogrammen, welche die Eingriffsbefugnisse der Verwaltung eindeutig definieren, zunehmend finale Zweckprogramme treten, welche die Verwaltung lediglich auf allgemeine Zielsetzungen verpflichten und es ihr freistellen, auf welche Weise die so vorgegebenen Ziele erreicht werden sollen. Aufgrund einer zunehmenden Diskrepanz zwischen der Dynamik der Technik und der Regelungskapazität des Rechts zeigt sich diese Tendenz vor allem im Zurückbleiben der staatlichen Regelung technischer Entwicklungen. Das Energiesystem K würde die Tendenz zum finalen Zweckprogramm und zur im einzelnen parlamentarisch nicht programmierbaren sowie gerichtlich nicht kontrollierbaren Planung erheblich verstärken. Der Gefahr einer zunehmenden Rechtsunsicherheit wäre im Fall K nur durch eine dogmatische Selbstbeschränkung der Gerichte, durch eine verfassungsändernde Korrektur am bisherigen Rechtsschutzsystem oder durch Korrekturen am verfassungsmäßigen System der demokratischen Normsetzung zu begegnen. Die andere Möglichkeit wäre, nunmehr denjenigen Technologien den Vorzug zu geben, mit denen nicht nur keine weitere Entfernung, sondern sogar Schritte der Rückkehr zu einer strikten Rechtsstaatlichkeit verbunden wären. Die Entscheidung für das Energiesystem S wäre in diesem Sinn ein Schritt der Anpassung technischer Entwicklungen an die verfassungsmäßigen Ziele.

Gewaltenteilung: Die Entscheidung für das Energiesystem K brächte die Bundesrepublik Deutschland für lange Zeit auf einen Weg, auf dem die Planungsprozesse künftig so komplex würden, daß die Prämisse der Gewaltenteilung, Entscheidung und Ausführung sowie Initiative und Kontrolle trennen zu können, nicht mehr haltbar wäre. Dieser Weg zeichnet sich schon heute als der einer ›Konkordanz-Demokratie‹ ab, in der alle wichtigen gesellschaftlichen und politischen Kräfte an den jeweiligen Entscheidungen mitwirken. Das Parlament würde dadurch seine souveräne Stellung in der staatlichen Willensbildung verlieren und nur noch als ein Partner unter anderen in das kooperative Beziehungsgeflecht einbezogen sein. Demgegenüber würde das Parlament seine Funktion im Sinn der Wesentlichkeitstheorie des Bundesverfassungsgerichts auf dem Weg der Entscheidung für das Energiesystem S eher bewahren können.

Demokratie: Das Demokratieprinzip würde im Fall K an Bedeutung verlieren. Insbesondere würden durch die Plutonium-Wirtschaft auf Jahrtausende hinaus unkorrigierbare und demokratisch gegenüber den

Nachgeborenen unverantwortbare Sachzwänge geschaffen. Im Gegensatz dazu wären mit dem Energiesystem S keine entsprechenden Beschränkungen der Souveränität der Nachgeborenen verbunden. Hier könnten sich sogar schon heute Chancen für neue und zusätzliche Formen der Bürgerbeteiligung eröffnen.

Sozialstaat: Seiner sozialstaatlichen Verantwortung für die Volkswirtschaft könnte der Staat in K und S gleichermaßen gerecht werden, denn beide Energiewege hätten ähnliche gesamtwirtschaftliche Folgewirkungen. Kompensierende Maßnahmen zur Verhinderung unerwünschter Verteilungswirkungen der Energiepolitik wären in beiden Fällen sinnvoll.

Föderalismus: Der Trend zur Zentralisierung und zur Verringerung der Eigenstaatlichkeit der Länder würde durch die Entscheidung für das Energiesystem K unterstützt. Demgegenüber wäre die Energiepolitik im Fall S eher dezentral anzulegen.

Kommunale Selbstverwaltung: Das Energiesystem K würde die bestehende Tendenz zur Einschränkung der kommunalen Selbstverwaltung fördern, denn die kommunale Selbstverwaltung wirkt, soweit sie dieses System betrifft, dysfunktional. Im Fall S aber ergäbe sich schon durch die hier forcierte Einsparpolitik eine enge Verschränkung von Energiepolitik und kommunaler Entwicklungsplanung. Darin läge die Chance für eine Renaissance der Kommunalen Selbstverwaltung, verbunden mit einem erhöhten Anspruch an die Politik- und Planungsfähigkeit der Gemeinden.

Verfassungsstaat: Auf dem Energieweg K würde der Staat wie bisher zunehmend in den industriewirtschaftlichen Prozeß hineingezogen und dadurch gegenüber den gesellschaftlichen Mächten allmählich seine Eigenständigkeit, damit aber auch seine Legitimation verlieren. Die technische Entwicklung gefährdet den bürgerlich-liberalen Verfassungsstaat. In der Entscheidung für das Energiesystem S liegt die Chance, dieser Gefahr zu begegnen, wenn wir ihr begegnen wollen.

Grundrechte: Die Grundrechte bürgerlicher Freiheit sind durch die Verfassung nicht unerschütterlich verbürgt, sondern das Grundgesetz ist ein System der Balance zwischen Rechtsgütern, die sich gegenseitig begrenzen. Diese Balance ändert sich mit der industriellen Entwicklung. Wenn nach einer Entscheidung für das Energiesystem K der Brennstoffkreislauf einmal aufgebaut und die Atomenergie eine Grundlage der Energieversorgung und der Wirtschaft sein würde, dann wäre der kurzfristige Ausstieg aus der Atomenergie ein Verstoß gegen die Verfassungswerte der gesicherten Energieversorgung, der Wohlstandsvorsorge, der Vollbeschäftigung und der Leistungsfähigkeit der Volkswirtschaft, der Grundrechte der Betreiber, des friedlichen Zusammenlebens der Völker und der Sicherung der Zukunft des deutschen Volks. Es versteht sich, daß dieselben Grundrechte, die wir heute haben, in Zukunft weniger wert sein würden, wenn sie hinsichtlich der Atomenergie gegen eine solche Fülle von Rechtsgütern abgewogen werden müßten. Verläßliche Grenzen eines derartigen Grundrechtswandels gibt es nicht. Demgegenüber könnte die Entscheidung für das Energiesystem S keine weitere Aushöhlung der Grundrechte nach sich ziehen, sondern wäre wiederum ein wegweisender Schritt, um dieser Gefährdung auch in anderen Bereichen zu begegnen.

Insgesamt ergibt sich, daß das Energiesystem S mit den von uns untersuchten Verfassungszielen durchweg besser verträglich ist als das Energiesystem K. Die politische Entscheidung für den Weg K wäre also nur dadurch zu rechtfertigen, daß K mit anderen Zielen besser verträglich ist als S, und daß diesen anderen Zielen eine Priorität vor den Verfassungszielen des vorangegangenen Implikationskatalogs eingeräumt wird.

(4) Die Verträglichkeit der Referenzfälle Atomenergie und Sonnenenergie mit gesellschaftlichen Werten

Daß die industrielle Wirtschaft nicht nur wirtschaftlich, international verträglich und umweltverträglich, sondern auch sozialverträglich sein soll, ist die neueste und einstweilen letzte Erweiterung des Sinns der Wirtschaft auf einem Weg, dessen vorangegangene Schritte ein sozialer Ausgleich zwischen Kapital und Arbeit sowie beginnende Einsichten in die Erfordernisse des Umweltschutzes und einer neuen internationalen Wirtschaftsordnung gewesen sind. Dabei wurde bereits die Soziale Frage des 19. Jahrhunderts zur ersten Probe auf die Sozialverträglichkeit der industriewirtschaftlichen Entwicklung.

Seit dem 19. Jahrhundert ist der soziale Frieden durch die Beteiligung der Beschäftigten am industriellen Wohlstand gesucht worden. Insoweit dieser Wohlstand auf der Zerstörung der natürlichen Lebensgrundlagen beruhte, wurde der soziale Frieden, soweit er reicht, letztlich auf Kosten des Friedens mit der Natur gefunden. Das Arrangement der entgegengesetzten Einzelinteressen von Kapital und Arbeit innerhalb des Industriesystems hat dazu geführt, daß diejenigen, welche den Industrialismus auch noch unter anderen als sozialen Gesichtspunkten bewertet wissen wollten, fortan die Marxisten und die Sozialdemokraten gemeinsam mit den Kapitalisten gegen sich hatten und damit politisch auf verlorenem Posten standen.

In einem neuen Verhältnis der Industriegesellschaft zur Natur, das nicht nur ein Bemächtigungsverhältnis ohne höhere Verantwortung wäre, könnte die Sozialverträglichkeit technischer Entwicklungen in eins damit gewährleistet werden, daß die industrielle Wirtschaftsordnung in Einklang mit der Naturordnung gebracht wird. Das Energiesystem S dient insoweit auch dem Frieden mit der Natur, die mit wenig Energie viel Leben schafft, als gleiche Ziele mit weniger Energie bzw. Gewalt und auf eine natürlichere Weise erreicht werden. Ein Sonnenhaus z.B. stellt den Architekten vor die Aufgabe, es in die Landschaft einzubetten.

Die Erwartung, daß Energiesysteme die bewegende Kraft des Wachstums und des technischen Fortschritts sein würden, hat seit Anbeginn der Industrialisierung sowohl ziemlich naive Glückserwartungen als auch weiterblickende politische Hoffnungen auf sich gezogen. In dieser Tradition steht das in den 50er und 60er Jahren verbreitete Selbstverständnis, daß die Industriegesellschaften nunmehr in das »Atomzeitalter« eingetreten seien. In derselben Tradition gibt es jetzt auch die Erwartung, daß die Industriegesellschaft auf dem Weg S nicht nur in Energiefragen bessere Lebensformen finden würde als auf dem Weg K. Die Energiedebatte wird paradigmatisch und wegweisend für die industriegesellschaftliche Zukunft geführt.

Die historische Betrachtung der industriellen Entwicklung zeigt, daß Energiesysteme ein zentraler Faktor in der Gestaltung der gesellschaftlichen Wirklichkeit sind. Zwar wäre es übertrieben, sie als bewirkende Ursache gesellschaftlicher Prozesse anzusehen, jedoch sind sie ein konstitutives Element, das die Spielräume definiert, welche der materielle Lebensprozeß jeweils hat. Es ist an der Zeit, aus der an den Energiefragen orientierten Auseinandersetzung weiterreichende Konsequenzen für die Zukunft zu ziehen. Dies um so mehr, als sich in den Industriegesellschaften und insbesondere in der Bundesrepublik Deutschland ein lang anhaltender, tiefgreifender und schneller Wertwandel vollzieht. Ein Ende dieser Entwicklung, deren Tempo dem des Technischen Fortschritts nicht nachsteht, ist einstweilen nicht absehbar.

Nachdem das leistungsethisch geprägte Wertmuster der Aufbaujahre nach dem Zweiten Weltkrieg zunächst durch ein mehr hedonistisch geprägtes Wertmuster abgelöst worden ist, überlagert sich diesem nun die Suche nach ökologisch und sozial bedürfnisgerechten Alternativen. Eine fundierte Prognose über den weiteren Verlauf dieser Entwicklung ist nicht möglich. Ein künftiges Energiesystem kann also nur dann längerfristig bedürfnisgerecht sein, wenn es flexibel genug ist, um diesen Entwicklungsspielraum offenzuhalten. Die energiepolitische Entscheidung hat eine gesellschaftliche Tragweite vor allem für die Werte des technischen Fortschritts, der Natürlichkeit der Lebensbedingungen, der materiellen Konsumorientierung, der Leistungsethik und der inhaltlich befriedigenden Tätigkeit, der Überschaubarkeit, der Kontrollierbarkeit und der Sicherheit sowie – im Sinn der Ergebnisse zur Verträglichkeit mit den Verfassungszielen – der Freiheit und der Verantwortung gegenüber der Nachwelt.

Hinsichtlich der Verträglichkeit der Energiesysteme K und S mit den verschiedenen gesellschaftlichen Werten ergibt sich der folgende Implikationskatalog:

Technischer Fortschritt: Die im Energiesystem S eingesetzten Techniken sind nicht weniger ›modern‹ als die im System K, wobei unter der Modernität Indikatoren wie der Grad der Automatisierung, die Berücksichtigung neuester wissenschaftlicher Erkenntnisse, die Intelligenz der Informationsverarbeitung etc. verstanden sein sollen. In beiden Fällen also wird die gesellschaftliche Wirklichkeit durch eine weiter voranschreitende Technisierung geprägt. Dabei kommt S mit Hilfe der Mikroelektronik dem Naturprinzip, mit wenig Energie viel Leben zu schaffen, näher als die herkömmliche Technik.

Natürliche Lebensbedingungen: Die Abschirmung gegen die Unbilden naturnäherer Lebensweisen hat in der Industriegesellschaft eine Isolierung gegenüber dem Naturzusammenhang des menschlichen Lebens mit sich gebracht. Das Energiesystem K entspricht der Tendenz, die Naturerfahrung auf räumliche und zeitliche Reservate zu beschränken. Im Energiesystem S hingen die Verbraucher potentiell von den tages- und jahreszeitlichen Schwankungen der natürlichen Energieflüsse ab, wobei die zivilisatorische Abpufferung durch Speicher etc. nicht weiter zu gehen braucht, als die Betroffenen es wünschen.

Materielle Konsumorientierung: Nach einer weitverbreiteten Einschätzung wird von den jeweiligen Befürwortern der Atomenergie die materielle Konsumorientierung, der Sonnenenergie und der Energieeinsparung hingegen tendenziell die Möglichkeit einer freiwilligen Einfachheit oder größeren Bescheidenheit im Konsumgebaren zugute gehalten. Es ist jedoch ein Irrtum, daß man mit der Sonnenenergie nicht nur einfacher leben könne als im Fall K, sondern dies auch müsse. Sonnenenergie und die Energiequelle Energieeinsparung erlauben das gleiche Komfortniveau wie die Atomenergie zum etwa gleichen Preis. Sie erlauben darüber hinaus aber auch den Verzicht auf dieses Komfortniveau.

Leistungsethik und inhaltlich befriedigende Tätigkeit: Im Fall K werden die Handlungsspielräume der Beschäftigten im Bereich der Nukleartechnik durch die erforderlichen Sicherheitsvorschriften mit hoher Regelungsintensität und starken Kontrollen ungewöhnlich stark eingegrenzt. Die Beschäftigten im Energiesystem S hätten ein erheblich größeres Gestaltungspotential als ihre atomenergetischen Kollegen. Über die gewerbliche Beschäftigung hinaus bietet das Energiesystem S auch weitgehende Möglichkeiten zur Eigenarbeit.

Überschaubarkeit: Während atomenergetische Anlagen extrem erlebnisfern sind, zeichnen sich die Teilsysteme des Falls S durch einen relativ großen Anteil von dezentralen Anlagen und Verbrauchernähe aus. Im Fall S tritt der Verbraucher auf eine übersichtlichere und dadurch anschaulichere Weise als im Fall K in ein technisch vermitteltes Verhältnis zur natürlichen Mitwelt.

Kontrollierbarkeit und Sicherheit: Technische Systeme sind insoweit sicher, wie sie kontrollierbar sind. Die gesellschaftliche Sicherheit erfordert im Fall K enorme Sicherungsanstrengungen. Ungeachtet der dadurch verminderten Unfallwahrscheinlichkeiten ist und bleibt das Gefahrenpotential der Atomenergienutzung vielfach höher als das jedes anderen technischen Prozesses, den es je gegeben hat. Demgegenüber liegt die Gefährdung durch das Energiesystem S unterhalb der durchschnittlichen Gefährlichkeit industrieller Anlagen herkömmlicher Art.

Flexibilität: Daß sich in der Bundesrepublik Deutschland ein lang anhaltender, tiefgreifender und schneller Wertwandel vollzieht, gibt der Anpassungsfähigkeit technischer Entwicklungen an die gesellschaftlichen Bedürfnisse eine besondere Bedeutung. Die Flexibilität zu wahren wird dadurch erschwert, daß einstweilen unabsehbar ist, worauf der Wertwandel hinauslaufen wird. Anzustreben ist also die Anpassungsfähigkeit an unabsehbare Entwicklungen, sozusagen die Flexibilität als Eigenwert. Hier bietet das Energiesystem K zwar prima facie durch die vielseitige Verwendbarkeit von Elektrizität gute Chancen, dies jedoch nur im Rahmen der bisherigen Konsumgesellschaft. Demgegenüber kann das System S sowohl diese Konsumgesellschaft als auch naturnähere und – durch die in der Studie erörterte lebensstilorientierte Variante S′ – einfachere Lebensformen mit energiebezogenen Dienstleistungen versorgen. S hat außerdem gegenüber K den Vorteil, im wesentlichen keiner langfristigen Festlegungen zu bedürfen und auch dadurch anpassungsfähiger zu sein.

Verantwortung gegenüber der Nachwelt: Die Nachwelt darf nicht darauf festgelegt werden, anderer Leute und anderer Zeiten Energiesysteme zu warten oder sogar zu übernehmen. Diese Bedingung wird im Fall K gröblich verletzt. Wenn erst einmal Tausende von Tonnen Plutonium und Millionen von Tonnen radioaktiver Substanzen – die alle es bisher nicht gibt, sondern die erst auf dem K-Weg erzeugt würden – in der Welt wären, müßte die Nachwelt damit auf unbegrenzte Zeit leben, ob ihr das gefällt oder nicht. Demgegenüber könnten die Nachgeborenen alle Elemente des Energiesystems S jederzeit relativ kurzfristig wieder so aus der Welt schaffen, als hätte es sie nie gegeben.

(5) *Die Verträglichkeit der Referenzfälle Atomenergie und Sonnenenergie mit der Wirtschaftsordnung*

Die Referenzfälle K und S lassen sich beide im Rahmen des bestehenden Wirtschaftssystems verwirklichen; sie werfen jedoch spezifische ordnungspolitische Probleme auf. Die Atomtechnik ist bisher von der nationalen Forschungspolitik vorrangig gefördert worden. Die Notwendigkeit von Markteinführungshilfen für die Energieeinsparung und Solartechniken kann deshalb in einer vergleichenden Betrachtung nicht als mangelnde Marktkonformität ausgelegt werden. Langfristig erreichen alle wichtigen Technologien in S die Rentabilitätsschwelle, wie in der Computersimulation nachgewiesen wurde (global ergab sich der erwähnte leichte Kostenvorteil für S). Beide Referenzfälle erfordern also zu ihrer Einführung eine aktive Strukturpolitik, und beide ergeben ein Energiesystem, das – von den Preisen her gesehen – unter Marktbedingungen funktionieren könnte. Dennoch haben sie verschiedene ordnungspolitische Implikationen und führen insbesondere zu unterschiedlichen Marktformen.

Arbeitsprozesse und Betriebsformen: Ordnungspolitisch vorteilhaft ist zunächst, daß im Fall S der Eigeninitiative und der wirtschaftlichen Selbständigkeit mehr Raum gegeben würde. Auf dem Elektrizitäts- und Fernwärmemarkt käme es zu kleineren Betriebsformen, die in weniger umfassende Unternehmungen eingegliedert wären. Vor allem in der Biomasseproduktion, aber auch im Anwendungsbereich eröffneten sich Berufsfelder, die ein ökologisch angepaßtes Arbeiten ermöglichten. Die positiven Implikationen für die gesellschaftlichen Werte decken sich hier mit denen für die Ordnungspolitik.

Wirtschaftlicher Wettbewerb: Beide Referenzfälle ergeben deutliche Veränderungen der Marktstrukturen. Insbesondere nimmt der Anteil leitungsabhängiger Systeme an der Deckung des Raum- und Prozeßwärmebedarfs erheblich zu. Dies gilt in extremer Weise für den Fall K, und zwar vor allem wegen des Übergewichts der Technologien auf Strombasis. Der Wettbewerb bei der Deckung des Raumwärmebedarfs würde sich weitgehend auf eine Konkurrenz zwischen Strom, Fernwärme und Gas beschränken. Nicht nur die Abnehmer, sondern auch die regulierenden Instanzen stünden einem höher konzentrierten und stärker verflochtenen Unternehmensbereich gegenüber. Die Versorgungswirtschaft als Hauptinvestor im Fall K würde nicht nur über das erforderliche Know-how, sondern auch über eine gute Eigenkapitalausstattung und beste Möglichkeiten der Fremdfinanzierung verfügen, während polar dazu z.B. die Haushalte als potentiell wichtige Investoren im Fall S ohne besondere energietechnische und ökonomische Kenntnisse mit begrenzten Eigenmitteln und vergleichsweise schlechtem Zugang zum Geldkapitalmarkt Investitionen zu tätigen hätten, deren Erträge bei der Heizung nur den Eigenheimbesitzern direkt zugute kämen, während der Investitionsanreiz im Mietwohnungsbereich gering bliebe.

Auch für die nationale Wirtschaftspolitik ergibt sich ein Kontrast, da im Referenzfall S keine dominante Technologie zu nennen ist, die zentral zu verwalten wäre, während der Beweis, daß sich ein Netzwerk von Brütern und Wiederaufarbeitungsanlagen überhaupt in ein System funktionsfähigen Wettbewerbs innerhalb eines Staats einbinden ließe, noch aussteht. Infolge der unmittelbar technischen Verflechtung ließe sich die Elektrizitätserzeugung im Fall K selbst dann nicht mit den Wettbewerbserfordernissen der Sozialen Marktwirtschaft in Einklang bringen, wenn die Gestehungskosten erheblich niedriger lägen.

Außenwirtschaftliche Beziehungen: Unter dem Gesichtspunkt des jeweiligen energiepolitischen Handlungsbedarfs ist auch die Bedeutung der beiden Referenzfälle für die Art und den Umfang der außenwirtschaftlichen Beziehungen zu berücksichtigen. Hier zeigt eine genauere Untersuchung, daß sie sich nach der Höhe und der Struktur des jeweiligen Bedarfs an Importen von Energieträgern kaum unterscheiden und daß hinsichtlich der Chancen für den Außenhandel mit Energietechnologien kein eindeutiger Vorteil für eine der beiden Konzeptionen auszumachen ist. Insbesondere erscheinen die früheren hohen Erwartungen, die mit dem Export atomtechnischer Ausrüstungen verknüpft wurden, aus heutiger Sicht nicht mehr realistisch. Langfristig könnten sich für den S-Weg sogar eher Vorteile ergeben, da der Weltmarkt hier längst nicht so eingeengt ist wie bei der Nukleartechnologie, und weil die stärkere Differenziertheit von S-Technologien eine bessere Anpassung des Angebots an die verschiedenartige Energiesituation in potentiellen Abnehmerländern ermöglicht.

Wirtschaftsstil: Die jeweilige Charakteristik der Energiepolitik sowie die Unterschiede bei Konzentration und Wettbewerb, in der Investitionsstruktur, den Arbeitsprozessen, den erforderlichen rechtlichen Regelungen etc. verweisen auf differierende gesamtgesellschaftliche Entwicklungsperspektiven, die K und S zugeordnet werden können. Dies berechtigt zu der These, daß die beiden Energiewege als Ansatzpunkte für die Ausbildung divergierender Wirtschaftsstile aufzufassen sind. Mit dem Referenzfall K wird der Trend zu wirtschaftlicher Konzentration, zu einer hierarchischen Gesellschaftsverfassung und zu zentraler Lenkung des Investitionsprozesses fortgesetzt, so daß die Wertvorstellungen der Sozialen Marktwirtschaft im Produktionsbereich erodiert, im Konsumbereich dagegen bewahrt werden. Im Referenzfall S, und deutlicher noch in der Variante S', verhält es sich umgekehrt. In der Beurteilung technologiepolitischer Entscheidungen unter dem Gesichtspunkt der Wettbewerbspolitik kann man eine Vertiefung ordnungspolitischer Vorstellungen erkennen, in der Hinwendung zu neuen umweltpolitischen Imperativen im Fortgang eines sich abzeichnenden Wertwandels dagegen eine Verlagerung, die – analytisch fortgesetzt – als Paradigma der Herausbildung einer ›Ökosozialen Marktwirtschaft‹ angesehen werden darf.

Zusammenfassend ergibt sich wiederum, daß das Energiesystem S mit den von uns untersuchten gesellschaftlichen Werten besser verträglich ist als das Energiesysem K. Die politische Entscheidung für den Weg K wäre also nur dadurch zu rechtfertigen, daß K mit anderen Werten besser verträglich ist als S und daß diesen anderen Werten eine Priorität vor denen des vorangegangenen Implikationskatalogs eingeräumt wird.

Zu fragen bleibt also schließlich, ob die von uns berücksichtigten Verfassungsziele und gesellschaftlichen Werte einen vollständigen Beurteilungsrahmen ergeben, in dem die beiden Referenzfälle auf ihre Sozialverträglichkeit hin komparativ beurteilt werden können. Anders als die Jülicher Parallelstudie beruht unsere Untersuchung nicht auf eigenen empirischen Erhebungen über die in der Energiedebatte von verschiedenen Seiten geltend gemachten Wertmuster. Wir sehen darin jedoch kein Problem, weil

– die verfassungsrechtlichen Beurteilungsdimensionen ohnehin normativ vorgegeben sind und gar nicht empirisch erhoben werden können;
– die wesentlichen wirtschaftspolitischen Ziele einem weitgehenden Konsens von Öffentlichkeit und Wissenschaft entsprechen und zum Teil auch gesetzlich verankert sind;
– unser gesellschaftliches Wertetableau dem Stand des Wissens in der Wertwandelsforschung entspricht und insoweit ebenfalls empirisch fundiert ist;
– wir durch eigene Beteiligung an der Energiedebatte und durch Vorabdiskussionen über Zwischenergebnisse (in Publikationen und Vorberichten) laufend stichprobenhaft kontrolliert haben, ob die in der öffentlichen Debatte geltend gemachten Werte auch in unserer Studie berücksichtigt worden sind.

Wir kommen dementsprechend in einer überraschend eindeutigen Form zu dem Ergebnis: *Der Fall S ist sozialverträglicher als der Fall K.*

(6) Der energiepolitische Handlungsbedarf

Die Wege K und S zum längerfristigen Ersatz der fossilen Energieträger sind gleichermaßen darauf angewiesen, daß die Energiepolitik sinkenden Ölpreisen entgegenwirkt, damit der Einsparungs- und Substitutionstrend der letzten Jahre nicht abbricht. Der Ölpreisschock hat ja für eine Weile die Tatsache verdeckt, daß die fossilen Energievorräte bei weitem ausreichen, um die Welt noch für mehr als ein Jahrhundert hinreichend zu versorgen. Die Umweltprobleme bei der Nutzung fossiler Quellen, die sozialen und wirtschaftlichen Folgekosten der Energiegewinnung und die Verantwortung für die Nachwelt gebieten es aber, mit den Vorräten sparsamer umzugehen.

Unsere Untersuchung ergibt für beide Referenzfälle einen erheblichen Steuerungsbedarf. Eine forcierte Einsparungspolitik muß sich dabei keineswegs überwiegend auf ›nicht-marktkonforme‹ Instrumente stützen. Allerdings erfordert die S-Entwicklung wegen der hier notwendigen Umschichtung von Energieinvestitionen zugunsten von Einsparungs- und Anwendungstechnologien ein höheres Maß an Planungs- und Konfliktfähigkeit und mehr Rücksicht auf Verteilungsprobleme. Im Referenzfall S entstünde zwar ein größerer Spielraum, aber es wäre eine komplexe Aufgabe, die dezentralen regionalen oder kommunalen Energieversorgungskonzepte zu entwickeln.

Handlungsfelder der Energiepolitik im Fall K

– Förderung des Elektrizitätseinsatzes im Bereich der Niedertemperatur-Wärme über die Tarifgestaltung für Heizstrom oder durch Subventionierung von elektrischen Wärmepumpen in allen potentiellen Anwendungsbereichen.

– Stimulierung des Stromeinsatzes in der Industrie durch eine geeignete Gestaltung der Rahmenbedingungen für die Verträge der Elektrizitätswirtschaft mit Großabnehmern, z.B. durch eine entsprechende Handhabung der Mißbrauchsaufsicht sowie durch eine gezielte Förderung der Entwicklung und Einführung neuer elektrothermischer Verfahren.

– Vereinfachung und Beschleunigung der Genehmigungsverfahren für den Zubau von Atomenergie-Anlagen, um die Planungs- und Bauzeiten zu verkürzen.

– Beibehaltung bzw. Ausweitung der Förderung von Forschung und Entwicklung mit dem Ziel der Einführung des Brüters sowie der Wiederaufarbeitungs-Technologie.

– Ausweitung und Beschleunigung von Forschung und Entwicklung bei Verfahren der nuklearen Kohleveredelung zur Erzeugung von gasförmi-

gen Brennstoffen, von Kraftstoffen und von Energierohstoffen für den nicht-energetischen Verbrauch.
– Maßnahmen zur langfristigen Einschleusung von Produkten der nuklearen Kohleveredelung in die jeweils relevanten Märkte.
– Förderung des Exports kerntechnischer Anlagen durch die zwischenstaatliche Kooperation insbesondere mit Entwicklungs- und Schwellenländern, um die inländische Produktionskapazität auszulasten und um die Anlagenkosten durch Serienbildung zu senken.
– Regulierung des Heizwärmemarkts unter Bevorzugung von Elektrizität, um die Verdrängung des Mineralöls durch leitungsgebundene Energieträger zu fördern.
– Förderung eines Fernwärmeausbaus der ›großen Schiene‹ unter Einbezug von Atomkraftwerken.
– Eine allenfalls moderate Einsparungspolitik zur Unterstützung der technologischen ›Normal-Entwicklung‹, welche die bisherigen Ansätze ohne wesentliche Intensivierung der Maßnahmen fortschreibt.

Handlungsfelder der Energiepolitik im Fall S
– Eine deutlich forcierte Einsparungspolitik für sämtliche Bereiche der Energieanwendung, die nicht allein auf zeitlich begrenzte Förderungsprogramme abstellt, sondern auch durch Veränderung der Rahmenbedingungen auf energierelevanten Märkten dauerhaft wirksame Anreize für Investitionen in energiesparende Technologien schafft (z.B. Umlage der Kfz-Steuer auf die Mineralölsteuer, Linearisierung der Stromtarife, Änderung mietrechtlicher Regelungen etc.).
– Eine begleitende Strukturpolitik, die Umschichtungen in Richtung auf eine niedrige Energieintensität von Produktion und Konsum nicht bremst, sondern fördert.
– Eine Intensivierung der innovationspolitischen Förderung von Einsparungstechnologien durch Unterstützung von Forschung, Entwicklung und Markteinführung.
– Eine deutliche Ausweitung der Innovationsförderung und eventuell auch eine längerfristige Subventionierung für Systeme zur dezentralen Nutzung von Solar- bzw. Umgebungsenergie sowie von Verfahren zur Stromerzeugung auf der Basis regenerativer Quellen bei gleichzeitiger Zurücknahme der Förderung von Forschung und Entwicklung im Atomenergiebereich.
– Eine Regulierung des Heizwärmemarkts, die den Einsatz von Stromwärmepumpen begrenzt und die Verwendung von Gaswärmepumpen in den Bereichen fördert, die nicht durch Fernwärme erschlossen werden sollen, wobei die Ausbauplanung für leitungsgebundene Systeme mit den

Maßnahmen der Einsparungspolitik im Heizwärmebereich eng koordiniert werden müßte.

– Weiterentwicklung der gesetzlichen Rahmenbedingungen für den Bereich der Elektrizitäts- und Fernwärmeerzeugung, um die Möglichkeiten für die Einspeisung von dezentral gewonnener Energie in das Netz zu verbessern (kleine Wasser- und Windkraftanlagen, Blockheizkraftwerke, kleinere Heizkraftwerke auf Kohlebasis, Nutzung der industriellen Kraft-Wärme-Kopplung etc.).

– Generelle Verbesserung der Rahmenbedingungen für Investitionen in dezentral nutzbare Energietechnologien durch gezielte Hilfen für potentielle Investoren oder durch Regelungen, die solche Investitionsbereiche für die Versorgungsunternehmen attraktiv machen.

– Förderung des Exports von Einsparungs- und Solarsystemen insbesondere im Rahmen der Kooperation mit Schwellen- und Entwicklungsländern als flankierende Maßnahme zu Markteinführungshilfen im Inland.

Wir verweisen im übrigen auf die 62 Maßnahmen zur Förderung der Energieeinsparung und Sonnenenergienutzung, welche die Enquête-Kommission »Zukünftige Kernenergiepolitik« des Deutschen Bundestags 1980 empfohlen hat. Diese Maßnahmen stehen bis heute im wesentlichen noch aus und sind unverändert aktuell.

Unter Gesichtspunkten der Sozialverträglichkeit und Wirtschaftlichkeit kommen wir zu dem Ergebnis, daß Sonnenenergie und Energieeinsparung auch in Mitteleuropa besser als die Atomenergie geeignet sind, um die fossilen Energieträger zu ersetzen. Dieses Ergebnis beruht im wesentlichen darauf, daß die Atomenergie im Sinn ihrer Befürworter als eine langfristige Möglichkeit der Energieversorgung angenommen worden ist. Wir haben den Fall K dementsprechend so angelegt, daß das in den Leichtwasserreaktoren entstehende Plutonium als Basisinventar eines Brennstoffkreislaufs den Betrieb von Brutreaktoren ermöglicht. Scheidet nun der Fall K aus Gründen der Sozialverträglichkeit und Wirtschaftlichkeit als energiepolitische Option aus, so bleibt die Frage, ob dieselben Gründe auch dagegen sprechen, unterhalb des Aufbaus einer Plutoniumwirtschaft die Leichtwasserreaktoren mit direkter Endlagerung der entstehenden Spaltprodukte weiterzubetreiben. Dabei könnte es sich schon aus Gründen der Verfügbarkeit des verwendeten Uranisotops nur um eine Übergangslösung handeln.

Die Gründe, die nach unseren Überlegungen gegen das Atomenergiesystem K sprechen, beziehen sich im wesentlichen auf den Brennstoffkreislauf und entfallen insoweit, wenn keine Wiederaufarbeitung erfolgt. Wenn also die direkte Endlagerung abgebrannter Brennstäbe sich als praktikabel erweist und solange Leichtwasserreaktoren nach dem Umfang und der zeitlichen Verteilung des Elektrizitätsbedarfs wirtschaftlich vertretbar sind (was schon heute nicht unumstritten ist), ist unseres Erachtens aus Gründen der Sozialverträglichkeit nichts dagegen einzuwenden, daß Leichtwasserreaktoren auch im Fall S neben der Sonnenenergie, der Energieeinsparung und den fossilen Energieträgern übergangsweise weiter betrieben werden.

Zur Akzeptanz des von uns vorgeschlagenen Wegs können wir nicht mehr beitragen als die Gründe, die für seine Akzeptabilität sprechen. Für den weiteren politischen Entscheidungsprozeß hatte die Enquête-Kommission des Deutschen Bundestags 1980 das Junktim vorgeschlagen, bis in die 90er Jahre hinein

– vor allem die Möglichkeiten der Energieeinsparung und Sonnenenergienutzung forciert zu entwickeln, damit Rückstände gegenüber der Atomenergietechnik aufgeholt werden und die Öffentlichkeit sich von diesem Energieweg ein ebenso deutliches Bild machen kann wie von dem der Atomenergienutzung;

– daneben auch die Option Atomenergie aufrechtzuerhalten, damit in den 90er Jahren eine Entscheidung zwischen den beiden Wegen fallen kann. Zur Aufrechterhaltung dieser Option sollte nach der Empfehlung der Kommission der Bau von Demonstrationsanlagen für die Wiederaufarbeitung und den Brutreaktor gehören.

Nach den Ergebnissen unserer Untersuchung halten wir es nicht mehr für gerechtfertigt, auch nur zu Demonstrationszwecken einen Brüter und eine Wiederaufarbeitungsanlage zu bauen. Das Junktim könnte jedoch in der modifizierten Form aufrechterhalten werden, daß auch die Atomenergieentwicklung unter Berücksichtigung des Kriteriums der Sozialverträglichkeit weitergeführt wird, soweit dafür anderweitige Chancen gesehen werden.

9.3 Fazit

Unsere Studie ergibt, daß die innere Ordnung durch das Energiesystem K nachhaltig gefährdet würde, nachdem die internationale Ordnung es durch die Atomwaffen schon ist. Die zivile Atomenergie als »Kernenergie« von der militärischen Atomenergie zu unterscheiden, erweist sich dementsprechend als irreführend. Der gute Wille, durch die friedliche Nutzung der Atomenergie als »Kernenergie« einen gewissen Ausgleich der »Atome für den Frieden« zu finden, ist gescheitert, abgesehen allenfalls von den Übergangsqualitäten der Leichtwasserreaktoren. Wir sprechen deshalb in der Regel wieder von Atomenergie statt von Kernenergie (im Gegensatz zur ursprünglichen Benennung des Falls »K«), so daß das Ergebnis unserer Untersuchung auch in der Feststellung zusammengefaßt werden kann: *Kernenergie ist doch Atomenergie.*

Energiegeschichtlich bedeutet unser Votum für den Weg S der Sonnenenergienutzung und Energieeinsparung, daß die Industriegesellschaft auf dem inzwischen erreichten technologischen Niveau nun wieder zu derjenigen Energiequelle zurückfinden sollte, auf der sowohl die Naturgeschichte als auch die Zivilisationsgeschichte bis hin zur industriellen Revolution beruht hat. Der Verbrauch der fossilen Energieträger, die ja auch gespeicherte Sonnenenergie sind, hätte dann eine technische Entwicklung ermöglicht, welche diese Energieverschwendung selbst wieder überflüssig macht. Anders als vor zweihundert Jahren wissen wir heute, wie ein industriegesellschaftlicher Lebensstandard auch auf der Grundlage des laufenden Sonnenenergiezustroms möglich ist, also ohne den Bestand zu verwirtschaften.

Vorgeschichte und Organisation des Projekts

Das Forschungsprojekt »Die Sozialverträglichkeit verschiedener Energiesysteme in der industriegesellschaftlichen Entwicklung« geht auf einen Wunsch des früheren Bundesministers für Forschung und Technologie, Dr. Volker Hauff, an die Professoren K. M. Meyer-Abich und C. F. von Weizsäcker im Mai 1978 zurück.

Die öffentliche Auseinandersetzung über die Ziele der Energiepolitik war damals bereits weit über ihre anfänglichen, medizinisch-radiologischen und sicherheitstechnischen Ausgangspunkte hinausgegangen und hatte sich zunehmend der gesellschafts- und industriepolitischen Tragweite verschiedener Energiesysteme zugewandt. 1976 war das Kriterium der Sozialverträglichkeit von Meyer-Abich als eine neue Beurteilungsdimension technischer Innovationen zusätzlich zu denen der Wirtschaftlichkeit vorgeschlagen worden. In den folgenden Jahren fand das Buch »Der Atomstaat« (1977) von Robert Jungk eine beträchtliche Resonanz auch in der öffentlichen Auseinandersetzung. Zugleich zeichnete sich immer deutlicher ab, daß es in der Energiedebatte weder nur um Kraftwerkstechnik noch überhaupt nur um Energiesysteme ging, sondern um die allgemeineren Ziele der künftigen industriegesellschaftlichen Entwicklung.

Energiesysteme waren bis dahin vorwiegend unter wirtschaftlich-technischen Gesichtspunkten sowie neuerdings auch im Hinblick auf ihre internationale und umweltpolitische Bedeutung beurteilt worden. Darüber hinaus wünschte sich der für die Forschungs- und Technologiepolitik des Bundes verantwortliche Minister nun auch eine wissenschaftliche Analyse der Sozialverträglichkeit verschiedener Energiesysteme. Es lag nahe, diese in der Form einer vergleichenden Untersuchung ausgewählter Referenzfälle anzustellen. Die Verantwortlichkeit für die Durchführung der Studie wurde so geregelt, daß K. M. Meyer-Abich (Arbeitsgruppe Umwelt, Gesellschaft, Energie [AUGE] der Universität Essen) die Projektleitung übernahm und C. F. von Weizsäcker (Max-Planck-Institut zur Erforschung der Lebensbedingungen der wissenschaftlich-technischen Welt, Starnberg) die Arbeit aus der Distanz des nicht unmittelbar Beteiligten mit Kritik und Anregungen begleitete. Beide hatten außerdem den Wunsch, die Studie im Rahmen der Vereinigung Deutscher Wissenschaftler (VDW) durchzuführen, so daß die VDW Vertragspartner des

BMFT sein würde. Die Vereinigung erklärte sich auf ihrer Jahresversammlung im September 1978 dazu bereit.

Ein konzeptioneller Entwurf des Forschungsprojekts ging dem BMFT bereits im Oktober 1978 zu. In den sich daran anschließenden Verhandlungen zeigte sich bald, daß das Ministerium sich den Wunsch des Ministers nicht uneingeschränkt zu eigen machte. Dabei gab es zunächst die berechtigte Sorge, daß es sich hier um eine Pionierstudie unter einer wohl wichtigen, hinsichtlich der erforderlichen Methoden aber durchaus unerprobten Fragestellung handelte. Hinzu kam wohl die – gleichermaßen nicht ohne weiteres von der Hand zu weisende – Befürchtung, daß die Studie den Atomenergiekritikern noch zusätzlich Auftrieb geben bzw. die Energiedebatte noch weiter erschweren würde. Aus mehreren Verhandlungsrunden ergab sich ein Jahr später, im Oktober 1979, ein erweiterter und detaillierterer Projektantrag an das BMFT. Es dauerte dann noch ein weiteres halbes Jahr, bis die beantragten Mittel durch eine Entscheidung des Ministers schließlich im März 1980 bewilligt wurden. Für die Durchführung des Projekts hatte sich kurz zuvor auch die inzwischen gebildete Enquête-Kommission »Zukünftige Kernenergiepolitik« des Deutschen Bundestags ausgesprochen.

Ein gewisser Ausgleich ergab sich für das BMFT, als im Zug der Arbeit der zweiten Enquête-Kommission absehbar wurde, daß die Ergebnisse des Forschungsprojekts energiepolitisch eine verstärkte Bedeutung gewinnen könnten. Die Kernforschungsanlage Jülich stellte daraufhin im Herbst 1981 einen Parallelforschungsantrag zur Untersuchung der Sozialverträglichkeit von Energiesystemen an das BMFT. Die beantragten Mittel wurden umgehend bewilligt.

Die Arbeit der Vereinigung Deutscher Wissenschaftler erfolgt in Studiengruppen, deren Mitglieder das jeweilige Projekt jedoch in der Regel nicht hauptamtlich bearbeiten. Soweit hauptamtliche Mitarbeiter erforderlich sind, wird zusätzlich zur »Studiengruppe« eine »Projektgruppe« unter der Verantwortung eines oder mehrerer Studiengruppenmitglieder gebildet. Für ein so weit gespanntes und schwieriges Forschungsprojekt wie die Untersuchung der Sozialverträglichkeit verschiedener Energiesysteme bedurfte es selbstverständlich der Bildung einer hauptamtlichen Projektgruppe. Ihr gehörten im Verlauf des Projekts 8–10 Mitarbeiter an, von denen die Hälfte aus BMFT-Mitteln unterhalten wurde. Die andere Hälfte der Personalkosten war eine Eigenleistung der Universitäten Essen und Frankfurt. Aus den übrigen BMFT-Mitteln wurden die Sachkosten und einige kleinere Forschungsaufträge finanziert.

Mitglieder der Studiengruppe »Die Sozialverträglichkeit von Energiesystemen« der Vereinigung Deutscher Wissenschaftler waren:

Prof. Dr. Dr. Günter Altner, Heidelberg
Prof. Dr. Meinolf Dierkes, Berlin
Prof. Dr. Dieter von Ehrenstein, Bremen
Prof. Dr. Iring Fetscher, Frankfurt a. M.
Prof. Dr. Bruno Fritsch, Zürich (ab 1981)
Prof. Dr. Eberhard Jäckel, Stuttgart
Prof. Dr. Martin Kriele (bis 1980)
Prof. Dr. Werner Maihofer, Bielefeld/Florenz
Prof. Dr. Peter Cornelius Mayer-Tasch, München
Prof. Dr. Klaus Michael Meyer-Abich, Essen/Hamburg
Prof. Dr. Lutz von Rosenstiel, München (Vorsitz ab 1982)
Prof. Dr. Peter Saladin, Bern (ab 1982)
Dr. Joachim Scharioth, Frankfurt a. M.
Prof. Dr. Bertram Schefold, Frankfurt a. M.
Dr. Jürgen Seetzen, Berlin
Paul Sieghart, London (ab 1981)
Dr. Ulrich Steger, Bonn/Wiesbaden
Prof. Dr. Burkhart Strümpel, Berlin (Vorsitz 1980/81)
Prof. Dr. Carl Friedrich von Weizsäcker, Starnberg

Die Studiengruppe hat zur Vorbereitung und während der Laufzeit des Projekts elf Zusammenkünfte gehabt. Die erste Zusammenkunft diente vor allem der grundsätzlichen Erörterung des zur vergleichenden Beurteilung der Sozialverträglichkeit verschiedener Energiesysteme einzuschlagenden Wegs. Dabei ergab sich über die ursprüngliche Planung hinaus, daß auch Wirtschaftsziele in die Untersuchung einbezogen werden sollten, da das Sozialverträglichkeitskriterium Wirtschaftsfragen mit beinhaltet und sich insbesondere Gesellschaftsverfassung und gesellschaftliche Werte einerseits, Wirtschaftsverfassung und wirtschaftliche Entwicklung andererseits gegenseitig bedingen. Die Projektleitung wurde nun zwischen Klaus M. Meyer-Abich und Bertram Schefold (Institut für Markt und Plan der Universität Frankfurt) geteilt, wobei der letztere die Verantwortung für den ökonomischen Teil in Frankfurt, der erstere die für alles übrige in Essen übernahm. Hauptamtliche Mitarbeiter waren danach an zwei Orten zu betreuen, in Essen und Frankfurt, so daß zur Koordination Reisen erforderlich wurden. Darüber hinaus bedurfte es besonderer Sorgfalt, um die für das Projekt zur Verfügung stehenden Stellen in der erforderlichen Qualifikation zu besetzen. Ausgeschrieben waren von Essen aus je eine Stelle für einen Historiker, einen Psychologen, einen Juristen und einen Politikwissenschaftler. In Frankfurt war zunächst eine und später noch eine zweite Stelle mit einem Wirtschaftswissenschaftler zu besetzen. Die Bewerber mußten ihr Fach in der interdisziplinären Zusammenarbeit weitgehend selbständig vertreten können, was normalerweise nur von Professoren, nicht aber von wissenschaftlichen Mitarbeitern erwartet wird. Entsprechend qualifizierte Fachleute sind nicht nur selten, sondern in der Regel nicht obendrein auch noch besonders interdisziplinär orientiert.

Das Ergebnis der Ausschreibung im Frühjahr 1980 war, daß qualifizierte Bewerber für die Essener Stellen zwar zu gewinnen waren, jedoch familiäre und sonstige Bedenken gegen einen für die Projektdauer befristeten Umzug nach Essen hatten. Die Essener AUGE wurde daraufhin als ein überregionales Institut organisiert, in dem etwa die Hälfte der Mitarbeiter einen Dienstort außerhalb Essens hatte. Im Abstand von jeweils 2–3 Wochen kamen alle Mitarbeiter (einschließlich der – in Frankfurt ansässigen – Ökonomen) zu zweitägigen Projektsitzungen in Essen, Frankfurt oder anderwärts zusammen, auf denen Berichte über den Stand der Arbeit gegeben und die jeweiligen Ergebnisse erörtert wurden. Einstellungsbedingungen waren,

- an diesen gemeinsamen Sitzungen regelmäßig teilzunehmen und
- im übrigen die dem jeweiligen Bearbeiter zufallenden Teilaufgaben des Projekts zu erfüllen.

Alle Beteiligten hatten ihre Arbeit an ihren Dienstorten selbst zu organisieren.

Das gewagte Experiment, Mitarbeiter dezentral an verschiedenen Orten weitgehend selbständig anzusiedeln und die interdisziplinäre Koordination im wesentlichen auf zwei- bis dreiwöchentliche Zusammenkünfte zu konzentrieren, kann im Rückblick als überaus gut gelungen bewertet werden. Die Kommunikation während der zweitägigen Projektsitzungen (ein Nachmittag/ein Abend/ein Vormittag, gelegentlich Verlängerungen) war intensiver als in der täglichen Routinebegegnung, und in der Zwischenzeit bewährte es sich, die Mitarbeiter nicht aus der ihnen vertrauten Umgebung mit ihren akademischen Bezügen (Bibliotheken, Kollegen, sonstige Informationsquellen) herausgeholt zu haben.

Bewährt hat sich allerdings wohl auch ein relativ aufwendiges Verfahren bei der Stellenbesetzung: Mit den Favoriten, die sich aus den Vorstellungsgesprächen ergeben hatten, wurde zunächst je ein Werkvertrag mit der Aufgabe abgeschlossen, den vom BMFT akzeptierten Arbeitsplan nunmehr unter den Gesichtspunkten des jeweiligen Fachs zu detaillieren und geeignete Arbeitsschritte zu definieren. Erst nach einer befriedigenden Erfüllung dieser Aufgabe wurde die ausgeschriebene Stelle mit dem betreffenden Bewerber besetzt. In einigen Fällen mußte das Verfahren wiederholt werden.

Die Mitglieder der »Projektgruppe«, d.h. die hauptamtlichen Mitarbeiter des Forschungsprojekts, waren:

1. Unter der Leitung von *Prof. Dr. Klaus Meyer-Abich an der Universität Essen (AUGE):*

	Arbeitsgebiet	*Finanzierung*
Dr. Rolf Bauerschmidt (ab 1981)	Energiesystemanalyse	Univ. Essen
Dr. Martin Held	Psychologie, Ökonomie	BMFT
Dr. Dietrich Koch	Physik	Univ. Essen
Dr. Hans-Jochen Luhmann (bis 1981)	Energiewirtschaft	Univ. Essen
Dr. Alexander Roßnagel	Jura	BMFT
Dr. Rolf Peter Sieferle	Geschichte	BMFT
Dr. Jürgen Thiele (1982/83)	Biologie	BMFT
Dr. Zdenek Zofka	Politikwissenschaft	Univ. Essen
Sekretariat:		
Margret Löbbert (seit 1982)		Univ. Essen
Nikola Roggenkamp (bis 1981)		Univ. Essen
Irmgard Wenzel (seit 1981)		Univ. Essen

2. Unter der Leitung von *Prof. Dr. Bertram Schefold an der Universität Frankfurt (Institut für Markt und Plan):*

Dr. Heino Apel (1982–84)	Ökonomie	Univ. Frankf./ Deutscher Bundestag
Dr. Robert A. Dickler (ab 1981)	Ökonomie	BMFT
Dr. Horst Meixner	Ökonomie	BMFT/ Univ. Frankf.
Sekretariat:		
Brünhild Bussiahn-Klos		Univ. Frankf.
Heide Natkin (1981/83)		BMFT
Gunta Saul (ab 1984)		Univ. Frankf.

Die Mitarbeiter, bei deren Namen keine Zeitvermerke stehen, haben im Sommer oder Herbst des Jahrs 1980 ihre Arbeit aufgenommen, der letzte im November, und bis Anfang 1984 zum Abschluß gebracht. Vorgesehen war eine Bearbeitungszeit von drei Jahren. Das Projekt ist also etwa in der vorgesehenen Zeitspanne durchgeführt worden. Eingehalten wurde auch der Kostenrahmen, d.h., es sind keine zusätzlichen Mittel beantragt worden. Daß der Endbericht verspätet vorgelegt wird, ist nicht von den Mitarbeitern zu verantworten, sondern ergab sich durch die Wahl von K.M. Meyer-Abich zum Wissenschaftssenator der Freien und Hansestadt Hamburg im Jahr 1984.

Die Erweiterung des Projekts um ökonomische Fragestellungen führte zu einem Unterauftrag an Frau Professor Krishna Bharadwaj, Jawaharlal Nehru University (New Delhi), die ein Gutachten über »The Social Consequences of Alternative Energy Strategies of Developed Countries for the Underdeveloped World: The Example of India« erarbeitete. Vor allem aber kam es bei der Durchrechnung der ökonomischen Konsequenzen einer Interpretation der Szenarien in einem computergestützten, großen ökonometrischen Modell (ZENCAP/D) zu einer Zusammenarbeit mit dem Institut für Wirtschaftsforschung an der Eidgenössischen Technischen Hochschule in Zürich (Prof. Dr. Bruno Fritsch mit seinen Mitarbeitern Dr. Georg Erdmann, Dr. Rolf Kappel, Dr. Gebhard Kirchgässner, Dr. Peter Staub). Die Kooperation ging auf die zweite Enquête-Kommission »Zukünftige Kernenergiepolitik« des Deutschen Bundestags und deren Ausschuß »AG Modelle« zurück, dem beide Projektleiter angehörten. Die Arbeitsgruppe hatte die Aufgabe, die Energiepfade der Kommission in zwei makroökonomischen Modellen abzubilden, um die Konsistenz der Pfade zu überprüfen und die ökonomischen Voraussetzungen und Auswirkungen ihrer Realisierung aufzuzeigen.

Der Bericht der AG Modelle reicht nur bis zu einem vorzeitigen Abbruch der Untersuchungen im März 1983, weil der Deutsche Bundestag aufgelöst worden war. Die Fragestellung der Kommission wurde jedoch im Rahmen des vorliegenden Projekts übernommen und durch die Institute in Frankfurt und Zürich weitergeführt. Die Frankfurter Gruppe (hierzu erweitert um Dr. H. Apel) und Dr. R. Bauerschmidt aus Essen hatten für die AG Modelle 1982/83 umfangreiche Vorarbeiten zur Festlegung der ökonomischen Vorgaben geleistet; sie konnten nun, etwas modifiziert, für die Rechnungen im Rahmen des Sozialverträglichkeitsprojekts verwendet werden. Für die Durchführung der Rechnungen schulden wir der Zürcher Gruppe großen Dank; die Verantwortung für die relevanten Ausgangsdaten und die Deutung der Resultate liegt bei uns.

Da unser Forschungsprojekt das erste seiner Art war, so daß die einschlägigen Methoden – zum Teil auch im ökonomischen Bereich – im wesentlichen projektbegleitend entwickelt werden mußten, bestand für alle Beteiligten ein besonderes Bedürfnis nach Kommunikation und regelmäßiger Kritik, insbesondere auch durch Rückbindung im eigenen Fach. Unmittelbar zuständige Gesprächspartner waren hier die jeweiligen Fachvertreter in der VDW-Studiengruppe. Ihr Engagement hat erheblich zur Standfestigkeit der Projektergebnisse beigetragen. Darüber hinaus haben wir in einigen Bereichen, z.B. im juristischen, einen eigenen Fachbeirat gebildet, der die Arbeiten des zuständigen Mitarbeiters mit Kritik und Anregung begleitet hat.

Jede wissenschaftliche Arbeit bedarf außerdem der Öffentlichkeit und Kontrolle durch fachliche Publikationen, vor allem wenn die Ergebnisse ein angemessener Beitrag des Fachs zu einem interdisziplinären Projekt sein und nicht nur fachintern gelten sollen. Für die politiknahe Forschung gilt dies noch in besonderem Maß. Zwischenergebnisse zu publizieren ist bei BMFT-Forschungsaufträgen jedoch normalerweise nicht zulässig, sondern der Auftraggeber erwartet einen Endbericht wie diesen, dessen Publikation er sich wiederum vorbehält. Eine sachgemäße Lösung des Problems konnte einvernehmlich mit dem BMFT gefunden werden, als im Juli 1981 eine Tageszeitung über einen (ihr auf eine uns nicht nachvollziehbare Weise zugespielten) Textentwurf von Roßnagel mit der Tendenz berichtete: Das BMFT bereitet nunmehr mit Hilfe von Meyer-Abich den Atomstaat vor.

Die Lösung bestand darin, daß Manuskripte, die in Verbindung mit dem Forschungsprojekt entstanden, jedoch noch kein Teil des Abschlußberichts waren, vorab publiziert oder als Vorberichte verteilt werden durften, um

- die fachlich-kritische Rückbindung der im interdisziplinären Zusammenhang entstehenden Arbeiten zu sichern;
- unerwünschter Publizität dadurch vorzubeugen, daß auf eine regelmäßige Publikationspraxis verwiesen werden konnte;
- auch außerfachliche Reaktionen aus Politik und Öffentlichkeit im Interesse der problemorientierten Politikberatung berücksichtigen zu können.

Das eingeschlagene Verfahren hat sich sehr bewährt. Das Projekt konnte insgesamt in einer kommunikativen Offenheit realisiert werden, wie sie interdisziplinär sowie zwischen Wissenschaft und Politik nur selten zustandekommt. Die Möglichkeit zur eigenständigen Publikation dürfte auch die – ohnhin schon beträchtliche – Motivation der Mitarbeiter zusätzlich gefestigt haben. Ein ideales Publikationsforum ergab sich durch die Bereitschaft des Verlags C.H. Beck, der Sozialverträglichkeit verschiedener Energiesysteme eine Unterreihe der »Schwarzen Reihe« zu widmen. Den Autoren waren in diesem Rahmen gleichermaßen wissenschaftliches Niveau und Verständlichkeit für einen breiten Leserkreis abzuverlangen. Diese Aufgabe war um so anspruchsvoller, als verschiedentlich auch in methodischer Hinsicht Neuland betreten werden mußte. Im Anhang zu diesem Bericht sind alle Vorberichte und alle Publikationen aufgeführt, die im Zusammenhang mit dem Forschungsprojekt entstanden sind. Das vorliegende Buch ist bis auf wenige geringfügige Änderungen mit dem I. Teil unseres Berichts an den BMFT identisch (der II. Teil ist ein Materialienband).

Wenn die Bundesregierung durch die Ergebnisse unserer Arbeit nicht nur die Expertise der zuständigen Beamten potentiell erweitert, sondern damit auch einen unabhängigen Beitrag zur öffentlichen Auseinandersetzung leistet, so ist schon dies ein über das gewöhnliche Maß hinausgehender Erfolg. Tatsächlich haben sich alle Beteiligten von Anfang an darum bemüht, durch die vergleichende Untersuchung der Sozialverträglichkeit der öffentlich diskutierten Energiealternativen auch diese Diskussion in einer klärenden Weise zu unterstützen, jedenfalls aber nicht nur umfangreiche Gutachten zu schreiben, die nicht zugleich dem politischen Austrag des energiepolitischen Konflikts in der Öffentlichkeit dienten. Damit unsere Arbeit auch der politischen Beratung in einem unmittelbaren Sinn zugute kommt, bedurfte es jedoch noch weitergehender Anstrengungen, um die politisch Verantwortlichen direkt anzusprechen und die bestehenden Fragen zu beantworten. Diese Brücke wurde für das Projekt durch Reinhard Ueberhorst geschlagen, den früheren Vorsitzenden der ersten Enquête-Kommission »Zukünftige Kernenergiepolitik« des Deutschen Bundestags (1979/80).

Um die Verständigung zwischen Wissenschaft und Politik zu verbessern, muß auf beiden Seiten etwas getan werden. Auf seiten der Wissenschaft sind Klarheit und Verständlichkeit der Aussage für einen interessierten, jedoch nicht fachlich vorgebildeten Leserkreis nur eine notwendige, jedoch noch keine hinreichende Bedingung dafür, politisch wahrgenommen zu werden. Eine weitergehende Bedingung ist es, dem jeweiligen Problembewußtsein der Politiker soweit entgegenzukommen, daß zumindest auch diejenigen Fragen beantwortet werden, die nach dem Stand der politischen Willensbildung die entscheidenden sind. Die notorische Oberflächlichkeit der Politik, die mit der Überforderung durch immer komplexere Strukturen zusammenhängt, bringt es mit sich, daß das Problembewußtsein der Politiker aus der Sachverständigenperspektive häufig inadäquat ist. Zu berücksichtigen bleibt aber auch, daß wissenschaftliche Sorgfalt in der Regel durch Beschränkungen erkauft wird, die es im Entscheidungsprozeß nicht gibt.

Es kommt also darauf an, durch die wissenschaftliche Beratung der Politik die richtigen Fragen zu beantworten: diejenigen, die nach dem jeweiligen Stand der Entwicklung wahrgenommen werden oder darüber hinaus unter den Bedingungen der politischen Entscheidungsvorbereitung wahrgenommen werden können. Recht zu haben, genügt dazu allein noch nicht. Ueberhorst hat es den Projektleitern und den Mitarbeitern sowohl durch informell beratende als auch durch formalisierte Gespräche erleichtert, sich nach Kräften in die Entscheidungssituation der zu Beratenden hineinzuversetzen und sich dadurch dem politischen Prozeß, dem die wissenschaftliche Arbeit dienen sollte, zu unterwerfen.

Die geleistete Hilfe bestand in der Auswahl und Einladung sachverständiger, energiepolitisch unterschiedlich argumentierender Persönlichkeiten aus Politik, Wirtschaft und Wissenschaftsjournalismus sowie in der Vorbereitung, Moderation und Auswertung dieser Kolloquien. Zu den einzelnen Arbeitsbereichen des Projekts wurde je ein Kolloquium organisiert. Die Möglichkeit, in diesen Gesprächen in kompakter Form Ergebnisse und Begründungen mitzuteilen und daraufhin kritischen Fragen ausgesetzt zu sein, war eine Bewährungsprobe, die allen Mitarbeitern geholfen hat, sich auf die Bedingungen der politischen Praxis wesentlich besser einzustellen, als sie es sonst vermocht hätten. Hinzu kamen Ueberhorst-Gespräche zu Fragen der Abstimmung einzelner Arbeitsbereiche im Gesamtzusammenhang des Projekts.

In kritischen Fragen haben die Projektleiter wie die Mitarbeiter außerdem immer wieder das Gespräch mit Experten in der Praxis gesucht, vor allem mit denen, die unsere Ansätze und Ergebnisse kritisch, mißtrauisch oder feindlich beurteilten. Daß z.B. gegen Roßnagels Entwurf eines Sicherungssystems für ein künftiges Atomenergiesystem im wesentlichen keine stichhaltigen Einwände gemacht werden konnten, ist auch den Gesprächspartnern zu verdanken, die alle Einzelheiten bereits in mannigfachen Diskussionen der Kritik ausgesetzt hatten.

Daß wir die kritische Öffentlichkeit der energiepolitischen Auseinandersetzung während unserer Arbeit von Anfang an gesucht haben, hat wesentlich dazu beigetragen, das Projekt dem eigentlichen Sinn der wissenschaftlichen Politikberatung zu widmen: der Unterscheidung dessen,

- was wissenschaftlich richtig oder falsch ist (insbesondere in der Form von Wenn-dann-Aussagen) und dementsprechend keiner politischen Erörterung bedarf, von dem,
- was nicht wissenschaftlich richtig oder falsch ist, sondern einer politi-

schen Bewertung bedarf, in der dann freilich die Wissenschaftler keine ausgezeichnete Rolle mehr spielen dürfen.

Wir haben uns bemüht, zur Sache zu sagen, was wir herausgefunden haben und wissen, und nichts zu behaupten, was wir nicht wissen. Auch mit dem Fortgang des Parallelprojekts in der Kernforschungsanlage Jülich unter der Leitung von Ortwin Renn bestätigte sich zunehmend, daß Wissenschaftler einander nur dann widersprechen, wenn mehr behauptet wird, als sich wissenschaftlich beweisen läßt. Da beide Projektgruppen selbstkristisch und sorgfältig gearbeitet haben, sind die Ergebnisse im wesentlichen komplementär zueinander und keine geeignete Grundlage zur Bestätigung entgegengesetzter politischer Vorurteile. Nach dem Abschluß unserer Arbeiten hat sich mit der Jülicher Gruppe in mehreren Zusammenkünften ein fruchtbares und sachliches Gespräch ergeben. Wir betrachten die Ergebnisse des Parallelprojekts als eine willkommene Ergänzung unserer Arbeiten.

Soweit es uns gelungen ist, gangbare und vernünftige Wege der Energiepolitik zu finden, verbinden wir mit der Mitteilung unserer Ergebnisse nun freilich auch die Erwartung, daß sie ihrerseits in der Politik berücksichtigt werden. Ueberhorst hat in einem eigenen Beitrag zum Projekt deutlich gemacht, daß zur wissenschaftlichen Beratung der Politik ein Politikstil gehört, in dem eine solche Beratung überhaupt angenommen werden kann. Wissenschaftliche Arbeiten, die keine Rücksicht auf den politischen Adressaten nehmen, machen es diesem leicht, seinerseits keine Rücksicht auf die Ergebnisse zu nehmen oder sich nur diejenigen herauszusuchen, die einer bereits vorgefaßten Meinung entsprechen. Wir haben alles getan, unsere Studie möglichst keinen Vorwand geben zu lassen, mit dem dieses so allzugewöhnliche Schicksal gerechtfertigt werden könnte. Wir erwarten nunmehr von den Politikern und der Verwaltung, daß sie sich mit den wissenschaftlichen Gedankengängen in unserer Studie genauso viel Mühe geben wie wir mit der Orientierung an den Entscheidungsbedürfnissen der Politik.

Stellungnahme der Studiengruppe der Vereinigung Deutscher Wissenschaftler (VDW)

Im Jahr 1980 wurde an die Vereinigung Deutscher Wissenschaftler (VDW) ein Forschungsvorhaben mit dem Titel »Die Sozialverträglichkeit verschiedener Energiesysteme in der industriegesellschaftlichen Entwicklung« vergeben. Zur Durchführung des Forschungsvorhabens wurde eine Projektgruppe unter der Leitung von K.M. Meyer-Abich und B. Schefold gebildet. Gefördert wurde das Projekt durch das Bundesministerium für Forschung und Technologie auf ausdrücklichen Wunsch des damals amtierenden Bundesministers.

Dabei nahm der Bundesforschungsminister auch die in derselben Zeit in der Enquête-Kommission »Zukünftige Kernenergiepolitik« des Deutschen Bundestages diskutierte Erwartung auf, daß die Bundesregierung die Sozialverträglichkeit langfristiger energiepoliticher Optionen untersuchen möge.

Die im März 1979 von allen Fraktionen gemeinsam eingesetzte Enquête-Kommission hat in ihrem 1980 vorgelegten Bericht mit Zustimmung aller acht nichtparlamentarischen Sachverständigen festgestellt, daß »die energiepolitischen Analysen grundsätzlich zwei alternative langfristige Wege – mit und ohne Kernenergie – deutlich werden« (lassen). Für die zweite Arbeitsphase wurde – ebenfalls mit Zustimmung aller von den Fraktionen benannten Sachverständigen – vorgeschagen, die Arbeit zur »Bewertung der gesellschaftlichen Voraussetzungen und Folgen verschiedener Energiesysteme auch im Hinblick auf Krieg, Terror und Sabotage« aufzunehmen und abzuschließen.

Die Kommission hatte mit diesem Hinweis verdeutlicht, daß eine politische Bewertung langfristiger Alternativen unseres Energiesystems insbesondere auch unter dem Kriterium der Sozialverträglichkeit wissenschaftliche Vorarbeiten voraussetzt, die bisher in der Bundesrepublik Deutschland nicht geleistet waren.

Die jetzt vorliegenden Ergebnisse des VDW-Forschungsvorhabens sind ein erster umfassender Beitrag zum Abbau des analytischen Defizits unserer Kenntnisse zur Sozialverträglichkeit verschiedener Energiesysteme. Die Diskussionsgemeinschaft der politischen Öffentlichkeit verfügt nunmehr über zusätzliche Grundlagen zur Bewertung der zukünftigen Energiepolitik. Die politischen Entscheidungsträger sind aufgerufen, den

Ergebnissen des jetzt vorgestellten bedeutsamen Forschungsvorhabens eine hohe Aufmerksamkeit zuzuwenden. Es gibt keinen sachlichen Grund, langfristige energiepolitische Entscheidungen – insbesondere im Bereich der Kernenergiepolitik – losgelöst vom Kriterium der Sozialverträglichkeit zu treffen. Die Ergebnisse des Projekts aktualisieren vielmehr die Notwendigkeit, diesen Aspekt verstärkt einzubeziehen.

Als Kriterium für eine Abschätzung der Folgen energiepolitischer Entscheidungen rückt somit neben die Wirtschaftlichkeit, die Umweltverträglichkeit und die internationale Verträglichkeit auch die Sozialverträglichkeit.

Das Projekt der Vereinigung Deutscher Wissenschaftler hat die Sozialverträglichkeit verschiedener Energiepfade im weiten Sinn, d.h. im Sinn der Verträglichkeit mit der gesellschaftlichen Ordnung und Entwicklung der Bundesrepublik Deutschland untersucht. Dabei sind auch die anderen drei Kriterien in die Projektarbeit einbezogen worden. Die Bedeutsamkeit, die der Fragestellung des Projekts von der Bundesregierung zugemessen wurde, zeigt sich auch darin, daß die gleiche Aufgabe – im Sinn von Parallelforschung – wenig später einer zweiten Projektgruppe, die an der Kernforschungsanlage Jülich angesiedelt ist, übertragen wurde.

Heute legt die Projektgruppe ihre Forschungsergebnisse vor. Inzwischen hat sich die energiepolitische Diskussion etwas beruhigt. Dies ändert jedoch nichts daran, daß energiepolitische Weichenstellungen anstehen, die die künftigen Lebensbedingungen stark beeinflussen werden. Die Weichen sollten bewußt und reflektiert gestellt werden. Die hier vorgelegten Forschungsergebnisse können dabei eine wesentliche Hilfe sein.

Das Forschungsthema Sozialverträglichkeit von Energiesystemen ist komplex und keiner tradierten Wissenschaftsdisziplin zuzuordnen. Daher wurde ein interdisziplinäres Forschungsteam zusammengestellt, dem folgende Herren angehörten:

Dr. Heino Apel: Modellrechnungen
Dr. Rolf Bauerschmidt: Energiesystemanalysen
Dr. Robert Dickler: Kostenentwicklung
Dr. Martin Held: Risikoabschätzung, Wertwandel
Dr. Dietrich Koch: Risikoabschätzung
Dr. Hans-Jochen Luhmann: Energieeinsparung
Dr. Horst Meixner: Wirtschaftspolitik
Prof. Dr. Alexander Roßnagel: Sicherheitssysteme, verfassungsrechtliche Bewertung
Dr. Rolf Peter Sieferle: Geschichte von Energiesystemen, Entwicklung der Technik-Kritik

Dr. Jürgen Thiele: Nutzung von Biomasse
Dr. Zdenek Zofka: Soziale Konflikte, Terrorismus

Die Projektleitung hat zur Förderung der Umsetzungsaspekte im Forschungsvorhaben überdies den früheren Vorsitzenden der Enquête-Kommission des 8. Deutschen Bundestages, Reinhard Ueberhorst, zur Beratung der Projektgruppe gewonnen und ihn gebeten, das Kriterium der Sozialverträglichkeit im Hinblick auf die Gestaltung politischer Arbeitsprozesse in einem Gutachten zu untersuchen.

Die Arbeit der hauptamtlichen Projektgruppe wurde von uns als einer nebenamtlichen »Studiengruppe« begleitet. Angehörige der Studiengruppe waren die bereits auf S. 201 genannten Wissenschaftler.

Die Aufgabe der Studiengruppe bestand darin, den Fortschritt der Forschungsarbeiten beratend zu begleiten. Studiengruppe und Projektgruppe trafen sich zu diesem Zweck zweimal im Jahr im Zeitraum von 1979 bis 1984, um die zuvor versandten Vorberichte zu diskutieren. Darüber hinaus kam es zu intensiven Kontakten zwischen einzelnen Mitgliedern der Studiengruppe und den ihnen fachlich nahestehenden Mitgliedern der Projektgruppe.

Das hier vorgelegte Projektergebnis trifft auf dringlichen Informationsbedarf der Öffentlichkeit und der energiepolitischen Praxis. Es wird hohen wissenschaftlichen Qualitätsmaßstäben gerecht. Im Rahmen des Projekts wurden methodisch-konzeptionelle Ansätze entwickelt, die richtungweisend für die weitere Arbeit im Bereich der Technologiefolgen-Abschätzung sein dürften. Durch die interdisziplinäre Verknüpfung von Sachverstand bei entsprechender Kenntnis der Einzelfragen wurde außerdem ein Beitrag zur Fortentwicklung einzelner Disziplinen geleistet.

Auf der Grundlage der vorliegenden Ergebnisse fassen die Mitglieder der Studiengruppe nach Erörterung der Forschungsmethoden und der Forschungsergebnisse ihre Position in folgenden Thesen – denen sich allerdings Prof. Fritsch und Prof. Dierkes zum Teil nicht anschließen konnten – zusammen. Sie empfehlen sie der Öffentlichkeit zur Diskussion.

1. Die energiepolitischen Entscheidungsträger befinden sich derzeit in einer Verzweigungssituation, das heißt, die zur Zeit noch vorhandenen Möglichkeiten, zwischen grundsätzlich verschiedenen energiepolitischen Optionen zu wählen, dürften in den kommenden Jahrzehnten empfindlich eingeengt werden.

2. Eine energiepolitische Option, die in hohem Ausmaß auf den Ausbau der Kernenergie setzt, ist unter der Perspektive der Sozialverträglichkeit problematisch. In besonderem Maß muß befürchtet werden, daß sie unser Rechtssystem in einer unseren Wertvorstellungen nicht

entsprechenden Weise tangiert und daß sie – auch unter dem Gesichtspunkt des Terrorismus – eine Gefahr für die innere Sicherheit darstellt.

Kernenergie erscheint unter diesem Bewertungsgesichtspunkt allenfalls als zeitlich begrenzte Option vorstellbar, und auch dies nur, wenn zugleich auf die Brüter-Technologie verzichtet wird.

3. Die Entscheidung, ob verstärkt auf die Kernenergie gesetzt wird oder ob die »Energiequelle Sparen« genutzt und verstärkt auf – möglichst dezentral gewonnene – Sonnenenergie zurückgegriffen wird, hat eine über die Gestaltung der Energiewirtschaft weit hinausreichende Bedeutung. Sie dürfte eine neue Prägung des gesamten Wirtschaftsstils einer Gesellschaft ausdrücken. Der Wirtschaftsstil der Sozialen Marktwirtschaft bezeichnet den Komplex von Werthaltungen und Institutionen, die den rechten Kompromiß zwischen den Gegensätzen von privater Leistung und öffentlicher Vorsorge, also zwischen Wettbewerbs- und Sozialstaatsprinzip, immer wieder zu finden gestatten. Heute geht es darum, außerdem einen Ausgleich von Technik und Natur zu finden, und paradigmatisch dafür wäre eine Energiepolitik, wie wir sie vorschlagen.

4. Es sind keine gravierenden Unterschiede in den makroökonomischen Auswirkungen der beiden energiepolitischen Alternativen zu erwarten, wohl aber unterschiedliche Konsequenzen für die Wirtschaftsstruktur. Die Gesamtkosten beider Energiesysteme unterscheiden sich nur wenig; die Hauptlast tritt beim Ausbau der Kernenergie im Versorgungsbereich, bei verstärkter Einsparung und Solarenergienutzung im Anwendungsbereich auf.

5. Die Erfahrungen der Studiengruppe mit dem Projekt haben gezeigt, daß der bisherige Ansatz der Technologiefolgenabschätzung um das Kriterium der Sozialverträglichkeit ergänzt werden muß. Dies bedeutet insbesondere, daß, wie in diesem Projekt exemplifiziert, historische und rechtliche Aspekte, betriebs- und volkswirtschaftliche Modellanalysen sowie die Dynamik gesellschaftlicher Werthaltungen einzubeziehen sind.

Verzeichnis der Abbildungen und Tabellen

Veröffentlichungen und Vorberichte im Zusammenhang mit dem Forschungsprojekt

1. Bücher

a) Schriftenreihe »Die Sozialverträglichkeit von Energiesystemen«, herausgegeben von Klaus Michael Meyer-Abich, Bertram Schefold und Carl Friedrich von Weizsäcker im Verlag C.H. Beck München:

Band 1: Klaus Michael Meyer-Abich/Bertram Schefold: Wie möchten wir in Zukunft leben. Der ›harte‹ und der ›sanfte‹ Weg. 239 S. (1981). Beck'sche Schwarze Reihe Bd. 242.

Band 2: Rolf Peter Sieferle: Der unterirdische Wald. Energiekrise und Industrielle Revolution. 284 S. (1982). Beck'sche Schwarze Reihe Bd. 266.

Band 3: Alexander Roßnagel: Bedroht die Kernenergie unsere Freiheit. Das künftige Sicherungssystem kerntechnischer Anlagen. 317 S. (1983). Beck'sche Schwarze Reihe Bd. 279.

Band 4: Alexander Roßnagel: Radioaktiver Zerfall der Grundrechte? Zur Verfassungsverträglichkeit der Kernenergie. 320 S. (1984). Beck'sche Schwarze Reihe Bd. 291.

Band 5: Rolf Peter Sieferle: Fortschrittsfeinde? Opposition gegen Technik und Industrie von der Romantik bis zur Gegenwart. 301 S. (1984)

Band 6: Rolf Bauerschmidt: Kernenergie oder Sonnenenergie. (1985). Beck'sche Schwarze Reihe Bd. 296.

Band 7: Horst Meixner: Energiepolitische Weichenstellung. Wirtschaftspolitische Erfordernisse langfristiger Energiestrategien. (1986; in Vorbereitung)

Band 8: Klaus Michael Meyer-Abich/Bertram Schefold: Die Grenzen der Atomwirtschaft. Die Zukunft von Energie, Wirtschaft und Gesellschaft. (1986)

b) Einzelveröffentlichungen

Alexander Roßnagel (Hg.): Recht und Technik im Spannungsfeld der Kernenergiekontroverse. Mit Beiträgen von Dieter Czajka, Hasso Hofmann, Peter Cornelius Mayer-Tasch, Klaus Michael Meyer-Abich, Volker Neumann, Peter Saladin, Herbert Schattke, Reinhard Ueberhorst und Siegfried de Witt. Opladen: Westdeutscher Verlag 1984, 262 S.

Martin Held (Hg.): Technik von gestern für die Ziele von morgen. Opladen: Westdeutscher Verlag. (1986; in Vorbereitung)

2. Aufsätze

H. Apel: Struktur und Gleichungen des Alternativsektors zum ZENCAP/D-Modell. Frankfurt/M., Oktober 1982. In: Deutscher Bundestag, 9. Wahlperiode, Enquête-Kommission »Zukünftige Kernenergiepolitik«, Anlagenband I zum Bericht der Arbeitsgruppe »Modelle«, Bonn, März 1983, S. 200-209.

R. Bauerschmidt: Die Investitionserfordernisse verschiedener Energiestrategien. Konjunkturpolitik 29 (1983), 367-397.

R. A. Dickler, K. M. Meyer-Abich: Energy Issues and Policies in the Federal Republic of Germany. Annual Review of Energy 7 (1982), 221-259.

R. A. Dickler: Wertwandel und makroökonomische Modelle des Wirtschaftsablaufs. Frankfurt/M., Juni 1982. In: Deutscher Bundestag, Anlagenband I, a.a.O., S. 28-50.

–: Exogene Vorgaben des Szenarios »Wertwandel« (Konsumstruktur und Produktionsstruktur), – Zusammenfassung –. Frankfurt/M., August 1982. In: Deutscher Bundestag, Anlagenband I, a.a.O., S. 99-105.

–: Exogene Vorgaben des Szenarios »Wertwandel« (Konsumstruktur und Produktionsstruktur). Frankfurt/M., Ausgust 1982. In: Deutscher Bundestag, Anlagenband I, a.a.O., S. 106-135.

–: Exogene Vorgaben zum Erwerbspersonenpotential. Frankfurt/M., September 1982. In: Deutscher Bundestag, Anlagenband I, a.a.O., S. 146-158.

–: Exogene Vorgaben zum Erwerbspersonenpotential – Materialsammlung –. Frankfurt/M., September 1982. In: Deutscher Bundestag, Anlagenband I, a.a.O., S. 159-169.

–: Exogene Vorgaben zur Außenwirtschaft. Frankfurt/M., Oktober 1982. In: Deutscher Bundestag, Anlagenband I, a.a.O., S. 200-209.

R. A. Dickler, B. Schefold: Interpretation der Grundstruktur des makroökonomischen Kerns des ZENCAP/D-Modells. Frankfurt/M., Februar 1983. In: Deutscher Bundestag, Anlagenband I, a.a.O., S. 222-233.

M. Held: Social Impacts of Energy Conservation. Journal of Economic Psychology 3 (1983), 379-394.

–: Wertwandel und energierelevantes Verhalten der privaten Konsumenten. Zeitschrift für Umweltpolitik 3 (1984), 295-314.

–: Verträglichkeiten langfristiger Energieoptionen mit den Wertentwicklungen (im Druck).

H. Meixner: Sanfte versus Harte Technologien und die Sozialverträglichkeit von Energiesystemen. Zeitschrift für Umweltpolitik 4 (1981), 331-356.

–: Energieeinsparungspolitik und Marktwirtschaft – überholte Leitbilder blockieren effiziente Strategien. Wirtschaftsdienst (1981) Heft IV, 178-183.

–: Die ökonomische Logik der Kernenergie. Jahrbuch für Sozialwissenschaft 34 (1983), 59-93.

–: Die Diskussion um natürliche und soziale Grenzen des Wirtschaftswachstums. Wirtschaft und Gesellschaft (Wien), (1983) Heft 4.

–: Vorgaben für die Entwicklung der Arbeitsproduktivität. In: Deutscher Bundestag, Anlagenband I, a.a.O., S. 87-88.

–: Kostendaten für Energietechnologien und künftige Entwicklung der Arbeitsproduktivität. – Ein Vorschlag zur Verknüpfung der Vorgaben für die Modellrechnungen. In: Deutscher Bundestag, Anlagenband I, a.a.O., S. 136-145.

–: Begründung von Annahmen über die künftige Entwicklung sensitiver Input-Koeffizienten. In: Deutscher Bundestag, Anlagenband I, a.a.O., S. 170-191.

–: Örtliche und Regionale Energieversorgungskonzepte im Kontext langfristiger Energiestrategien. In: Energie '83, 1.-23.4.1983 in Hamburg, Proceedings, Band: Wirtschaft 1984.

–: Energiesubstitution und Energieeinsparung im Bereich der privaten Haushalte 1973–1983 – Einführung in die Thematik des Arbeitskreises. In: Gesellschaft für Energiewissenschaft und Energiepolitik (GEE); Ölkrise: 10 Jahre danach, Beiträge zur GEE-Jahrestagung 1983, Bonn 1984.

H. Meixner, H. Apel, V. Caspari: Überlegungen zu den Wirkungen von privaten und staatlichen Energieinvestitionen auf dem Kapitalmarkt im ZENCAP-Modell und im EG-Modell. In: Deutscher Bundestag. Anlagenband I, a.a.O., S. 64-86.

K.M. Meyer-Abich: Soziale Verträglichkeit – ein Kriterium zur Beurteilung alternativer Energieversorgungssysteme. Evangelische Theologie 39 (1979), 38-51 (Themenheft »Energiekrise und alternatives Denken«).

–: Was ist ein Atomstaat? Zur Verträglichkeit von Energiesystemen mit der gesellschaftlichen Ordnung und Entwicklung. In: R. Löw, P. Kreuzer (Hg.): Atomkraft – ein Weg der Vernunft? München 1982, 255-302.

–: Unsere gescheiterte Mondfahrt. Scheidewege 14 (1984/85), 114-137.

K.M. Meyer-Abich, R.A. Dickler: Energy Issues and Policies in the Federal Republic of Germany. Annual Review of Energy 7 (1982), 221-259.

A. Roßnagel: Energiepolitik und die Zukunft des Rechtsstaats. Scheidewege 12 (1982), 251-282.

–: Rechtliche Aspekte der Sozialverträglichkeit von Energiesystemen, Problemes Juridiques de l'Energie, Enseignment de 3e Cycle de Droit 1981, Editions Universitaires Fribourg 1982, 47-59.

–: Zum Schutz kerntechnischer Anlagen gegen Angriffe von außen. Zeitschrift für Rechtspolitik 16 (1983), 59-64.

–: Die Verfassungsverträglichkeit von Energiesystemen. Recht und Politik 19 (1983), 208-215.

–: Der Fall Hanau. In: Meyer-Larsen (Hg.): Der Orwell-Staat. Spiegel-Buch Nr. 44, Reinbek 1983.

–: Verfassungsänderung und Verfassungswandel in der Verfassungspraxis. Der Staat 12 (1983), 551-577.

–: Grundrechtsprobleme des nuklearen Katastrophenschutzes. Zivilverteidigung (1983) Heft 4, 23-30.

–: Der Freiheit ein Büro. Deutsches Allgemeines Sonntagsblatt 50/1983 (11.12.1983).

–: Wie dynamisch ist der dynamische Grundrechtsschutz im Atomrecht? Neue Zeitschrift für das Verwaltungsrecht 3 (1984), 137-142.

–: Umrisse eines künftigen Sicherungssystems kerntechnischer Anlagen. In: Evangelische Akademie Hofgeismar: Wer kontrolliert die Kontrolleure, Das künftige Sicherungssystem kerntechnischer Anlagen, Protokoll der Tagung vom 18.-20.11.1983, 211/1984.

–: Plutonium und der Wandel der Grundrechte. Zeitschrift für Rechtspolitik 18 (1985), 81-85.

B. Schefold: Der Alptraum eines Technokraten. (Was kostet uns die Kernenergie?) In: K.M. Meyer-Abich, R. Ueberhorst (Hg.): AUSgebrütet – Argumente zur Brutreaktorpolitik. Basel 1985. S. 48–65

–: Ansteuerung und Konsistenzprüfung der Szenarien der Enquête-Kommission ›Zukünftige Kernenergiepolitik‹. In: Bericht der Arbeitsgruppe ›Modelle‹ der Enquête-Kommission »Zukünftige Kernenergiepolitik« des Deutschen Bundestages über den Stand der Arbeiten und die Ergebnisse, 6 Bände, mit H. Apel, R. Dickler, H. Meixner, Bd. I, S. 33-119, Deutscher Bundestag, 9. Wahlperiode, März 1983.

–: Die Interpretation von Sraffas Preistheorie und ihre Anwendung auf Spezialfälle der Kuppelproduktion. Referat für den Theoretischen Ausschuß des Vereins für Sozialpolitik. Mai 1982, mimeo.

–: Towards a New Economic Style in our Society? Erscheint in: The Graduate Faculty Philosophy Journal, New School for Social Research, vol. 10, no. 2.

–: Alternativen zur herkömmlichen Energiepolitik. Referat für die Energiepolitische Landestagung des DGB 1983, DGB-Landesbezirk Hessen.

–: Ecological Problems as a Challenge to Classical and Keynesian Economics. In: Metroeconomica (1985), vol. XXXVII, Fasc. I, S. 21–61.

–: Natur und Wirtschaftsstil. Beitrag zur ECOROPA Konferenz »Ökonomie und Ökologie« 1984. Erscheint im Tagungsband (1985).

–: Energie und Wirtschaftsstil. Beitrag zur »VDW-Jahrestagung 1984. Energiesysteme im wirtschaftlichen Wandel«. Erscheint im Tagungsband, Kösel Verlag 1985, hg. von H.P. Dürr.

B. Schefold, K.M. Meyer-Abich: Wie möchten wir in Zukunft leben? Der ›harte‹ und der ›sanfte‹ Weg. München 1981.

B. Schefold, A. Roßnagel: Un projet de recherche sur les conséquences sociales des choix énergétiques, in: Problémes juridiques de l'énergie, Fribourg 1982, S. 39-59.

B. Schefold, H. Apel: Bemerkung zur Kapitalkostenrechnung im ZENCAP/D-Modell. Frankfurt/M., Februar 1983. In: Deutscher Bundestag, Anlagenband I, a.a.O., S. 210-221.

B. Schefold, H. Apel, R. A. Dickler: Interpretation der Grundstruktur des makroökonomischen Kerns des ZENCAP/D-Modells. Frankfurt/M. In: Deutscher Bundestag, Anlagenband I, a.a.O., S. 222-233.

R. P. Sieferle: Der Mythos vom Maschinensturm. Technik und Gesellschaft, Jahrbuch 2 (1983), 203-227.

–: Vom Holz zur Kohle. Die Energiekrise im 18. Jahrhundert und ihre Lösung. Der Anschnitt 36 (1984), 124-135.

3. Vorberichte

Essener Arbeitsbereich:

E 1 K. M. Meyer-Abich: *Sozialverträglichkeit – Ein Kriterium zur Beurteilung alternativer Energieversorgungssysteme* Evangelische Theologie 39 (1979), S. 38-51.

E 2 K. M. Meyer-Abich, P. Jansen, H.-J. Luhmann: *Bedarfsdeckung ohne Kernenergie in 50 Jahren* (Vorlage für die Enquête-Kommission »Zukünftige Kernenergiepolitik« des Deutschen Bundestags zur Sitzung am 6./7. September 1979, als überarbeitete Fassung veröffentlicht als Abschnitt 3 der Einleitung in: U. Steger, K. M. Meyer-Abich u. a.: *Handlungsspielräume Energiepolitik* (Argumente in der Energiepolitik Bd. 12, hg. von V. Hauff), Villingen: Neckar-Verlag 1980, S.14-31.

EF 3 K. M. Meyer-Abich, B. Schefold und alle Mitarbeiter: *Die Sozialverträglichkeit verschiedener Energiesysteme in der industriegesellschaftlichen Entwicklung.* Arbeitsplan (Dezember 1980), 63 S.

E 4 H. J. Luhmann: *Die Referenzfälle K(ernenergie) und S(onnenenergie).* (Mai 1981 als Fortschreibung früherer Fassungen), 61 S.

E 5 R. P. Sieferle: *Volk ohne Baum?* Energieprobleme in der industriellen Revolution (Oktober 1980), 67 S.

E 6 H.-J. Luhmann: *Institutional Implications of »Soft« and/or »Hard« Energy Scenarios for Western Europe.* Paper prepared for the Energy Social Scientist-Seminar at IIASA, Laxenburg 1.-5. September 1980, 12 S.

E 7 A. Roßnagel: *Auswirkungen verschiedener Energiesysteme auf das Verfassungssystem des Grundgesetzes* (ohne Sicherheitssystem) – Thesen (korr. Fassung März 1981), 61 S.

E 8 A. Roßnagel: *Notwendige Sicherungen gegen den Mißbrauch spaltbaren Materials* – Zwischenbericht (März 1981), 79 S.

E 9 R. P. Sieferle: *Gewerbliche Evolution oder Industrielle Revolution?* Kontrafaktische Überlegungen zur Energiewende im 18. Jahrhundert (März 1981), 33 S.

E 10 K. M. Meyer-Abich: Kapitel 1-3 in K. M. Meyer-Abich/B. Schefold: *Wie möchten wir in Zukunft leben?* Der ›harte‹ und der ›sanfte‹ Weg: München: C.H. Beck 1981 (Schwarze Reihe Bd. 242, Unterreihe »Die Sozialverträglichkeit von Energiesystemen«, hg. von K.M. Meyer-Abich, B. Schefold und C.F. von Weizsäcker, Bd. 1), S. 11-104.

E 11 Z. Zofka: *Denkbare Motive und mögliche Aktionsformen eines Nuklearterrorismus* (Entwurf April 1981), 37 S.

E 12 H.-J. Luhmann: *Energieeinsparungspotentiale im Sektor »Privathaushalte und Kleinverbraucher«*. In: K.-D. Heise/D.A. Kolb/H. Märtin: Energieeinsparung im Mietwohnungsbau. Berlin/München: W. Ernst 1981, S. 25-38.

E 13 R.P. Sieferle: *Die Energiewende in der industriellen Revolution* (Vortrag vor der Ev. Akademie Tutzing 22.5.1982), 22 S.

E 14 K.M. Meyer-Abich: *Was ist ein Atomstaat?* Zur Verträglichkeit von Energiesystemen mit der gesellschaftlichen Ordnung und Entwicklung (Juli 1981, Beitrag zum Civitas-Energiebuch), 44 S.

E 15 M. Held/D. Koch: *Risiko und Sicherheit* – Eine Bewertungsdimension der Sozialverträglichkeitsanalyse (August 1981), 113 S.

E 16 R. Bauerschmidt: Erste Fortschreibung der Referenzfälle K(ernenergie) und S(onnenenergie) (Oktober 1981), 147 S.

E 17 K.M. Meyer-Abich/B. Schefold/C.F. von Weizsäcker: *Zwischenbericht* über den Stand der Arbeiten im Forschungsprojekt »Die Sozialverträglichkeit verschiedener Energiesysteme in der industriegesellschaftlichen Entwicklung« der Vereinigung Deutscher Wissenschaftler (VDW) auf Wunsch des Bundesministeriums für Forschung und Technologie (BMFT), 98 S. (September 1981).

E 18 A. Roßnagel: *Energiepolitik und die Zukunft des Rechtsstaats* (September 1981) 32 S.

E 19 R.P. Sieferle: *Der unterirdische Wald* – Energiesystem und Industrielle Revolution (Dezember 1981, Endfassung), 267 S.

E 20 A. Roßnagel: *Freiheit oder Sicherheit* – Die unlösbare Alternative betriebsinterner Sicherungssysteme kerntechnischer Anlagen (November 1981), 140 S.

E 21 R. Steen: *Gewaltbereitschaft und terroristische Militanz bei rechtsextremen Jugendlichen.* Möglichkeiten eines »Nuklearterrorismus« von rechts (Oktober 1981), 133 S.

E 22 Z. Zofka: *Denkbare Motive und mögliche Aktionsformen eines Nuklearterrorismus* (November 1981), 107 S.

E 23 M. Held: *Risiko und Sicherheit, Teil 2:* Der Realitätsgehalt der fundamentalen Risikoaspekte (Dezember 1981), 44 S.

E 24 K.M. Meyer-Abich/R.A. Dickler: *Energy Issues and Policies in the Federal Republic of Germany* (Dezember 1981), 53 S.

E 25 A. Roßnagel: *Der Schutz von Kernkraftwerken gegen terroristische Angriffe* (Dezember 1981), 21 S.

E 26 A. Roßnagel: *Rechtliche Aspekte der Sozialverträglichkeit von Energiesystemen* (Dezember 1981), 17 S.

E 27 (F 17) B. Schefold/A. Roßnagel: *Un projet de recherche sur les conséquences sociales des choix énergétiques* (Januar 1982), 28 S.

E 28 K.M. Meyer-Abich: Kriterien der Herrschaft des Menschen in der Natur (Juli 1981), 67 S.

E 29 R.P. Sieferle: *Der knallharte Weg* (November 1981), 26 S.

E 30 K.M. Meyer-Abich: *Energieeinsparung* – ein neues Ziel der Energiepolitik (Mai 1982), 68 S.

E 31 M. Held: *Psychologie und Energie* – Der Mensch als Ausgangs- und Bezugspunkt (Juli 1982), 30 S.

E 32 K.M. Meyer-Abich: *Wahrnehmungsverlust durch Energiesysteme:* Anpassung an eine Fehlentwicklung? (August 1982), 25 S.

E 33 A. Roßnagel: *Wächter des Atoms* – Das künftige Sicherungssystem kerntechnischer Anlagen (September 1982), 396 S.

E 34 M. Held: *Wertwandel* (Juni 1982), 84 S.

E 35 R.P. Sieferle: *Der Mythos vom Maschinensturm* (Juli 1982), 37 S.

E 36 M. Held: *Social Impacts of Energy Conservation* (September 1982), 23 S.

E 37 D. Koch: *Kernkraftwerke und Kriegsverhütung* (November 1982), 25 S.

E 38 R.P. Sieferle: *Das Energiesystem in der geschichtlichen Entwicklung* (September 1982), 24 S.

E 39 A. Roßnagel: *Wie dynamisch ist der dynamische Grundrechtschutz im Atomrecht* (Oktober 1982), 17 S.

E 40 A. Roßnagel: *Grundrechtsprobleme des nuklearen Katastrophenschutzes* (Oktober 1982), 17 S.

E 41 A. Roßnagel: *Futurologie der inneren Sicherheit.* Methodische Bemerkungen zu »Wächter des Atoms« (Dezember 1982), 24 S.

E 42 R.P. Sieferle: *Die Eisenbahn als Symbol einer neuen Zeit* (Oktober 1982), 50 S.

E 43 D. Birnbacher/ D. Koch: *Rechtliche Regelungen zur Normierung technischer Sicherheit im Atomrecht* (Oktober 1982), 28 S.

E 44 A. Roßnagel: *Die Verfassungsverträglichkeit von Energiesystemen* (Februar 1983), 15 S.

E 45 A. Roßnagel: *Auf der Suche nach einem zeitgemäßen Verhältnis von Recht und Technik* – Einleitung und Überblick (Februar 1983), 23 S.

E 46 R. Bauerschmidt: *Die Energie-Alternativen rechnen sich.* (März 1983), 26 S.

E 47 A. Roßnagel: *Radioaktiver Zerfall der Grundrechte?* Grundrechtswandel in einer ›Plutoniumökonomie‹ (Juni 1983) 67 S.

E 48 R. Bauerschmidt: *Die Zweite Fortschreibung der Referenzfälle Kernenergie und Sonnenenergie* (Mai 1963), 37 S.

E 49 A. Roßnagel: *Risikofaktor Mensch* (Juni 1983), 28 S.

E 50 M. Held: *Energiepolitik in Zeiten starken Wertwandels.* Verträglichkeit der Kern- und Sonnenenergie mit den Wertentwicklungen. *1. Teil.* Wertentwicklungen (Juni 1983), 98 S.

E 51 A. Roßnagel: *Radioaktiver Zerfall der Grundrechte?* Grundrechtswandel in einer ›Plutoniumökonomie‹ (August 1983), 131 S.

E 52 M. Held: *Energiepolitik in Zeiten starken Wertwandels.* Verträglichkeit der Kern- und Sonnenenergie mit den Wertentwicklungen. *2. Teil:* Verträglichkeitsanalyse (September 1983), 199 S.

E 53 R.P. Sieferle: *Das Industriesystem und seine Kritiker.* Ein historischer Entwurf (September 1983) *Teil 1.* S. 165

E 54 Z. Zofka: *Die soziale Verwundbarkeit von den Energiesystemen S und K. 1. Teil,* 72 S., *2. Teil,* 116 S., *3. Teil,* 58 S. (Oktober 1983)

E 55 R. Bauerschmidt: *Die Referenzfälle K und S* (Zusammenfassung) (Dezember 1983), 68 S.

E 56 A. Roßnagel: *Rechtliche Aspekte der Sozialverträglichkeit von Energiesystemen* (Dezember 1983), 59 S. (Zusammenfassung)

E 57 R.P. Sieferle: *Energiesysteme und gesellschaftliche Entwicklung* – ein historischer Abriß (Dezember 1983), 23 S.

E 58 Z. Zofka: *Die soziale Verwundbarkeit von Energiesystemen* (Zusammenfassung), (Dezember 1983), 53 S.

E 59 M. Held: *Langfristige Energieoptionen und Wertwandel* – Die Verträglichkeit der Szenarien K(ernenergie) und S(onnenenergie) mit den Wertentwicklungen (Zusammenfassung), (Februar 1984), 60 S.

E 60 R. Bauerschmidt: *Kernenergie oder Sonnenenergie* – Eine energiepolitische Weichenstellung (April 1984) 279 S.

E 61 M. Held: *Energiepolitik in Zeiten starken Wertwandels* – Verträglichkeit der Kern- und Sonnenenergie mit den Wertentwicklungen (Mai 1984) *1. Teil,* 169 S., *2. Teil,* 76 S.

E 62 R.P. Sieferle: *Fortschrittsfeinde?* Opposition gegen Technik und Industrie von der Romantik bis zur Gegenwart (November 1984), 327 S.

E 63 R.P. Sieferle: *Historische Perspektiven der Sozialverträglichkeit* (April 1984), 68 S.

E 64 K.M. Meyer-Abich: *Wege zum Frieden mit der Natur* – Praktische Naturphilosophie für die Umweltpolitik (Juni 1984), Hanser Verlag München 1984, 382 S.

E 65 K.M. Meyer-Abich: *Unsere gescheiterte Mondfahrt* – Die Rationalität der

Brüterentwicklung unter den Zielen der 60er Jahre (Mai 1984), 24 S. (erschienen in Scheidewege)

E 66 K.M. Meyer-Abich: *Politisch zu bewertende Ergebnisse der risikoorientierten Studien.* In: Zwischenbericht und Empfehlungen der Enquête-Kommission »Zukünftige Kernenergiepolitik«. Empfehlung der Minderheit zur möglichen Inbetriebnahme des Demonstrationskraftwerks SNR 300 in Kalkar (September 1982), 10 S.

E 67 K.M. Meyer-Abich: *Energie im öffentlichen Interesse* – Energiestrategien und ihre Einbettung in die Infrastruktur. In: Energie '83, Hamburg 20.-22. April 1983, Proceedings Energie-Technologie, S. 711-733, Hamburg 1983

E 68 K.M. Meyer-Abich: *Grundrechtsschutz heute* – Die rechtspolitische Tragweite der Konfliktträchtigkeit technischer Entwicklungen für Staat und Wissenschaft. In: Alexander Roßnagel (Hg.): Recht und Technik im Spannungsfeld der Kernenergiekontroverse. Opladen: Westdt. Verlag 1984, S. 221-243
Vorabdruck (gekürzt) in Zeitschrift für Rechtspolitik 17/2 (1984), 40-45

E 69 K.M. Meyer-Abich/B. Schefold (Hg.): *Vorwort* zu R.P. Sieferle: Der unterirdische Wald. Energiekrise und Industrielle Revolution. München C.H. Beck 1982 (BSR 266), 284 S. Vorwort d. Hg. S. 7-9

E 70 K.M. Meyer-Abich/B. Schefold (Hg.): *Vorwort* zu A. Roßnagel: Bedroht die Kernenergie unsere Freiheit. Das künftige Sicherungssystem kerntechnischer Anlagen. München: C.H. Beck 1983 (BSR 279), 317 S. Vorwort d. Hg. S. 11-13

E 71 Z. Zofka: *Terrorismus, Sabotage, Bürgerkrieg* – Zur sozialen Verwundbarkeit von Energiesystemen. (September 1984), 237 S.

E 72 R. Ueberhorst: *Kritik der positionellen Politik – Politische Alternativen und die Sozialverträglichkeit alternativer Politikstile.* 282 S.

E 73 K.M. Meyer-Abich/B. Schefold (Hg.): *Vorwort* zu A. Roßnagel: Radioaktiver Zerfall der Grundrechte? Zur Verfassungsverträglichkeit der Kernenergie. München C.H. Beck 1984 (BSR 291), 320 S., Vorwort d. Hg. S. 11-12

E 74 K.M. Meyer-Abich/B. Schefold (Hg.): *Vorwort* zu R. Bauerschmidt: Kernenergie oder Sonnenenergie. München C.H. Beck 1985 (BSR 296) 247 S., Vorwort d. Hg. S. 9-12

E 75 J. Thiele: Entwicklungsmöglichkeiten und Folgen einer integrierten Nutzung der Biomasse: Problemloser Weg in eine ökologische Zukunft? (Dezember 1983), 240 S.

Frankfurter Arbeitsbereich:

F 1 H. Meixner: *Die Unterscheidung von sanften und harten Technologien als Ausgangspunkt einer vergleichenden Beurteilung der Sozialverträglichkeit von Energiesystemen?* (Juli 1980), 29 S.

F 2 B. Schefold: *Vom Energiesystem zum Wirtschaftsstil* (Oktober 1980), 74 S.

F 3 C. Jaeger: *Das Problem der Vergleichbarkeit von Energieszenarien* (Februar 1981), 31 S.

F 4 K. Pertz: *Ökonomische Argumente für ›sanfte‹ Energiepfade – Eine kritische Beurteilung* – (Februar 1981), 28 S.

F 5 H. Meixner: *Energieeinsparungspolitik. Zur ordnungspolitischen Kritik an den Empfehlungen der Enquête-Kommission* (November 1980), 31 S.

F 6 H. Meixner: *Energieeinsparungspolitik und Marktwirtschaft. Überholte Leitbilder blockieren effiziente Strategien* (April 1981), 6 S.

F 7 H. Pietsch: *Ökonomische Argumentationslinien der ›ökologischen‹ Kritik des Industriesystems – eine Materialsammlung* – (September 1981), 68 S.

F 8 K. Wittstock: *Ökonomische Lenkungsmechanismen und »sanfte« Technologie im Energiebereich* (Oktober 1980), 34 S.

F 9 B. Schefold: *Wie möchten wir in Zukunft leben – Der ›harte‹ und der ›sanfte‹ Weg*, Kapitel 4-6 (Oktober 1980), 82 S.

F 10 H. Meixner: *Wirkungen von K und S auf Konzentration und Wettbewerb* (Mai 1981) 16 S.

F 11 R.A. Dickler: *Wirkungen von K und S auf die Kostenstruktur* (Juli 1981), 33 S.

F 12 R.A. Dickler: *Long Waves and Induced Innovation in the Energy Sector: Problems and Perspectives* (September 1981), 21 S.

F 13 H. Meixner: *Die ökonomische Logik der Kernenergie* (November 1981), 72 S.

F 14 K.M. Meyer-Abich, R.A. Dickler: *Energy Issues and Policies in the Federal Republic of Germany* (November 1981), 39 S.

F 15 R.A. Dickler: *Energiebarock – Thesen und Materialien zur Abschätzung der Folgen des Ausbaus der Energiesysteme K und S für die Kostenentwicklung der Energiedienstleistungen* (Dezember 1981), 40 S.

F 16 H. Meixner: *Konzentrations- und Wettbewerbsprobleme in den Szenarien K(ernenergie) und S(onnenenergie)* (Dezember 1981), 31 S.

F 17 (E 27) B. Schefold, A. Roßnagel: *Un projet de recherche sur les conséquences sociales des choix énergétiques* (Januar 1982), 28 S.

F 18 B. Schefold: *Ansteuerung und Konsistenzprüfung der Enquête-Szenarien* (Januar/Mai 1982), 21 S.

F 19 B. Schefold: *Die Interpretation von Sraffas Preistheorie und ihre Anwendung auf Spezialfälle der Kuppelproduktion* (Mai 1982), 73 S.

F 20 R.A. Dickler: *Wertwandel und makroökonomische Modelle des Wirtschaftsablaufs* (Juni 1982), 31 S.

F 21 V. Caspari, H. Meixner, H. Apel: *Überlegungen zur Wirkung von privaten und staatlichen Energieinvestitionen auf den Kapitalmarkt im ZENCAP-Modell und im EG-Modell* (Juni 1982), 18 S.

F 22 B. Schefold: *Was kostet uns die Kernenergie? Eine volkswirtschaftliche Kosten-*

Nutzenanalyse der Forschungs- und Entwicklungskosten zukünftiger Energieversorgungssysteme (Mai 1982), 26 S.

F 23 H. Meixner: *Örtliche und regionale Energieversorgungskonzepte im Kontext langfristiger Energiestrategien – Probleme der Sozialverträglichkeit –* (April 1983), 40 S.

F 24 R.A. Dickler: *Wirtschaft und Technik künftiger Energiesysteme. Zur Sozialökonomik von Wirtschaft und Technik* (Juni 1983), 52 S.

F 25 K. Bharadwaj: *The Energy Question in India* (Mai 1983), 103 S.

F 26 H. Meixner: *Effekte einer K(ernenergie)-Strategie und einer S(onnen/Spar)-Strategie in der BRD für Entwicklungsländer* (September 1983), 100 S.

F 27 H. Meixner: *Langfristige Energiestrategien und Wirtschaftspolitik* (März/Oktober 1984), 96 S.

F 28 R.A. Dickler: *Kapitalkostenentwicklung und die Sozialverträglichkeit von Energiesystemen* (Dezember 1983), 170 S.

F 29 R.A. Dickler: *Kapitalkostenentwicklung und die Sozialverträglichkeit von Energiesystemen* (März 1984), 70 S.

F 30 H. Apel: *Makroökonomische Analyse der Szenarien K und S mit dem ZENCAP/D-Modell* (September 1984), 34 S.

F 31 H. Meixner: *Langfristige Energiestrategien und Wirtschaftspolitik* (Juni 1984), 110 S.

Literatur

Die im Rahmen des Forschungsprojekts berücksichtigte Literatur umfaßt ca. 3500 Titel, ist in den Veröffentlichungen und Vorberichten im einzelnen belegt und wird hier nicht erneut zusammengefaßt. Wir nennen im folgenden nur diejenigen Autoren und Titel, die in diesem Band gesondert erwähnt oder berücksichtigt sind.

H. Apel: Makroökonomische Analyse der Szenarien K und S mit dem ZENCAP/D-Modell. Vorbericht F 30, September 1984.

R. Bauerschmidt: Brauchen wir den Brüter? Alternatives Energiekonzept zur Plutoniumwirtschaft. In: Altner/Schmitz-Feuerhake (Hg.): Die Gefahren der Plutoniumwirtschaft. Frankfurt/M. 1979.

–: Die Investitionserfordernisse verschiedener Energiestrategien. Konjunkturpolitik 29 (1983), 367-397.

–: Die Referenzfälle K und S (Zusammenfassung). Vorbericht E 55, Dezember 1983.

–: Kernenergie oder Sonnenenergie? München 1985.

E. Benda: Der soziale Rechtsstaat. In: E. Benda, W. Maihofer, H.-J. Vogel (Hg.): Handbuch des Verfassungsrechts. Berlin/New York 1983.

K. Bharadwaj: The Energy Question in India. Vorbericht F 25, Mai 1983.

E. Breit: Umweltschutz und qualitatives Wachstum. Eine Konzeption des Deutschen Gewerkschaftsbundes. Rede vor der Arbeitsgemeinschaft für Umweltfragen, Bonn 12. IX. 1985.

Bundesregierung: Zur friedlichen Nutzung der Kernenergie. – Eine Dokumentation der Bundesregierung. Bonn [2]1978.

Bundesverfassungsgericht: Entscheidungssammlung. Bd. 49, S. 89ff. (Kalkar-Entscheidung).

R. Codoni, B. Fritsch (Hrsg.): Capital Requirements of Alternative Energy Strategies (Project ZENCAP, Collected Working and Conference Papers), Inst. f. Wirtschaftsforschung, Eidgenössische Technische Hochschule Zürich, 1980.

F. Cottrell: Energy and Society – The Relation between Energy, Social Change and Economic Development. New York/Toronto/London 1955.

Deutsche Risikostudie Kernkraftwerke, Bonn 1979.

Deutscher Bundestag: Bericht der Enquête-Kommission »Zukünftige Kernenergiepolitik« über den Stand der Arbeit und die Ergebnisse. BT-Drucksache 8/4341, Bonn 27.6.1980.

–: Zwischenbericht und Empfehlungen der Enquête-Kommission »Zukünftige Kernenergiepolitik« über die Inbetriebnahme der Schnellbrüter-Prototypanlage SNR 300 in Kalkar. BT-Drucksache 9/2001, Bonn 27.9.1982.

–: Bericht der Arbeitsgruppe (AG) ›Modelle‹ der Enquête-Kommission »Zukünftige Kernenergiepolitik« des Deutschen Bundestages. Über den Stand der Arbeiten und Ergebnisse, 6 Bände, Deutscher Bundestag, 9. Wahlperiode, Bonn, März 1983.

R. A. Dickler: Energiebarock – Thesen und Materialien zur Abschätzung der Folgen des Ausbaus der Energiesysteme K und S für die Kostenentwicklung der Energiedienstleistungen. Vorbericht F 15, Dezember 1981.

–: Kapitalkostenentwicklung und die Sozialverträglichkeit von Energiesystemen. Vorbericht F 29, März 1984.

E. Eppler: Die Energiediskussion als Signal. Scheidewege 11 (1981), 32-49.

–: Wege aus der Gefahr. Reinbek 1981.

Europäische Gemeinschaft: Einstellungen der Europäischen Bevölkerung zu wissenschaftlichen und technischen Entwicklungen. Brüssel: Februar 1979 (XII/201/79-DE).

I. Fetscher: Terrorismus und Reaktion. Frankfurt 1978.

G. Fleischmann: Verbraucherpolitik. In: O. Issing: Spezielle Wirtschaftspolitik. München 1982, S. 59-82.

Forschungsgruppe Schneller Brüter (FGSB): Risikoorientierte Analyse zum SNR 300, 2 Bde. München 1982.

Gesellschaft für Reaktorsicherheit (GRS): Risikoorientierte Analyse zum SNR 300 (GRS-A-700), 2 Bde. München 1982.

J. W. von Goethe: Werke. Hamburger Ausgabe in 14 Bänden (Hg. Erich Trunz). München [10]1981.

W. Häfele: Neuartige Wege naturwissenschaftlich-technischer Entwicklung. Vortrag anläßl. der 800-Jahrfeier des Klosters Loccum am 21. Juni 1963. In: Die Projektwissenschaften. Schriftenreihe des Bundesministers für Forschung und Bildung. Bonn 1963, S. 17-38.

–: Nächstenliebe durch Technologie. Evang. Kommentare 2 (1969), 477-480.

–: Dialog in der Wissenschaft. In: H.J. Schultz (Hg.): Kontexte, Bd. V Stuttgart/Berlin 1969.

–: Hypotheticality and the New Challenges. Minerva 10 (1974), 303-322.

–: Persönliche Stellungnahme im Bericht der Enquête-Kommission »Zukünftige Kernenergiepolitik« (1980), S. 78-81.

M. Held: Langfristige Energieoptionen und Wertwandel – Die Verträglichkeit der Szenarien K(ernenergie) und S(onnenenergie) mit den Wertentwicklungen (Zusammenfassung). Vorbericht E 59, Februar 1984.

F. W. Henning: Landwirtschaft und ländliche Gesellschaft in Deutschland, Bd. 2, 1750–1976. Paderborn 1978.

A.O. Hirschmann: Leidenschaften und Interessen. Frankfurt/M. 1980.

H. Hofmann: Atomenergie und Grundrechte, in: A. Roßnagel (Hg.): Recht und Technik im Spannungsfeld der Kernenergiekontroverse. Opladen 1984, 55ff. (1984b).

R. Inglehart: The Silent Revolution. Political Change Among Western Publics. Princeton 1977.

R. Jungk: Der Atomstaat. München 1977.

K.W. Kapp: The Social Costs of Private Enterprise. Cambridge, Ma. 1950. Deutsch: Die volkswirtschaftlichen Kosten der Privatwirtschaft, Tübingen 1958.

E. Kerridge: The Agricultural Revolution. London 1967.

M. von Klipstein, B. Strümpel: Der Überdruß am Überfluß – Die Deutschen nach dem Wirtschaftswunder. München 1984.

B. Komarov: Das große Sterben am Baikalsee. Hamburg 1979.

J. Kosta: Wirtschaftssysteme des realen Sozialismus, Probleme und Alternativen. Köln 1984.

F. Krause, H. Bossel, K.F. Müller-Reißmann: Energiewende – Wachstum und Wohlstand ohne Erdöl und Uran. Frankfurt/M. 1980.

G. Leach, C. Lewis, A. van Buren, F. Romig, G. Foley: A Low Energy Future for the United Kingdom. London 1979.

P. De Leon, B. Jenkins, A. Kellen, J. Krotchek: Attributes of Potential Criminal Adversaries of U.S. Nuclear Programs, Rand Corporation, Februar 1978.

F. List: Über die Eisenbahn von Mannheim nach Basel. In: Schriften, Reden, Briefe, Bd. 3.1, Berlin 1929, 224-241.

A.B. Lovins: Sanfte Energie, Das Programm für die energie- und industriepolitische Umrüstung unserer Gesellschaft. Reinbek 1978.

H. Luden: Handbuch der Staatsweisheit. Jena 1811.

H.-J. Luhmann: Wirtschaftspolitische Maßnahmen zur Einsparung von Energie im Sektor ›Haushalte und Kleinverbraucher‹. In: K.M. Meyer-Abich (Hg.): Energieeinsparung als neue Energiequelle – Wirtschaftspolitische Möglichkeiten und alternative Technologien. München 1979, S. 201-287.

–: Energieeinsparung durch Verstärkung dezentraler Kapitalakkumulation. Frankfurt/M./Bern 1981.

K. Mathy: (1837) Artikel Eisenbahnen und Canäle, Dampfboote und Dampfwagentransport. In: C. Rotteck/C. Welcker: Staats-Lexikon, Bd. 4, Altona 1846, 228-89.

P.C. Mayer-Tasch: Der Weg vom Rechtsstaat zum Atomstaat wird gepflastert, in: A. Roßnagel (Hg.): Recht und Technik im Spannungsfeld der Kernenergiekontroverse. Opladen 1984, 67ff. (1984b).

W. Meißner, E. Hödl: Umweltschutz in Konjunktur- und Wachstumsprogrammen. Berlin 1983.

H. Meixner: Die ökonomische Logik der Kernenergie. Jahrbuch für Sozialwissenschaft 34 (1983), 59–93.

–: Langfristige Energiestrategien und Wirtschaftspolitik. Vorbericht F 31, Juni 1984.

–: Energiepolitische Weichenstellung. Wirtschaftspolitische Erfordernisse langfristiger Energiestrategien. München 1986.

K.M. Meyer-Abich: Gesellschaftliche Rahmenbedingungen der Energieversorgung – Kriterien zur Technologiefolgenabschätzung von Energieversorgungssystemen. In: Gesellschaft für Zukunftsfragen: Zukunft Energie –Trends und Alternativen (Energiewissenschaftliches Seminar im Rahmen der Deutschen Industrieausstellung Berlin 1976). Schriftenreihe des Instituts für Zukunftsforschung Bd. 54, Berlin 1976, S. 21-47.

– (Hg): Energieeinsparung als neue Energiequelle – Wirtschaftspolitische Möglichkeiten und alternative Technologien. München 1979, Frankfurt a.M. ²1983.

–: Soziale Verträglichkeit – ein Kriterium zur Beurteilung alternativer Energieversorgungssysteme. Evangelische Theologie 39 (1979), 38-51.

–, B. Schefold: Wie möchten wir in Zukunft leben. Der ›harte‹ und der ›sanfte‹ Weg. München 1981.

–: Wege zum Frieden mit der Natur – Praktische Naturphilosophie für die Umweltpolitik. München 1984.

–: Unsere gescheiterte Mondfahrt. Scheidewege 14 (1984/85), 114-137.

Mitre-Corporation: The Threat to Licensed Nuclear Facilities. MTR 7022, Washington D.C. 1975.

R. von Mohl: Über die Nachtheile, welche sowohl den Arbeitern selbst als dem Wohlstande und der Sicherheit der gesamten bürgerlichen Gesellschaft von dem fabrikmäßigen Betriebe der Industrie zugehen, und über die Nothwendigkeit gründlicher Vorbeugungsmittel. Archiv für politische Ökonomie und Polizeiwissenschaften 2 (1935), 141-203.

A. Müller-Armack: Wirtschaftslenkung und Wirtschaftspolitik. Freiburg 1966.

–: Genealogie der Sozialen Marktwirtschaft. Bern 1974.

J.U. Nef: The Rise of the British Coal Industry. London/Edinburgh 1932.

H. Nowotny: Kernenergie: Gefahr oder Notwendigkeit – Anatomie eines Konflikts. Frankfurt 1979.

N. Perrin: Keine Feuerwaffen mehr. Frankfurt/M. 1982.

H.P. Peters, H.U. Stegelmann, G. Albrecht, O. Renn: Sozialverträglichkeit von Energiesystemen, Entwurf zur Veröffentlichung im Jahresbericht 1984 der KfA Jülich.

G. Picht: Die Wertordnung einer humanen Umwelt. Merkur 28 (1974), 707-714.

K. Rebmann: Sicherheit vor Datenschutz – nicht umgekehrt. In: Kriminalistik 1982, 153f.

A. Roßnagel: Energiepolitik und die Zukunft des Rechtsstaats. Scheidewege 12 (1982), 251-282.

–: Bedroht die Kernenergie unsere Freiheit. – Das künftige Sicherungssystem kerntechnischer Anlagen. München 1983.

–: Radioaktiver Zerfall der Grundrechte? Zur Verfassungsverträglichkeit der Kernenergie. München 1984.

–: (Hg): Recht und Technik im Spannungsfeld der Kernenergiekontroverse. Opladen 1984, 35ff. (1984b).

–: Plutonium und der Wandel der Grundrechte. Zeitschrift für Rechtspolitik 18 (1985), 81-85.

E. Rudorff: Heimatschutz. Leipzig/Berlin 1901.

A. Rüstow: Ortsbestimmung der Gegenwart. Eine universalgeschichtliche Kulturkritik, 3 Bde. Erlenbach/Zürich 1950, 1952, 1957.

P. Saladin: Verantwortung als Staatsprinzip – Ein neuer Schlüssel zur Lehre vom modernen Rechtsstaat. Bern/Stuttgart (1984a).

–: Kernenergie und Verfassungsstaat. In: A. Roßnagel (Hg.): Recht und Technik im Spannungsfeld der Kernenergiekontroverse. Opladen 1984, 35ff. (b).

–: Aushöhlung der Grundrechte: eine neue Herausforderung. Nachwort zu A. Roßnagel: Radioaktiver Zerfall der Grundrechte? München 1984, S. 238-241 (c).

S. Scheerer: Gesetzgebung im Belagerungszustand. In: E. Blankenburg (Hg.): Politik der inneren Sicherheit. Frankfurt 1980, 120ff.

B. Schefold, K.M. Meyer-Abich: Wie möchten wir in Zukunft leben. Der ›harte‹ und der ›sanfte‹ Weg. München 1981.

B. Schefold, R. Dickler: Interpretation der Grundstruktur des makroökonomischen Kerns des ZENCAP/D-Modells. In: Deutscher Bundestag: Bericht AG Modelle, Anlagen Band I, S. 223-233.

B. Schefold: Was kostet uns die Kernenergie? Eine volkswirtschaftliche Kosten-Nutzen-Analyse der Forschungs- und Entwicklungskosten zukünftiger Energieversorgungssysteme. Vorbericht F 22, Mai 1982.

–: Ansteuerung und Konsistenzprüfung der Enquête-Szenarien, in: Deutscher Bundestag: Bericht AG-›Modelle‹, Anlagen Band I, (1983), 9–27.

–: Ecological Problems as a Challenge to Classical and Keynesian Economics. In: Metroeconomica (1985), vol. XXXVII, Fasc. I, S. 21–61.

F.D. Schleiermacher (1799): Reden über die Religion an die Gebildeten unter ihren Verächtern. Hamburg 1961.

W. Schoenichen: Naturschutz, Heimatschutz – Ihre Begründung durch Ernst Rudorff, Hugo Conwentz und ihre Vorläufer. Stuttgart 1954.

A. Seifert: Im Zeitalter des Lebendigen – Natur, Heimat, Technik. Planegg 1941.

R.P. Sieferle: Der unterirdische Wald. Energiekrise und Industrielle Revolution. München 1982.

–: Fortschrittsfeinde? Opposition gegen Technik und Industrie von der Romantik bis zur Gegenwart. München 1984.

L. Smil: Ecological Mismanagement in China, Bulletin of the Atomic Scientists. October 1982, 18-23.

U.E. Simonis (Hg.): Ökonomie und Ökologie – Auswege aus einem Konflikt. Karlsruhe ³1985.

A. Smith (1759): The Theory of Moral Sentiments. Works, Glasgow Edition Bd. 1, Oxford 1976.

–: An Inquiry into the Nature and Causes of the Wealth of Nations. Works, Glasgow Edition Bd.2, Oxford 1976.

A. Spiethoff: Die Allgemeine Volkswirtschaftslehre als geschichtliche Theorie, Die Wirtschaftsstile. In: Schmollers Jahrbuch 1932 (Festschrift für Werner Sombart), 891-924.

F.J. Strauß: Der Staat in der Atomwirtschaft. Atomwirtschaft 1 (1956), 2-5.

J. Thiele: Entwicklungsmöglichkeiten und Folgen einer integrierten Nutzung der Biomasse: Problemloser Weg in eine ökologische Zukunft? Vorbericht E 75, Dezember 1983.

K. Traube: Plutoniumwirtschaft? Das Finanzdebakel von Brutreaktor und Wiederaufarbeitung. Reinbek 1984.

R. Ueberhorst: Persönliche Stellungnahme im Bericht der Enquête-Kommission »Zukünftige Kernenergiepolitik«. In: Deutscher Bundestag (1980), a.a.O.

–: Die Arbeit der Enquête-Kommission »Zukünftige Kernenergiepolitik« des Deutsche Bundestages – Ein Modell für Österreich? In: L. Bauer, P. Jansen (Hg.): Energiepfade für Österreich. Wien 1982, S. 19-42.

U.S. Congress: Safeguards in the Domestic Nuclear Industry. A Report Prepared by the Subcommittee on Energy and the Environment of the Committee on Interior and Insular Affairs of the U.S. House of Representatives, 94th Congress, 2nd Session, Washington D.C. 1976.

A. Weinberg: Social Institutions and Nuclear Energy. Science 177 (1972), 27-34.

C.F. von Weizsäcker: Wege in der Gefahr. München 1976.

–: Die Verteidigung der Freiheit, in: ders.: Deutlichkeit, 2. Aufl. 1979, 9ff.

Z. Zofka: Die soziale Verwundbarkeit von Energiesystemen (Zusammenfassung). Vorbericht E 57, Dezember 1983.

Die Autoren

Klaus Michael Meyer-Abich, Diplomphysiker und seit 1972 o. Professor für Naturphilosophie an der Universität Essen, ist Senator für Wissenschaft und Forschung der Freien und Hansestadt Hamburg. Er war 1964 bis 1972 Mitarbeiter von C.F. von Weizsäcker in Hamburg und am Max-Planck-Institut zur Erforschung der Lebensbedingungen der wissenschaftlich-technischen Welt in Starnberg, von 1979 bis 1982 Mitglied der Enquête-Kommissionen »Zukünftige Kernenergiepolitik« des Deutschen Bundestags, von 1974 bis 1984 Leiter der interdisziplinären Arbeitsgruppe Umwelt, Gesellschaft, Energie (AUGE) der Universität Essen und von 1980 bis 1985 (mit Bertram Schefold) Leiter des Forschungsprojekts »Die Sozialverträglichkeit verschiedener Energiesysteme in der industriegesellschaftlichen Entwicklung«.

Buchveröffentlichungen u.a.: Energieeinsparung als neue Energiequelle – Wirtschaftspolitische Möglichkeiten und alternative Technologien (Hg., 1979, 2. Auflage 1983); Was braucht der Mensch um glücklich zu sein? – Bedürfnisforschung und Konsumkritik (Hg., 1979); Frieden mit der Natur (Hg., 1979); Handlungsspielräume der Energiepolitik (mit U. Steger, 1980); Wie möchten wir in Zukunft leben? – Der ›harte‹ und der ›sanfte‹ Weg (mit B. Schefold, 1981); Mikroelektronik und Dezentralisierung (Hg. mit U. Steger, 1982); Physik, Philosophie und Politik – Festschrift für C.F. von Weizsäcker (Hg., 1982); Wege zum Frieden mit der Natur – Praktische Naturphilosophie für die Umweltpolitik (1984); AUSgebrütet – Argumente zur Brutreaktorpolitik (Hg. mit R. Ueberhorst, 1985).

Bertram Schefold, Mathematiker und Nationalökonom, ist – nach mehrjährigen Forschungsaufenthalten in Cambridge (England) und Harvard – o. Professor für Wirtschaftstheorie an der J.W. Goethe-Universität Frankfurt, Gastprofessuren in Nizza, Wien und Rom; Theodor Heuss-Professor in New York. Sachverständiger der AG ›Modelle‹ der Enquête-Kommission »Zukünftige Kernenergiepolitik«. Von 1980 bis 1985 (zusammen mit K.M. Meyer-Abich) Leiter des Forschungsprojekts »Die Sozialverträglichkeit verschiedener Energiesysteme in der industriegesellschaftlichen Entwicklung«.

Veröffentlichungen: Theorie der Kuppelproduktion (1971); Floating, Relignment, Integration (Hg., 1972); Nachworte zu Sraffa, Warenproduktion mittels Waren (1976); Wie möchten wir in Zukunft leben? (mit K.M. Meyer-Abich, 1981); Arbeit ohne Umweltzerstörung (mit H.C. Binswanger u.a., 1983); Grenzen der ›General Theory‹ (Hg., 1983); zahlreiche Aufsätze zur Wirtschaftstheorie und zu Umweltproblemen in englischen, deutschen, französischen und italienischen Fachzeitschriften und Sammelwerken.